首批国家示范性高等职业院校特色实训教程
国家高技能人才培训示范基地精品培训教程

车工技能实训

主　编　刘　海　孙思炯
副主编　林爱青　曲厚祥
　　　　王敬珠　刘国通　沙玉豪
参　编　鞠建巍　张启英

天津大学出版社
TIANJIN UNIVERSITY PRESS

图书在版编目(CIP)数据

车工技能实训/刘海,孙思炯主编.—天津:天津大学出版社,2011.6

首批国家示范性高等职业院校特色实训教程　国家高技能人才培训示范基地精品培训教程

ISBN 978-7-5618-3949-2

Ⅰ.①车…　Ⅱ.①刘…　②孙…　Ⅲ.①车削-高等职业教育-教材　Ⅳ.①TG510.6

中国版本图书馆CIP数据核字(2011)第087903号

出版发行　天津大学出版社
出 版 人　杨欢
地　　址　天津市卫津路92号天津大学内(邮编:300072)
电　　话　发行部:022-27403647　邮购部:022-27402742
网　　址　www.tjup.com
印　　刷　昌黎太阳红彩色印刷有限责任公司
经　　销　全国各地新华书店
开　　本　185mm×260mm
印　　张　16
字　　数　399千
版　　次　2011年6月第1版
印　　次　2011年6月第1次
印　　数　1-3 000
定　　价　35.00元

FOREWORD 前　言

为进一步发展职业教育，培养新型职业技术人才，我们组织编写了本套“首批国家示范性高等职业院校特色实训教程”“国家高技能人才培训示范基地精品培训教程”，包括《数控车工技能实训》、《数控铣工技能实训》、《机械维修技能实训》、《焊接技能实训》、《车工技能实训》、《铣工技能实训》、《钳工技能实训》、《磨工技能实训》系列教材。在教材的编写过程中，我们以就业为导向，以企业用人标准为依据，以突出个性发展、培养创新能力为主线，按照“以项目导向，任务驱动，工学结合，学训交替”的人才培养模式，通过教学与生产结合、训练与劳动结合、劳动与创新结合，提高学生综合技能水平和岗位适应能力。

在专业知识的安排上，本书以国家职业标准、专业教学大纲为依据，将台式钻床、钻头刃磨机、双功率节能型数控机床、快换刀架、万能镗头、模切纸盒成型机、数控刀杆等产品零件的加工与装配、典型零件的加工及装配，引入实训教学过程中，使新技术、新工艺、新方法得到了综合的体现，使教材富有形象化、动态化、立体化、多元化，更贴近学生的认知规律，达到使学生“乐学”、“能学”、“学好”的目标 。

本教材的编写得到了各有关部门的大力支持和帮助，在此表示衷心的感谢。由于水平所限，缺点和错误在所难免，请有关专家和读者提出批评和改进意见。主编信箱：wh-liuhai00@163. com.

编者

2010 年 5 月

CONTENTS 目 录

任务一　轴类零件的加工

子任务一　手动进给车外圆和端面

目标要求

1. 能合理组织工作位置，注意操作姿势；
2. 能够用手动进给均匀地移动床鞍、中滑板、小滑板，按图样要求车削工件；
3. 能够用卡钳在钢尺上取尺寸测量外圆，用钢尺测量长度并检查平面凹凸，达到图样精度要求；
4. 掌握试切、试测的方法车外圆。

一、任务单

任务图纸如图 1-1 所示。以此任务为例，进行外圆和端面的手动进给车削。

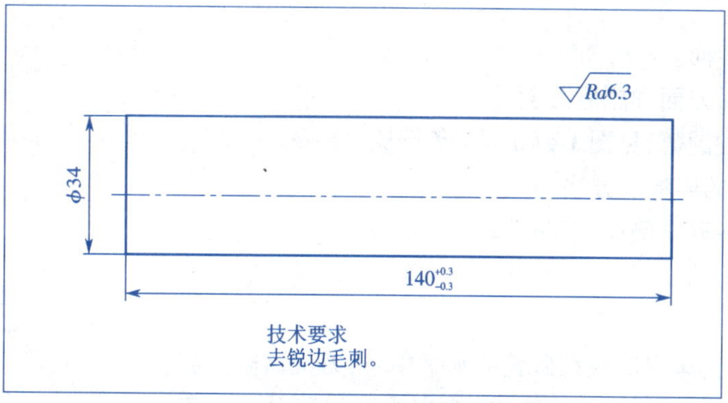

图 1-1　Z4012A 台钻大齿轮轴手动进给粗加工

二、任务准备

材料：ϕ36 mm × 142 mm，45 钢。

机床：C616。

量具：0 ~ 150 mm 游标卡尺，见图 1-2。

刀具：YT15，90°外圆车刀，见图 1-3。

图 1-2　游标卡尺

三、相关知识

1. 刃磨车刀

1）粗磨

（1）磨主后刀面，同时磨出主偏角及主后角，见图 1-4（a）。

图 1-3　90°外圆车刀

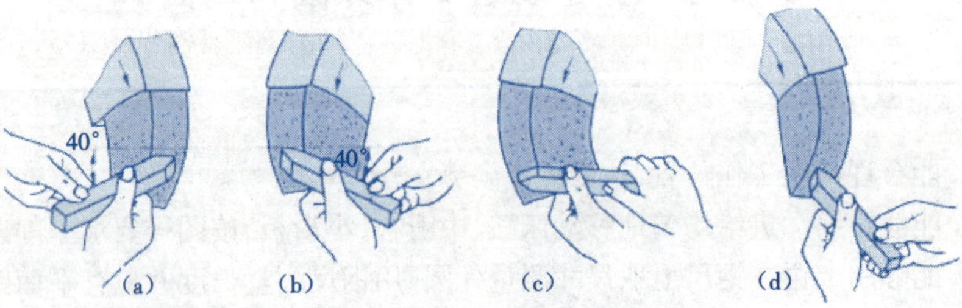

图 1-4　车刀的刃磨

(a)磨主后刀面;(b)磨副后刀面;(c)磨前刀面;(d)磨刀尖圆弧

(2)磨副后刀面,同时磨出副偏角及副后角,见图 1-4(b)。

(3)磨前刀面,同时磨出前角,见图 1-4(c)。

2)精磨

(1)修磨前刀面。

(2)修磨主后刀面和副后刀面。

(3)修磨刀尖圆弧,见图 1-4(d),磨负倒棱。

3)刃磨车刀的姿势及方法

(1)人站立在砂轮侧面,以防砂轮碎裂时,碎片飞出伤人。

(2)两手握刀的距离拉开,两肘夹紧腰部,这样可以减小磨刀时的抖动。

(3)磨车刀时,车刀应放在砂轮的水平中心,刀尖略微上翘约 3°~8°。车刀接触砂轮后应作左右方向水平线移动。当车刀离开砂轮时,刀尖需向上抬起,以防磨好的刀刃被砂轮碰伤。

(4)磨主后刀面时,刀杆尾部向左偏一个主偏角的角度,见图 1-4(a);磨副后刀面时,刀杆尾部向右偏一个副偏角的角度,见图 1-4(b)。

(5)修磨刀尖圆弧时,以左手握车刀前端为支点,用右手转动车刀尾部,见图 1-4(d)。

2. 砂轮的选用

目前常用的砂轮有氧化铝砂轮和碳化硅砂轮两类。

1)氧化铝砂轮

氧化铝砂轮适用于高速钢和碳素工具钢刀具的刃磨。

2)碳化硅砂轮

碳化硅砂轮适用于硬质合金车刀的刃磨。

砂轮的粗细以粒度表示，一般可分为36#、60#、80#和120#等级别。粒度愈大表示组成砂轮的磨料愈细，反之愈粗。粗磨车刀应选粗砂轮，精磨车刀应选细砂轮。

3. 检查车刀角度的方法

1）目测法

观察车刀角度是否合乎切削要求，刀刃是否锋利，表面是否有裂痕和其他不符合切削要求的缺陷。

2）角度尺和样板测量法

对于角度要求高的车刀，可用此法检查，90°外圆车刀的刀尖结构见图1-5，用角度尺和样板测量车刀角度的方法见图1-6。

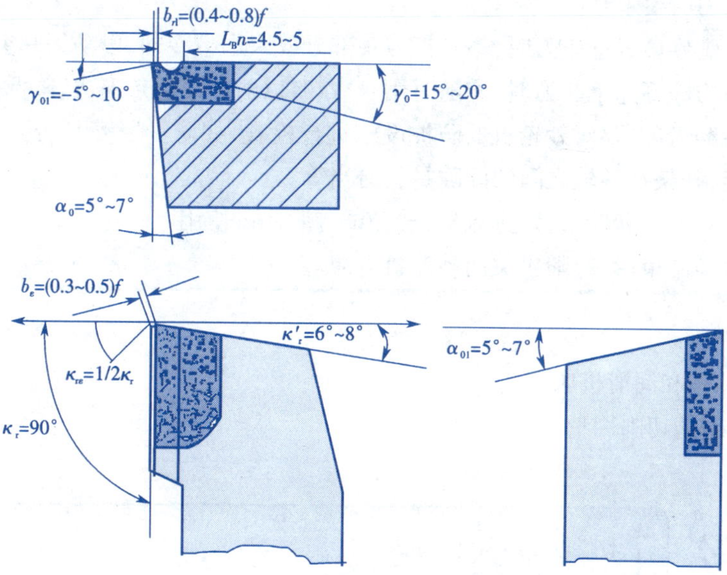

图1-5　90°外圆车刀刀尖结构

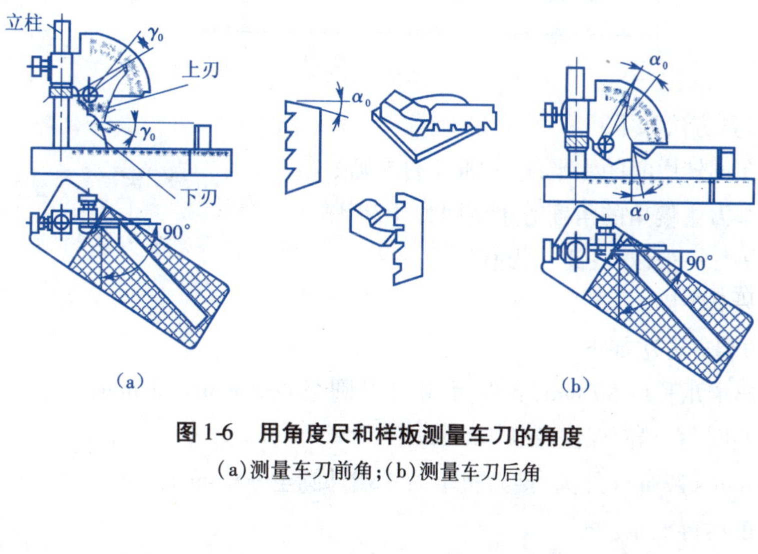

图1-6　用角度尺和样板测量车刀的角度

（a）测量车刀前角；（b）测量车刀后角

车刀刃磨时容易产生的问题及解决的方法有以下几方面。

①车刀刃磨时，不能用力过大，以防打滑伤手。

②车刀高度必须控制在砂轮水平中心上，刀头略向上翘，否则会出现后角过大或负后角等弊端。

③车刀刃磨时应作水平的左右移动，以免砂轮表面出现凹坑。

④在平形砂轮上磨刀时，尽可能避免磨砂轮侧面。

⑤砂轮磨削表面须经常修整，使砂轮没有明显的跳动。对平形砂轮，一般可用砂轮刀在砂轮上来回修整。

⑥磨刀时要求戴防护镜。

⑦刃磨硬质合金车刀时，不可把刀头部分放入水中冷却，以防刀片突然冷却而碎裂。刃磨高速钢车刀时，应随时用水冷却，以防车刀过热退火，降低硬度。

⑧在磨刀前，要对砂轮机的防护设施进行检查，如防护罩壳是否齐全，有无砂轮托架，托架与砂轮之间的间隙是否恰当等。

⑨重新安装砂轮后，要进行检查，经试转后才可使用。

⑩刃磨结束后，应随手关闭砂轮机电源。

四、任务实施

(1)检查、调整和润滑机床。

(2)选择正确的切削用量。

切削深度：0.5 mm。

进 给 量 ：0.2 mm/r 。（手动进给要均匀）

切削速度：50~60 m/min。（主轴转速500~600 r/min）

(3)安装刀具方法如下：

①刀尖要在回转中心的水平线，对准工件中心；

②要注意车刀主偏角的角度等于或稍大于90°；

③车刀的垫片一般以2~3片为宜；

④车刀要装夹牢固。

(4)工件的装夹方法如下：

①外圆伸出卡爪长度80 mm，齐端面，粗车外圆至$\phi32$ mm×77 mm；

②调头夹外圆，齐端面保证总长140 mm；

③夹$\phi32$ mm×77 mm外圆，接刀粗车另一端外圆至$\phi32$ mm；

④工件校正后再夹紧。

(5)车刀的装夹方法是:车刀装夹时,左侧的刀尖必须严格对准工件旋转中心,否则在车平面到中心时会留有凸头或造成刀尖碎裂,见图1-7。刀头伸出长度为刀杆厚度的1.5~2倍。伸出过长,刚性变差,车削时容易引起振动。

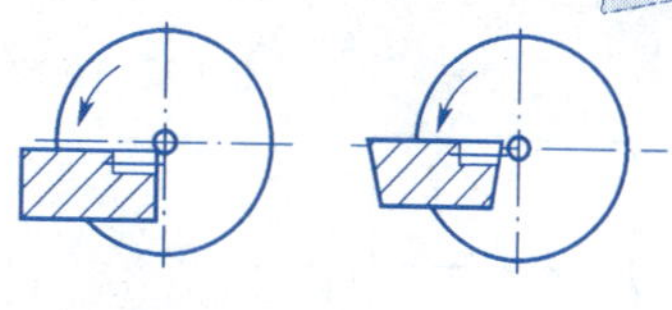

图1-7　刀尖低于工件中心(左),刀尖高于工件中心(右)

(6)用手动进给车外圆、平面和倒角。

①车平面的方法。

开动车床使工件旋转,移动小滑板或床鞍控制切削深度,然后锁紧床鞍,摇动中滑板丝杠进给,由工件外向中心或由工件中心向外车削,见图1-8。

②车外圆的方法。

a. 移动床鞍至工件右端,用中滑板控制切削深度,摇动小滑板丝杠或床鞍作纵向移动车外圆,见图1-9。一次进给车削完毕,横向退出车刀,再纵向移动刀架滑板或床鞍至工件右端进行第二次、第三次进给车削,直至符合图样要求为止。

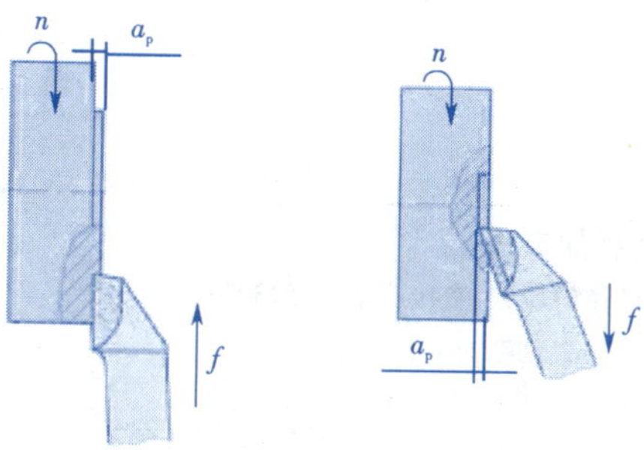

图1-8　横向移动车削平面

(a)由工件外向中心车削;(b)由工件中心向外车削

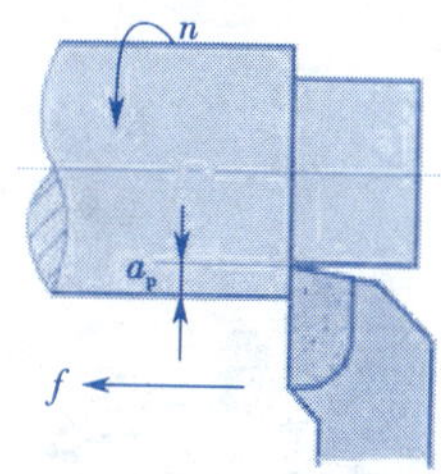

图1-9　纵向移动车削外圆

b. 在车外圆时,通常要进行试车削和试测量。其具体方法是:根据工件直径余量的1/2作横向进刀,当车刀在纵向外圆上移动1~2 mm时,纵向快速退出车刀(横向不动),然后停车测量,见图1-10,如尺寸已符合要求,可继续车削;否则按上述方法继续进行试车削和试测量。

c. 为了确保外圆的车削长度,通常先采用刻线痕法确定切削长度(图1-11),车削后用量具进行测量,即在车削前根据需要的长度,用钢尺、样板、卡钳及刀尖在工件表面上刻一条线痕,然后根据线痕进行车削。当车削完毕时,再用钢尺或其他量具复测。

③刻度盘的计算和应用。

在车削工件时,为了正确和迅速地掌握切削深度,通常利用中滑板或小滑板上的刻度盘进行操纵。

使用刻度盘时,由于螺杆和螺母之间配合往往存在间隙,因此会产生空行程(即刻度盘转动而滑板并未移动)。所以使用时要把刻度转到所需要的格数,见图1-12(a)。当切削深度过大时,必须向反方向退回全部行程,然后再转到需要的格数,见图1-12(c)。但必须注意,中滑板刻度的切削深度应是工件余量尺寸的1/2。

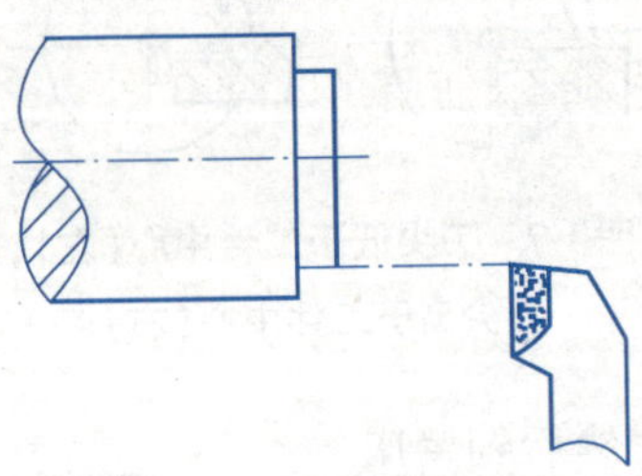

图 1-10　试切削外圆

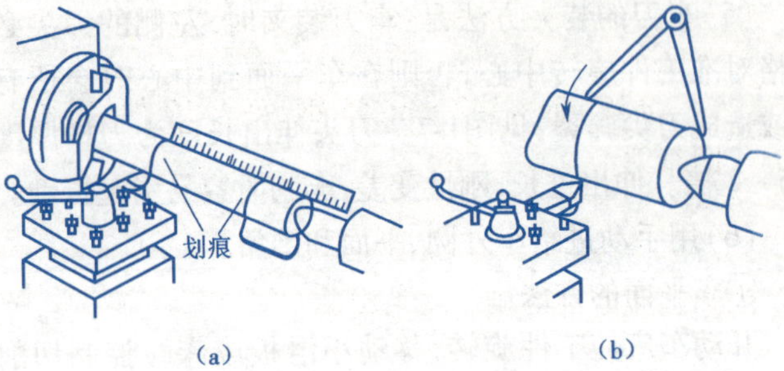

图 1-11　画刻线痕确定车削长度

(a)用钢尺和样板划痕;(b)用内卡钳在工件上划纹痕

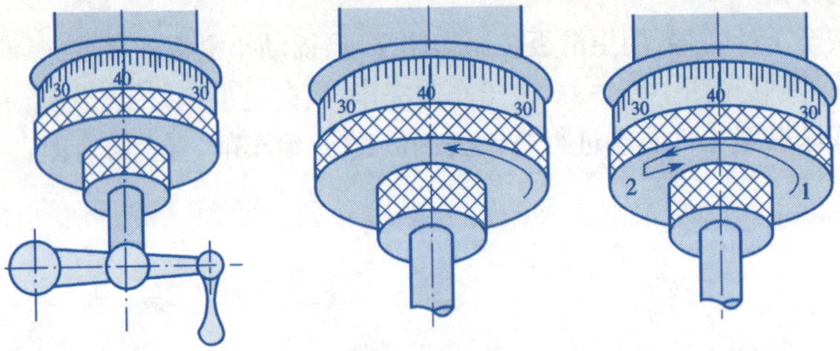

图 1-12　消除刻度盘空行程的方法

(a)要求手柄转至刻度“30”但转过头转至刻度“40”;(b)错误,直接退至刻度“30”;(c)正确,反转约一周后再转至所需位置刻度“30”

注意

容易产生的问题和解决方法有以下几方面。

①中心留有凸头。原因是刀尖没有对准中心,偏高或偏低。

②表面不平。产生原因是切削深度过大、车刀磨损,滑板移动、刀架和车刀紧固力不足。

③产生锥度。原因如下:

a. 用小滑板手动进给车外圆时,小滑板导轨与主轴中心线不平行;

b. 车速过高,在切削过程中车刀磨损;

c. 摇动中滑板切削时没有消除空行程(即螺杆和螺母之间的间隙);

d. 车削表面痕迹精细程度不一,主要是手动进给不均匀。

④变换转速时应先停车,否则容易打坏主轴箱内的齿轮。

⑤车削时应先开车,后进刀。车削完毕先退刀后停车,否则车刀容易损坏。

⑥用手动进给车削时,应把有关进给手柄放在空档位置。

⑦车削前应检查工件装夹是否牢靠,卡盘扳手是否取下。

五、任务分配

ϕ36 mm×142 mm,45 钢,每人 10 件,按图 1-1 要求加工;使用 YT15,90°外圆车刀。

六、任务检测

外圆和长度部分用游标卡尺测量。

七、任务评价

项　目	分　数	评分标准	检测结果	实得分数	综合分数
外圆 ϕ34 mm	30	每减少 0.1 mm,扣 10 分			
外圆 ϕ34 mm(另一头)	30	每减少 0.1 mm,扣 10 分			
长　度	20	$140^{+0.3}_{-0.3}$ mm,超差不得分			
安全文明生产	20	不符合要求不得分			
数　量					
时　间					

八、教学质量分析

(1)检查学生安装车刀是否对准工件中心,如图 1-13 和 1-14 所示,帮助学生解决车刀安装的问题。

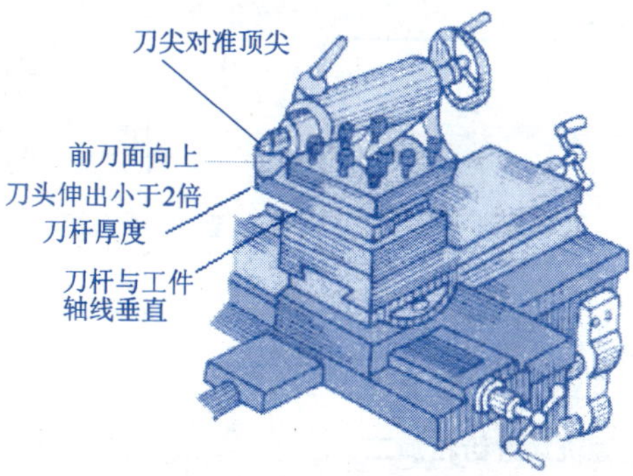

图 1-13　正确安装车刀

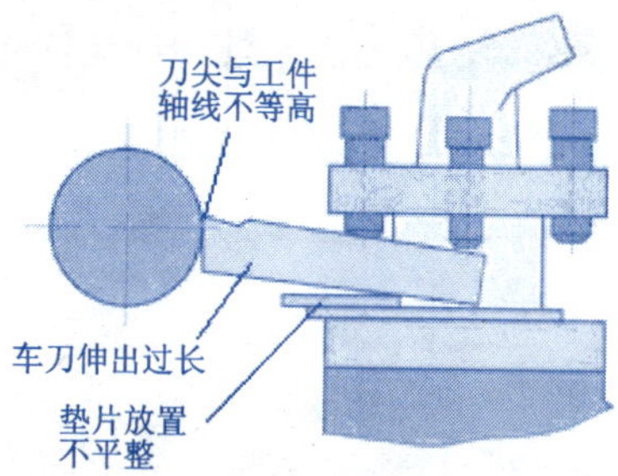

图 1-14　错误安装车刀

(2)检查学生保证外圆尺寸的情况,对外圆尺寸是否能够正确把握。

(3)检查长度测量是否准确。

(4)检查工件掉头车削接刀能不能接好,量具使用是否规范。

(5)检查安全和文明生产,在操作中人的站立位置是否正确。

(6)注意调整机床转速并选择合理的切削速度,按机床标注的手柄位置选择主轴转速,如表 1-1 所示。

表 1-1　不同手柄位置的机床主轴转速　r/min

手柄位置		长手柄(Ⅰ)			短手柄(Ⅱ)		
		↖	↑	↗	↖	↑	↗
短手柄	↖	66	45	94	530	360	750
	↗	173	120	248	1 380	958	1 980

子任务二　机动进给车外圆和平面并调头接刀

目标要求

1. 掌握机动进给车外圆和平面的方法；
2. 能用外卡钳在实物上取尺寸测量工件外圆；
3. 掌握用划线盘找正工件的方法；
4. 掌握调整机动进给手柄位置的方法；
5. 接刀车削外圆和控制两端平行度的方法。

一、任务单

任务图纸如图 1-15 所示。以此任务为例,进行外圆和平面的机动进给车削。

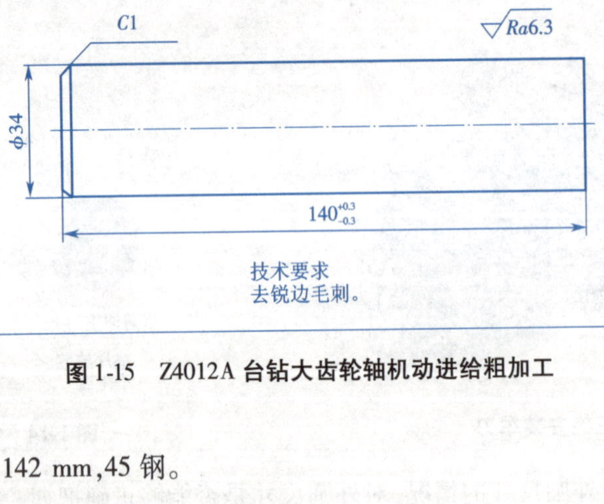

图 1-15　Z4012A 台钻大齿轮轴机动进给粗加工

二、任务准备

材料:$\phi36$ mm × 142 mm,45 钢。

机床:C616。

量具:0 ~ 150 mm 游标卡尺。

刀具:YT15,90°、45°外圆车刀。45°外圆车刀见图 1-16。

图 1-16　45°外圆车刀外观

其他工具：划线盘，见图1-17。

三、相关知识

机动进给与手动进给相比，有很多优点，如操作者省力、进给均匀、加工后工件表面质量好等。但机动进给是机械传动，操作者对车床手柄位置必须相当熟悉，否则在紧急情况下容易损坏工件或机床。使用机动进给车削工件的过程如下。

1. 工件的装夹、找正和车削方法

每当接刀工件装夹时，必须严格找正，否则会造成表面接刀偏差，直接影响工作质量。为了保证接刀质量，通常要求在车削工件的第一头时，车得长一些，调头装夹时两点间的找正距离大一些，见图1-18(a)。在工件的一头精车最后一刀时，车刀不能直接碰到台阶，应在稍离台阶处停刀，以防车刀碰到台阶突然增加切削量，产生扎刀现象。在调头精车时，车刀要锋利，最后一刀的精车余量要小，否则工件上容易产生凹痕。

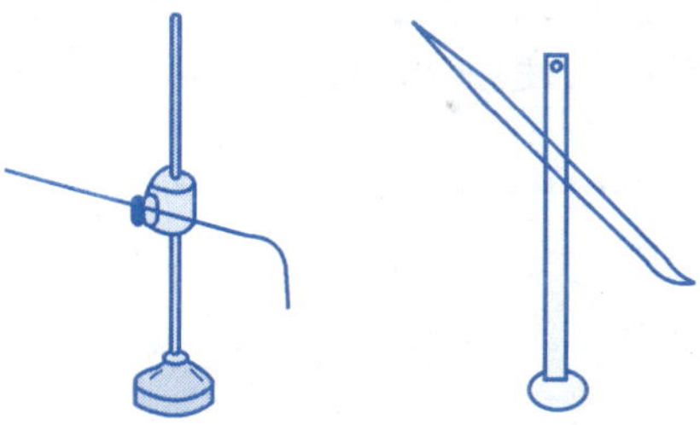

图1-17　划线盘

图1-18　工件调头找正

(a)工件找正与轴线水平；(b)工件找正端面与轴线垂直

2. 找正工件两端平行度的方法

找正工件两端平行度的方法是：以工件先车削的一端外圆和台阶平面为基准，用划线盘找正，见图1-18(b)；找正的正确与否，可在车削过程中用游标卡尺进行检查，如发现偏差，应从工件最薄处用铜棒敲击，逐次找正。

> 机动进给车削容易产生的问题和解决的方法如下：
>
> ①使用机动进给车削，注意力要集中，以防滑板等碰撞；
>
> ②机动进给车削时切削力较大，工件易发生移位，在精车接刀前应进行一次复查，精车的最后一次进给，可用反进给切削(由车头向尾架方向进刀)；
>
> ③切削大直径的工件时，平面易产生凹凸，应随时用钢尺检查；
>
> ④用游标卡尺测量较大的工件直径时，注意两脚连线与轴心线垂直，并注意其滑动的松紧程度；
>
> ⑤游标要轻放，防止卡尺两脚间发生相对移动，造成差错；
>
> ⑥为保证工件质量，调头装夹时要垫铜皮。

四、任务实施

车削齿轮轴加工工艺要点如下：

(1)夹外圆伸出卡爪长度80 mm，齐端面，粗车外圆至ϕ32 mm×77 mm；

(2)调头夹外圆，齐端面，保证总长 140 mm；

(3)夹 $\phi32$ mm×77 mm 外圆，接刀粗车另一端外圆至 $\phi32$ mm，倒角 $C1$。

调整机床各手柄的位置，选择适当的切削用量。

切削深度：0.5 mm 。

进 给 量 ：0.2 mm/r。（进给要均匀）

切削速度：50~60 m/min。（主轴转速为500~600 r/min）

五、任务分配

$\phi36$ mm×142mm，45 钢，每人 10 件，按图 1-15 要求加工；使用 YT15，90°外圆车刀、45°外圆车刀。

六、任务检测

(1)用游标卡尺测量工件外圆。

(2)认真调整机床各手柄的位置，选择合理的机床转速。

七、任务评价

项目	分数	评分标准	检测结果	实得分数	综合分数
外圆 $\phi34$ mm	30	每减少 0.1 mm，扣 10 分			
外圆 $\phi34$ mm(另一头)	30	每减少 0.1 mm，扣 10 分			
长度	20	$140^{+0.3}_{-0.3}$ mm，超差不得分			
安全文明生产	20	不符合要求不得分			
数量					
时间					

八、教学质量分析

(1)外圆表面是否有锥度，并认真分析其中的原因。

(2)工件直径尺寸超差。认真分析在刻度盘的操作当中是否看错或在中滑板进给中是否疏忽了刻度盘消除丝杠与螺母之间的间隙。

(3)能否正确使用 45°车刀倒角(见图 1-19)。

(4)长度尺寸能否保证在规定范围内。

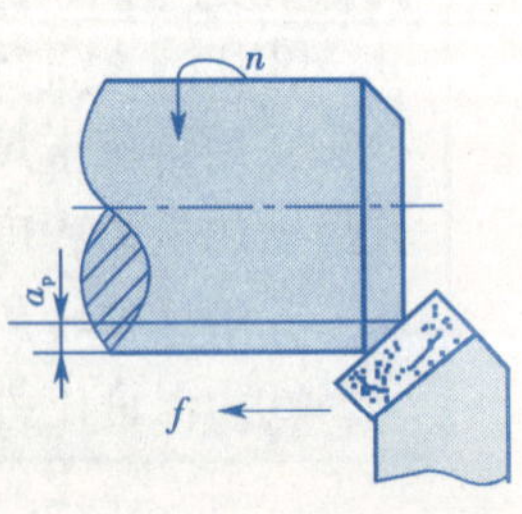

图 1-19　用 45°车刀倒角

子任务三　车台阶工件

目标要求

1. 掌握车削台阶工件的方法；
2. 掌握用划线盘找正工件外圆和反平面的方法；
3. 熟悉车削台阶工件保证尺寸的方法；
4. 能正确使用量具测量和保证工件的长度尺寸。

一、任务单

任务图纸如图 1-20 所示。以此任务为例，进行台阶工件的车削。

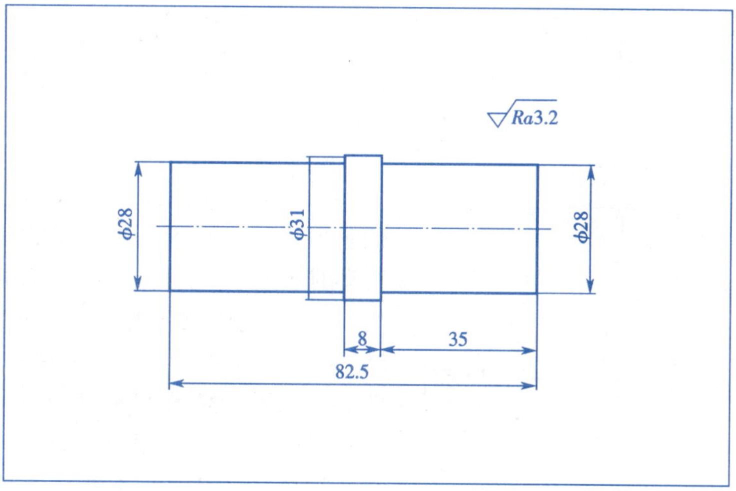

图 1-20　Z4012A 台钻花键套粗加工

二、任务准备

机床：C616。

量具：0 ~ 150 mm 游标卡尺、内卡钳（见图 1-21）。

刀具：YT15，90°、45°外圆车刀。

其他工具：刀架扳手、活扳手。

图 1-21　内卡钳

三、相关知识

在同一工件上，如果有几个直径大小不同的圆柱体连接在一起，像台阶一样，就叫它为台阶工件。台阶工件的车削，实际上就是外圆和平面车削的组合。故在车削时必须兼顾外圆尺寸精度和台阶长度的要求。

1. 工件的技术要求

台阶工件通常与其他零件结合使用，因此它的技术要求一般有以下几点：

①各外圆之间的同轴度；

②外圆和台阶平面的垂直度；

③台阶平面的平面度；

④外圆和台阶平面相交处的清角。

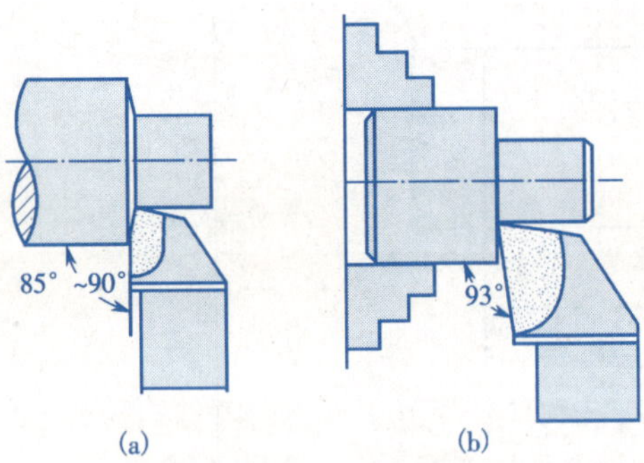

图 1-22　车刀的装夹

(a)车刀主偏角小于 90°；(b)车刀主偏角大于 90°

2. 车刀的选择和装夹

车台阶工件，通常使用 90°外圆偏刀。车刀的装夹应根据粗、精车和余量的多少来区别。如粗车时余量多，为了增加切削深度、减少刀尖压力，车刀装夹应取主偏角小于 90°为宜（一般为 85°～90°），见图 1-22（a）。精车时为了保证台阶平面和轴心线垂直，应取主偏角大于 90°（一般为 93°左右），见图 1-22（b）。

初学者可用较低速车削。为了提高工件表面质量，用于精车的车刀前、后刀面应采用油石加机油磨光，有时刀尖磨成一个小圆弧。

端面的车削方法：车端面时，刀具的主刀刃要与端面有一定的夹角。工件伸出卡盘外部分应尽可能短些，车削时用中滑板横向走刀，走刀次数根据加工余量而定，可采用自外向圆中心的走刀方法，也可自圆中心向外的走刀方法。

3. 车台阶工件的方法

车台阶工件，一般分粗、精车。粗车时的台阶长度除第一个台阶长度略短外（留精车余量），其余各台阶可车到所需长度。精车台阶工件时，通常在机动进给精车外圆至近台阶处时，以手动进给代替机动进给。当车至平面时，变纵向进给为横向进给，移动中滑板由里向外慢慢精车台阶平面，以确保台阶平面垂直轴心线。

4. 长度的测量和控制方法

车削前根据台阶长度先用刀尖在工件表面刻线痕，然后按线痕进行粗车。当粗车完毕时，台阶长度已基本符合要求。在精车外圆的同时，再把台阶长度车准确。通常用钢尺测量台阶长度，如精度要求较高时，可用内卡钳、游标深度尺、样板等测量，见图 1-23。

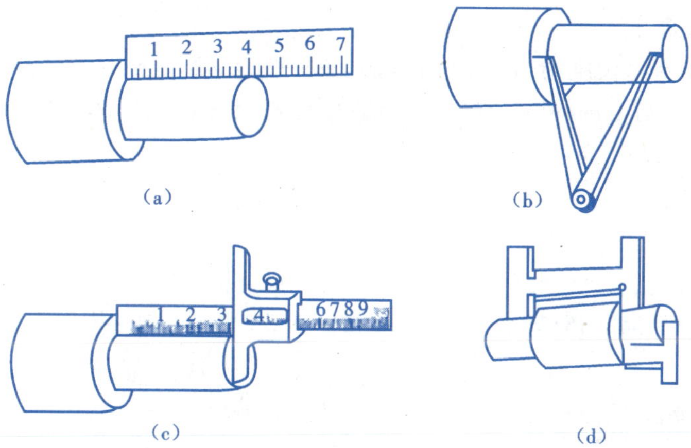

图 1-23 测量台阶长度

(a)用钢尺;(b)用内卡钳;(c)用游标深度尺;(d)用样板

5. 台阶工件的调头找正和车削

通常的找正方法是:先找正卡爪处工件外圆,后找正台阶处反平面。这样反复多次找正后才能进行车削。当粗车完毕时,应再进行一次复查,以防粗车时发生移位。

车台阶工件容易产生的问题和解决的方法如下。

①平面和外圆相交处要清角,防止产生凹坑和出现小台阶。

②平面出现凹凸,其原因可能是车刀没有从里到外横向切削或车刀装夹主偏角小于 90°,也可能与刀架、车刀、滑板等发生移位有关。

③台阶工件的长度测量,应从一个基准面量起,以防累积误差。

④与外圆相交处出现较大圆弧,原因是刀尖圆弧较大或刀尖磨损。

⑤游标卡尺测量时,卡脚应和测量面贴平,以防卡脚歪斜,产生测量误差。

⑥游标卡尺测量工件时,松紧程度要适当。特别是用微调螺钉使卡脚接近工件时,尤其要注意不能卡得太紧。

⑦机床没有停稳时,不能使用游标卡尺测量工件。

四、任务实施

(1)正确选择和刃磨车刀,车刀选用 YT15,90°、45°外圆车刀。

(2)合理地选择切削用量。

切削深度：0.5 mm。

进 给 量 ：0.2 mm/r。(手动进给要均匀)

切削速度：50~60 m/min。(主轴转速为500~600 r/min)

(3)工艺步骤如下:

①夹外圆伸出卡爪长度约 48 mm,齐端面,车外圆至 ϕ28 mm×35 mm、ϕ31 mm 至尺寸;

②夹 ϕ28 mm×35 mm 外圆,齐端面,保证总长 82.5 mm,车 ϕ28 mm 外圆,同时保证 ϕ31 mm 外圆长 8 mm;

③去锐边毛刺。

五、任务分配

ϕ32 mm×85 mm,45 钢,每人 10 件,按图 1-20 要求加工;使用 YT15,90°外圆车刀。

每件 12 min。

六、任务检测

首件交实训指导教师检查后才允许批量加工。

七、任务评价

项　　目	分　数	评分标准	检测结果	实得分数	综合分数	备　　注
外圆 ϕ28 mm	15	不合格 不得分				
外圆 ϕ28 mm(另一头)	15					
外圆 ϕ31 mm	15					
长度 8 mm	8					
长度 35 mm	8					
长度 82.5 mm	4					
表面结构	5×3(处)					
安全生产	20					

八、教学质量分析

(1)保证外圆尺寸的情况,学生对外圆尺寸是否能够把握。

(2)长度测量是否准确。可用钢尺或样板测量控制长度尺寸,见图 1-24。

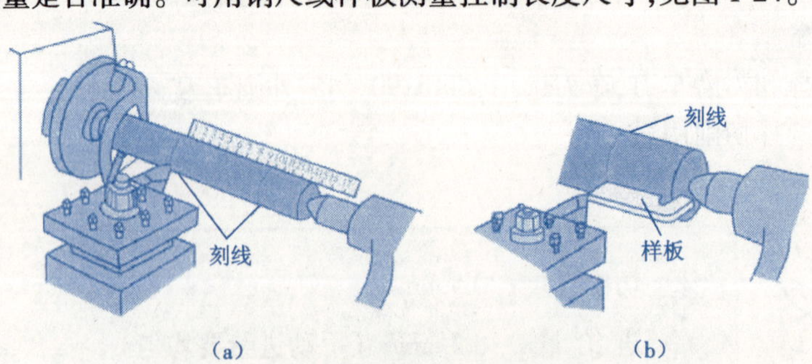

图 1-24　台阶长度尺寸的控制方法

(a)钢尺测量;(b)样板测量

(3)掌握工件调头车削的方法,对8mm长度保证的方法。

(4)在操作中操作者应注意站立位置。

(5)注意调整机床转速并选择合理的切削速度,按机床标注的手柄位置选择主轴转速。

(6)切削深度应根据工件的加工余量来确定。粗加工时,除留下精加工余量外,一次走刀应尽可能切除全部余量。当加工余量过大、工艺系统刚度较低、机床功率不足、刀具强度不够或断续切削的冲击振动较大时,可分多次走刀。切削表面有硬皮的铸锻件时,应尽量使背吃刀量 a_p 大于硬皮层的厚度,以保护刀尖。

工学结合技能训练1

一、任务单

任务图纸见图1-25。

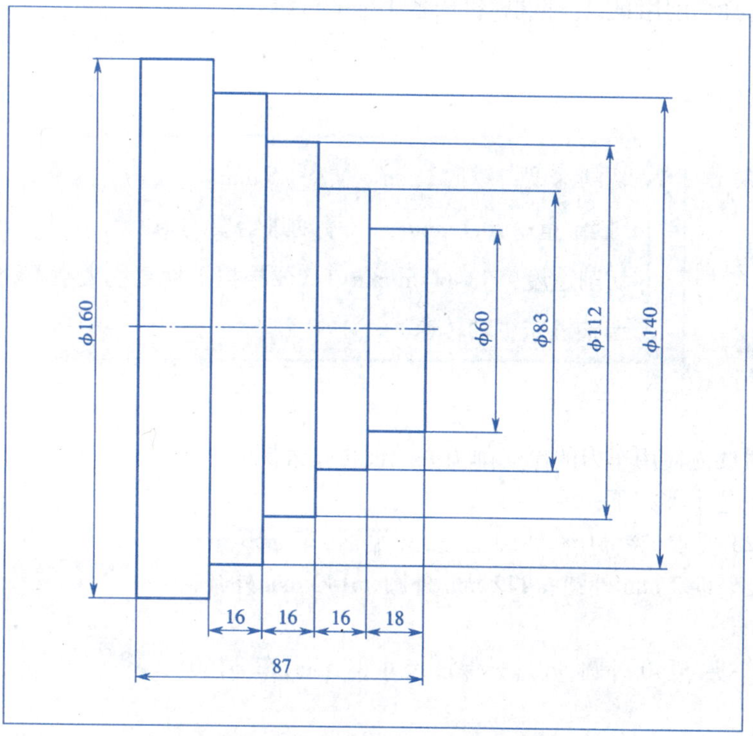

图1-25　Z4012A台钻皮带轮粗车图

二、任务准备

机床:CA6140。

量具:0~200 mm游标卡尺、外卡钳、300 mm钢尺、0~200 mm深度游标卡尺(见图1-26)。

刀具:YG6,90°外圆车刀。

材料:HT200,Z4012A台钻皮带轮毛坯。

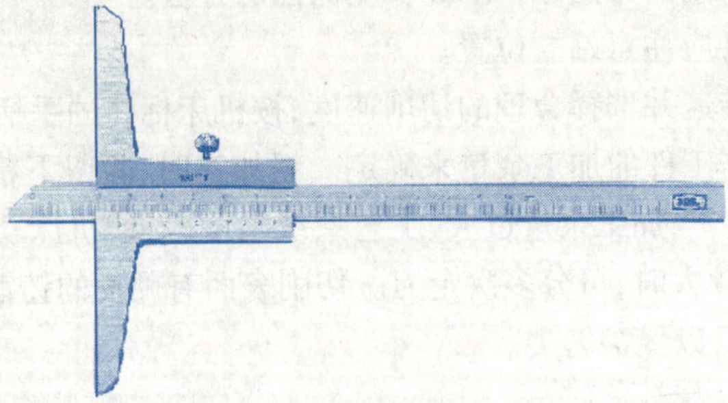

图 1-26　深度游标卡尺外观

三、任务实施

(1)刃磨 YG6,90°外圆车刀。

(2)车刀安装主偏角稍大于 90°。

(3)正确选择切削用量,合理调整机床各手柄的位置。

切削深度：纵向3 mm，横向1.5 mm。

进 给 量 ：0.3 mm/r。（手动进给要均匀）

切削速度：50~60 m/min。（要根据工件直径大小不同随时调整机床主轴转速）

(4)切削时要先使用车刀的副切削刃齐端面再车外圆。

(5)加工工艺步骤如下:

选定加工步骤

①按图 1-25 要求,夹 ϕ168 外圆毛坯,齐端面,车 ϕ60 mm 外圆长 18 mm,车 ϕ83 mm 外圆、ϕ112 mm 外圆、ϕ140 mm 外圆,各台阶长 16 mm;

②工件调头夹 ϕ140 外圆,齐总长保证尺寸 87 mm,车 ϕ160 mm 外圆。

别忘了戴好防护眼镜!

粗车皮带轮容易产生的问题：端面不平有凹凸。产生原因是：切削深度过大，车刀磨损；滑板移动，刀架和车刀紧固力不足；铸造表面有砂粒，车刀磨损。解决方法是经常刃磨车刀保持切削刃锋利。

四、任务分配

铸铁，HT200、Z4012A 台钻皮带轮毛坯，每人 5 件，按图 1-25 要求加工，单件工时 40 min，使用 YG6、90°外圆车刀。

五、任务检测

要选择铸件毛坯平直的表面进行装夹，以确保装夹牢固。找正外圆时一般要求不高，只要保证能车至图样尺寸及未加工面余量均匀即可。如发现毛坯工件截面呈扁形，应以直径小的相对两点为基准进行找正。及时发现毛坯材料内部的缺陷，如夹渣、砂眼等。

六、任务评价

项　目	分　数	评分标准	检测结果	实得分数	综合分数	备　注
ϕ60 mm	12	不合格不得分				
ϕ83 mm	12					
ϕ112 mm	12					
ϕ140 mm	12					
ϕ160 mm	12					
16 mm	4					
16 mm	4					
16 mm	4					
18 mm	4					
87 mm	4					
安全生产	20					
时间						

七、教学质量分析

（1）认真分析工件的质量，检查工件端面是否存在中间凸出的现象，分析其产生的原因。

（2）由于 Z4012A 台钻皮带轮是一个多台阶而且直径相差较大的工件，因此在加工中要适当改变机床转速，防止出现切削速度变化较大的情况，主轴转速的具体变化要根据实际情况决定。如：用硬质合金车刀加工直径 $D=180$ mm 的铸铁带轮，选取的切削速度 $v_c=50$ m/min。计算主轴转速的公式如下：

$$n=\frac{1\,000v_c}{\pi D}$$

式中 v_c——切削速度,m/min;

D——工件直径,mm。

按公式计算主轴转速应为 88 r/min,从主轴转速铭牌中选取偏小一挡的近似值为 94 r/min,即短手柄扳向左方,长手柄扳向右方,主轴箱手柄放在低速挡位置 I。

(3)按工艺步骤先齐端面以减少对主切削的磨损。

(4)车刀安装一定要对准中心。

(5)铸件装夹之前要修毛刺,在装夹时注意毛刺的位置,并找正工件。

工学结合技能训练 2

一、任务单

任务图纸见图 1-27。

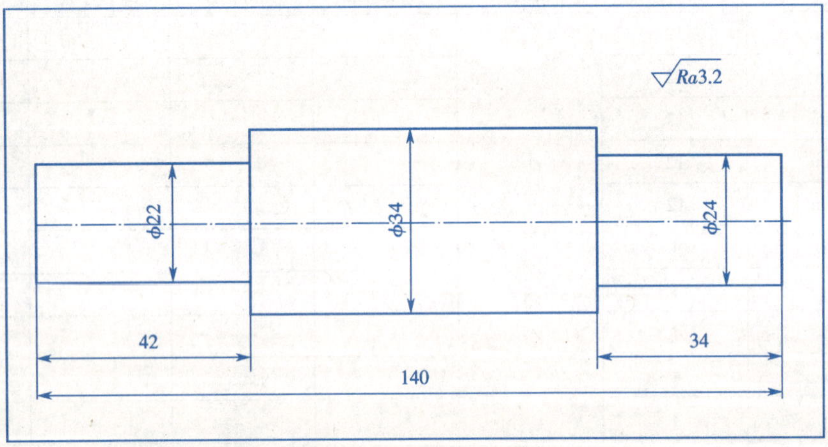

图 1-27 Z4012A 台钻齿轮轴粗车图

二、任务准备

机床:C616。

量具:0 ~ 150 mm 游标卡尺。

刀具:YT15,90°、45°外圆车刀。

其他工具:螺丝刀、活扳手、叉扳手。

材料:ϕ36 mm × 142mm,45 钢。

三、任务实施

(1)正确刃磨车刀,主偏角 $\kappa_r=90°$。

(2)正确选择切削用量、车刀,合理调整机床各手柄的位置。

(3)切削时先用车刀的副切削刃齐端面,再车外圆。

切削深度：2 mm。

进 给 量 ：0.3 mm/r。（机动进给要均匀）

切削速度：50~60 m/min。(主轴转速为500~600 r/min)

(4)车削加工工艺步骤如下:

①夹工件外圆时卡爪外伸大约 100 mm,车 ϕ24 mm 外圆长度 34 mm,车 ϕ34 mm 外圆;

②工件调头夹 ϕ34 mm 外圆,齐总长 140 mm,车 ϕ22 外圆长度 44 mm;

③去锐边毛刺。

选定加工步骤

四、任务分配

ϕ36 mm × 142mm,45 钢,每人 10 件,按图 1-27 要求加工,Z4012A 台钻齿轮轴粗加工,单件工时 20 min。

使用 YT15,90°外圆车刀。

五、任务评价

项　目	分　数	评分标准	检测结果	实得分数	综合分数	备　注
ϕ22 mm	15	不合格不得分				
ϕ34 mm	15					
ϕ24 mm	15					
34 mm	9					
42 mm	9					
140 mm	8					
表面结构(3 处)	9					
安全生产	20					
时间						

六、教学质量分析

(1)加工零件时车刀刀尖损坏,主要原因是车刀安装时刀尖未对准工件中心。刀尖高于或低于工件中心,都有可能损坏车刀刀尖。

在刀台上安装车刀时，应做到以下几点。

①不能伸出刀架太长，车刀伸出长度应尽可能短些。一般车刀伸出长度不超过刀杆厚度的2倍。

②刀尖应对准工件的中心。

③垫片要平整，尽可能减少垫片数目(一般用2~3片)。

④车刀安装在刀架上后，一般要紧固两个螺钉。紧固时，应轮换逐步拧紧。

(2)尺寸精度达不到要求，可能原因是看错图样或刻度盘使用不当，没有及时消除中滑板丝杠与丝母之间的间隙。

(3)尺寸错误的原因有可能是没有进行试切削，或在试切削中测量不准。

别忘了卡盘扳手随手从卡盘上取下!

子任务四　钻中心孔

目标要求

1. 了解尾座构造和掌握找正尾座中心的方法；
2. 掌握中心钻的装夹及其钻削方法；
3. 了解中心钻的折断原因和预防方法；
4. 懂得切削液的使用。

一、任务单

任务图纸如图1-28所示。以此任务为例，进行中心孔的钻削。图1-29为中心孔的钻削操作图。

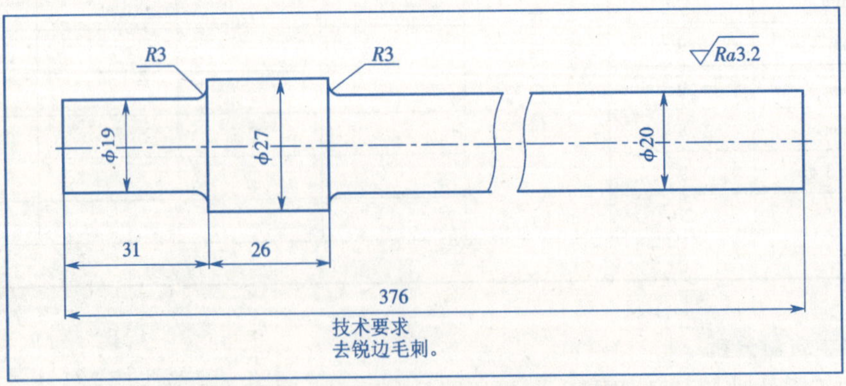

图1-28　Z4012A台钻主轴粗加工

二、任务准备

机床：C616。

材料：45 钢，锻打。

量具：0～150 mm 游标卡尺，0～500 mm 钢尺。

刀具：YT15，90°、45°外圆车刀，$\phi 3$ 中心钻。中心钻实物如图 1-30 所示。

夹具：三爪卡盘、莫氏 4 号锥柄钻夹头。钻夹头实物如图 1-31 所示。

其他工具：扳手，见图 1-32。

图 1-29　钻中心孔

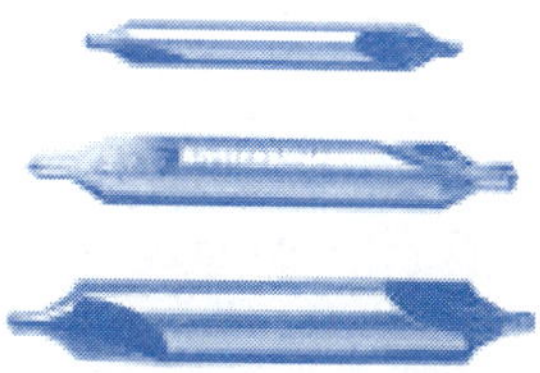

图 1-30　中心钻实物

图 1-31　钻夹头实物

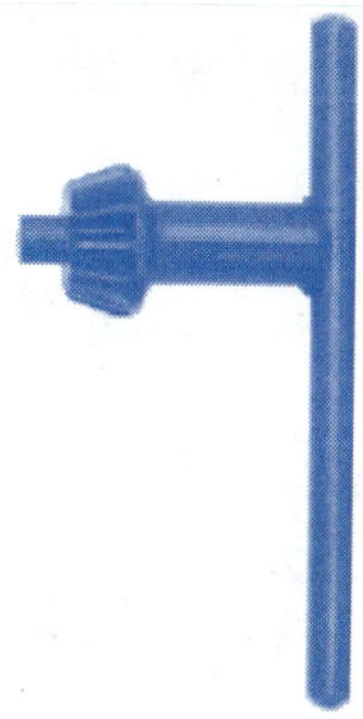

图 1-32　扳手实物

三、相关知识

在车削过程中，需要多次装夹才能完成车削的轴类工件，如台阶轴、齿轮轴、丝杠等，一般先在工件两端钻中心孔，采用两顶尖装夹，以确保工件定心准确且便于装卸。

1. 中心孔的种类

中心孔按形状和作用可分为四种。A 型和 B 型为常用的中心孔，见图 1-33；C 型为特殊中心孔，R 型为带圆弧形中心孔，见图 1-34。

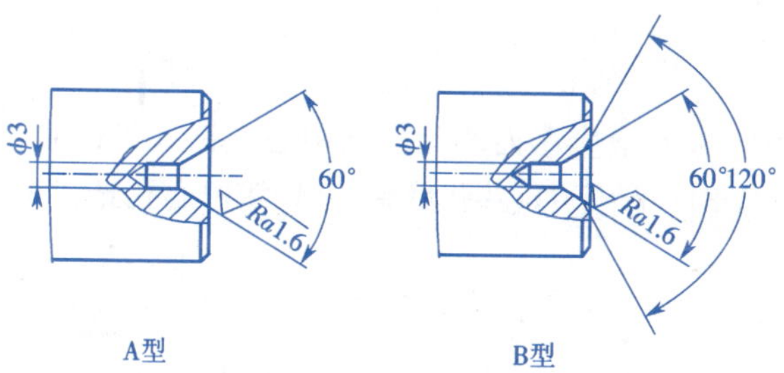

图 1-33　A 型、B 型中心孔

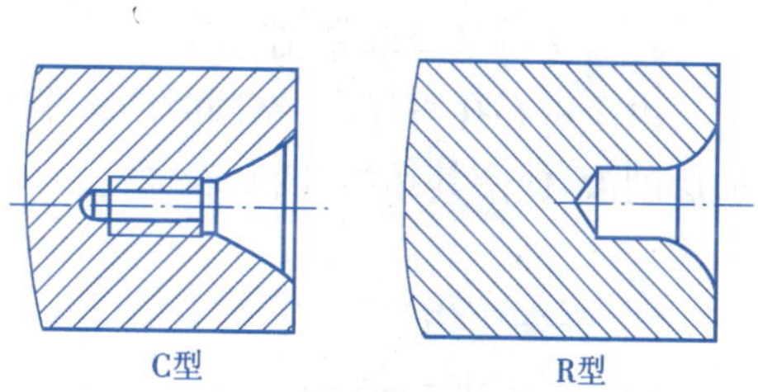

图 1-34　C 型、R 型中心孔

2. 各类中心孔的作用

A 型中心孔由圆柱部分和圆锥部分组成，圆锥孔为 60°，一般适用于不需多次装夹或不保留中心孔的零件。

B 型中心孔是在 A 型中心孔的端部多一个 120°的圆锥孔，目的是保护 60°锥孔，不使其敲毛碰伤，一般适用于多次装夹的零件。

C 型中心孔外端形似 B 型中心孔，里端有一个比圆柱孔还要小的内螺纹，它用于工件之间的紧固连接。

R 型中心孔是将 A 型中心孔的圆锥母线改为圆弧线，以减少中心孔与顶尖的接触面积，减小摩擦力，提高定位精度。

这四种中心孔的圆柱部分作用是：储存油脂，保护顶尖，使顶尖与锥孔 60°配合贴切。中心孔圆柱部分的直径，是选取中心钻的基本尺寸。

3. 中心钻

中心孔通常用中心钻钻出，常用的中心钻有 A 型和 B 型两种，见图 1-35。制造中心钻的材料一般为高速钢。

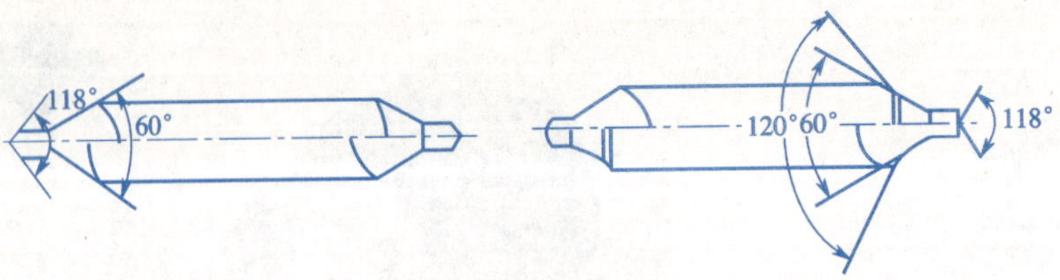

A型　　B型

图 1-35　中心钻的两种类型

4. 钻中心孔的方法

1）中心钻在钻夹头上装夹

按逆时针方向旋转钻夹头的外套，使钻夹头的三爪张开，把中心钻插入，然后用钻夹头扳手顺时针方向转动钻夹头的外套，把中心钻夹紧。

2）钻夹头在尾座锥孔中装夹

先擦净钻夹头柄部和尾座锥孔，然后用轴向力把钻夹头装紧。

3）找正尾座中心

工件装夹在卡盘上开车转动，移动尾座使中心钻接近工件平面，观察中心钻头部是否与工件旋转中心一致，并找正，然后紧固尾座。

4）转速的选择和钻削

由于中心孔直径小，钻削时应取较高的转速，进给量应小而均匀。当中心钻钻入工件时，加切削液，促使其钻削顺利、表面光洁。钻削完毕时应稍停中心钻，然后退出，使中心孔光、圆、准确。

四、任务实施

（1）正确刃磨和安装车刀。

（2）润滑机床，准备好工、卡、量具，检查锻件毛坯余量。

要精心检查

（3）调整机床各手柄的位置。

（4）选择正确的切削用量。

（5）加工工艺步骤如下：

①夹 ϕ20 mm 外圆左端，齐端面车 ϕ27 mm 外圆、ϕ19 mm × 31 mm 外圆至尺寸，车 R3 × 26 mm 圆弧；

②夹 ϕ20 mm 外圆右端，打中心孔 A3。

选择切削用量：

切削深度：2 mm。

进 给 量 ：0.3 mm/r。（机动进给要均匀）

切削速度：50~60 m/min。（主轴转速为500~600 r/min）

加工中心孔要特别注意切削用量的选择，进给量要小，要经常退出中心钻及时清除切屑，以防中心钻折断。

钻中心孔容易产生的问题和原因有以下几方面。

①中心钻易折断，其原因有：

a. 工件平面留有小凸头，使中心钻偏斜；

b. 中心钻未对准工件旋转中心；

c. 移动尾座时不小心撞断；

d. 转速太低，进给量太大；

e. 铁屑阻塞，中心钻磨损，或中心钻磨损而强行钻中心孔。

②中心孔钻偏或钻得不圆，其原因有：

a. 工件弯曲未找正，使中心孔与外圆产生偏差；

b. 紧固力不足，工件移位，造成中心孔不圆。

c. 工件太长，旋转时在离心力的作用下，易造成中心孔不圆。

③中心孔钻得太深，顶尖不能与 60°锥孔接触，影响加工质量。

④车端面时，车刀没有对准工件旋转中心，使刀尖碎裂。

⑤中心钻圆柱部分修磨后变短，造成顶尖跟中心孔底部相碰，从而影响质量。

五、任务分配

Z4012A 台钻主轴锻件毛坯，ϕ3 中心钻、钻夹头，按 A 型中心孔的要求加工，每人 20 件，单件工时 4 min。

六、任务评价

项　目	分　数	评分标准	检测结果	实得分数	综合分数	备　注
φ27 mm	35	不合格 不得分				
φ19 mm	35					
31 mm	10					
文明生产	20					
时间						

七、教学质量分析

(1)中心孔 60°圆锥表面粗糙,应检查中心钻是否磨损而不锋利,或切削液不足。

(2)台阶长度和直径尺寸不合格,要加强台阶尺寸控制的练习。按图 1-36 方法控制台阶尺寸,台阶长度尺寸要求较低时可直接用大滑板刻度盘控制。

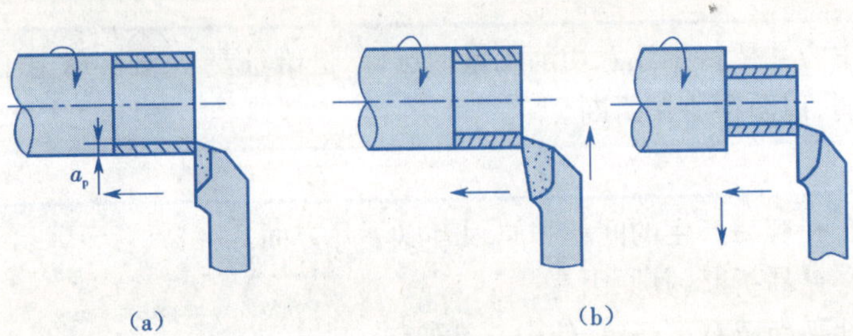

图 1-36　台阶的车削

(a)车低台阶;(b)车高台阶

(3)要注意图样中要求的台阶根部 $R3$ 圆弧。

工学结合技能训练 3

一、任务单

任务图纸如图 1-37 所示。

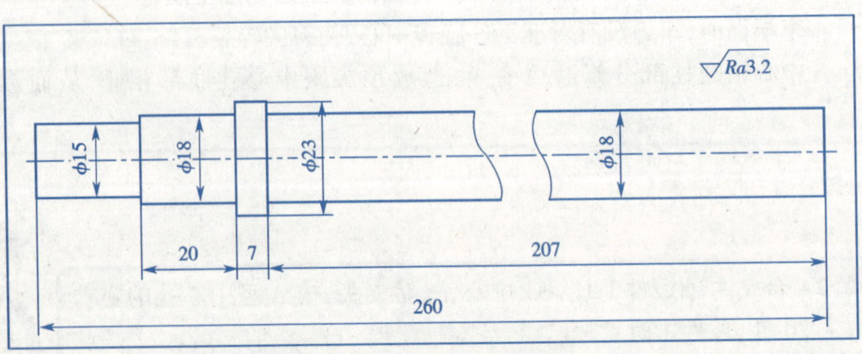

图 1-37　Z4012A 台钻丝杆粗图

二、任务准备

机床:C616。

材料:ϕ25 mm×265 mm,45 钢。

量具:0～150 mm 游标卡尺、0～25 mm 外径千分尺、0～500 mm 钢尺。

刀具:YT15,90°、45°外圆车刀,A2 中心钻。

夹具:三爪卡盘、莫氏 4 号锥柄钻夹头、莫氏 4 号活顶尖。

其他工具:螺丝刀、活扳手、叉扳手、六角扳手。

三、任务实施

(1)刃磨和安装车刀,安装中心钻。

(2)润滑机床,调整各手柄位置,确定切削用量。

切削深度：2 mm。

进 给 量 ：0.3 mm/r。（机动进给）

切削速度：50~60 m/min。（主轴转速为700~900 r/min）

加工中心孔要适当提高机床转速，并加注切削液。

(3)加工工艺步骤如下:

①夹外圆,齐端面,打中心孔;

②调头夹外圆,齐端面保总长 260 mm,打中心孔。

子任务五　一夹一顶车轴类零件

目标要求

1. 掌握一夹一顶装夹工件和车削工件的方法;
2. 会调整尾座,找正车削过程中产生的锥度;
3. 了解一夹一顶车削工件的优缺点;
4. 熟练掌握一夹一顶装夹的结构、定位原理;
5. 掌握一夹一顶加工步骤、加工工艺过程。

一、任务单

任务图纸如图 1-38 所示。以此任务为例,进行轴类零件的一夹一顶车削。

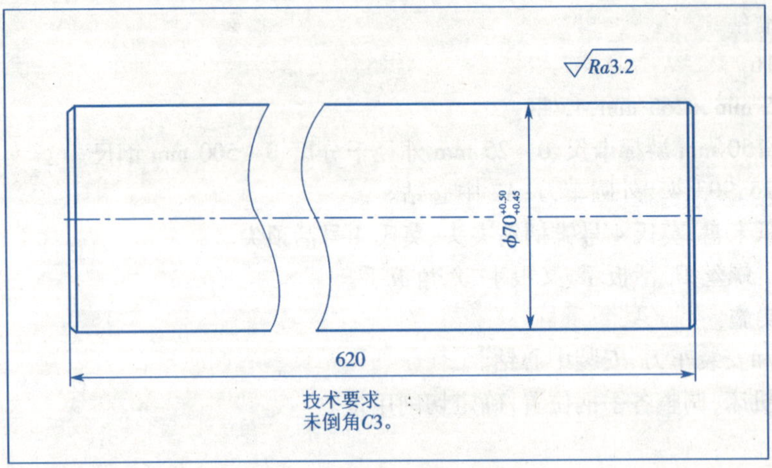

图 1-38　Z4012A 台钻立柱半精加工

二、任务准备

机床：CA6140。

材料：ϕ75 mm×625 mm，45 钢。

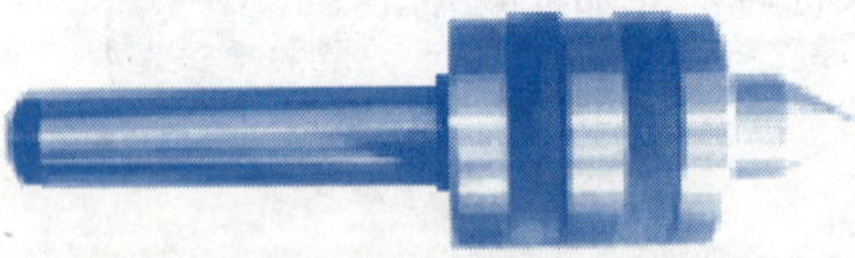

图 1-39　活顶尖实物

量具：0～200 mm 游标卡尺，50～75 mm 外径千分尺，0～1 000 mm 钢尺。

刀具：YT15，90°、45°外圆车刀，中心钻 A3。

夹具：三爪卡盘、带拨头的前顶尖、莫氏 5 号锥柄钻夹头、莫氏 5 号活顶尖。活顶尖实物如图 1-39 所示。

三、相关知识

对粗大笨重工件，装夹时稳定性不够，切削用量不能提高。因此通常选用一夹一顶的装夹方法，见图 1-40。它的定位是一端外圆表面和另一端的中心孔。为了防止工件轴向窜动，通常在卡盘内装一个轴向限位支撑，见图 1-40(a)；或在工件的被夹部位车一个 10～20 mm 长的台

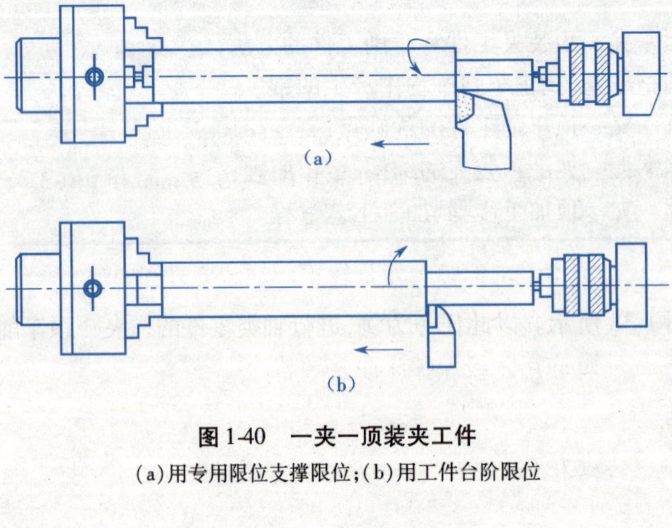

图 1-40　一夹一顶装夹工件

(a)用专用限位支撑限位；(b)用工件台阶限位

阶，作为轴向限位支撑，见图1-40(b)。后一种装夹方法比较安全、可靠，能承受较大的轴向切削力，因此它也是车工常用的装夹方法之一。但这种方法的缺点是，对于有相互位置精度要求的工件，调头车削时，找正比较困难。

在装夹工件时要特别小心三爪卡盘夹持部分不要太长，要夹紧夹牢，活顶尖不要顶得太紧，以免在工作中由于顶得过紧使顶尖轴承损坏。

一夹一顶装夹工件的特点如下：

(1)装夹比较安全、可靠，能承受较大的轴向切削力；

(2)安装刚性好，轴向定位准确；

(3)增强较长工件端部的刚性，有利于提高加工精度和表面质量；

(4)卡盘卡爪和顶尖重复限制工件的自由度，影响了工件的加工精度；

(5)尾座中心线与主轴中心线产生偏移，车削时轴向容易产生锥度；

(6)较长的轴类零件，中间刚性较差，需增加中心架或跟刀架，对操作者技能要求较高。

综上所述，利用一夹一顶装夹加工零件时，工件的装夹长度要尽量短，要进行尾座偏移量的调整。一夹一顶装夹是车削轴类零件最常用的方法。

四、任务实施

(1)选择正确的切削用量。

切削深度：2 mm。

进 给 量 ：0.3 mm/r。（机动进给）

切削速度：50~60 m/min。（主轴转速为250~300 r/min）

(2)加工工艺步骤如下：

①夹外圆，齐端面，打中心孔；

②调头夹外圆，齐端面，保证总长620 mm；

③一夹一顶接刀，粗车外圆至ϕ72 mm；

④在一端面距中心孔R25处打拨销孔ϕ10 mm×15 mm。

⑤两顶尖装夹半精车ϕ70g6外圆，留磨削余量0.4~0.5 mm，倒角C3。

①由于工件较大质量较重，在装夹过程中最好两个人共同安装。

②应用木板保护床面及导轨。

五、任务分配

ϕ75 mm×625mm，45 钢，每人 1 件，按图 1-38 中 Z4012A 台钻立柱图样要求加工。

单件时间为 40 min。

六、任务检测

车削过程：夹一端顶一端，车削长度 60 mm，工件调头，夹已车好外圆，顶另一端中心孔，车全部外圆。倒角角度要正确，并观察倒角尺寸。倒角的实际操作见图 1-41。

七、任务评价

项　目	分　数	评分标准	检测结果	实得分数	综合分数	备　注
$\phi70^{+0.50}_{+0.45}$ mm	50	不合格 不得分				
620 mm	20					
倒角 $C3$	10					
文明生产	20					
时　间						

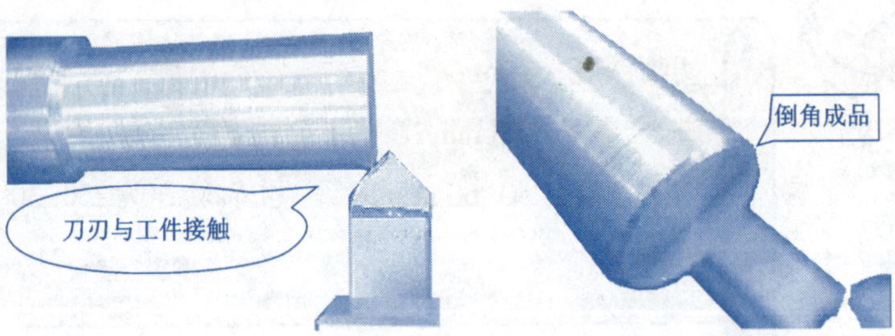

图 1-41　工件倒角

八、教学质量分析

一夹一顶车轴类零件容易产生的问题及解决的方法有以下几种。

①一夹一顶车削，最好用轴向限位支撑或利用工件的台阶作限位，否则在轴向切削力作用下，工件容易产生轴向位移。如果不采用轴向限位支撑，就要求加工者随时注意后顶尖的支顶松紧情况，并及时调整，以防发生事故。

②顶尖支顶不能过松或过紧。过松，工件产生跳动，外圆变形；过紧，易产生摩擦热，烧坏固定顶尖和工件中心孔。

③不准用手拉铁屑，以防割破手指。

④粗车多台阶工件时，台阶长度余量一般只需留中间一挡，其他各台阶尺寸按图样标注的基本尺寸加工即可。

⑤台阶处应保持垂直、清角，并防止产生凹坑和小台阶。

⑥注意工件锥度的方向性。

工学结合技能训练 4

一、任务单

任务图纸如图 1-42 所示。

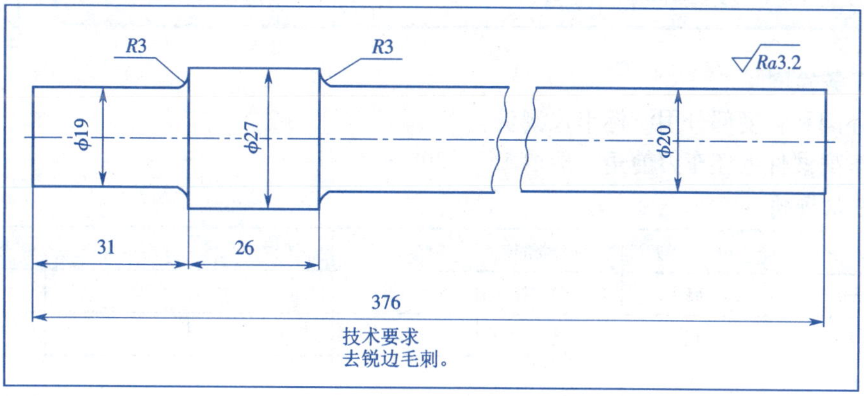

图 1-42　Z4012A 台钻主轴粗车图

二、任务准备

机床：C616。

材料：ϕ30 mm × 380 mm，45 钢锻打，调质热处理。

量具：0 ~ 150 mm 游标卡尺，0 ~ 500 mm 钢尺。

刀具：YT15，90°、45°外圆车刀。

夹具：三爪卡盘，莫氏 4 号活顶尖。

其他工具：螺丝刀、活扳手、叉扳手。

三、任务实施

（1）看好图样要求，准备量具。

（2）检查机床各手柄的位置，正确选择切削用量。

切削深度：0.2 mm。

进 给 量 ：0.2 mm /r。（机动进给）

切削速度：50~60 m/min。（主轴转速为800~900 r/min）

时　　间：20 min。

（3）按图 1-28 按图 1-42 要求加工，步骤如下：

①夹 ϕ19 mm 外圆顶中心孔，车 ϕ20 mm 外圆至尺寸要求，车 R3 圆弧，保证 ϕ27 mm 外圆长 26 mm；

②夹 ϕ20 mm 外圆右端，顶中心孔，车 ϕ19 mm 外圆；

③齐端面，保证总长 376 mm。两端不得留中心孔。

四、任务分配

Z4012A 台钻主轴 按图 1-28 要求加工完中心孔以后，按图 1-42 要求加工外圆。

使用车刀：YT15，90°外圆车刀。

五、任务检测

(1)外圆和长度部分用游标卡尺测量。

(2)车削锻件毛坯车刀前角一般取 15°～20°。

六、任务评价

项　目	分　数	评分标准	检测结果	实得分数	综合分数	备　注
ϕ20 mm	45	不合格不得分				
圆弧 $R3$	15					
376 mm	10					
26 mm	10					
安全生产	20					
时间						

工学结合技能训练 5

一、任务单

任务图纸如图 1-43 所示。

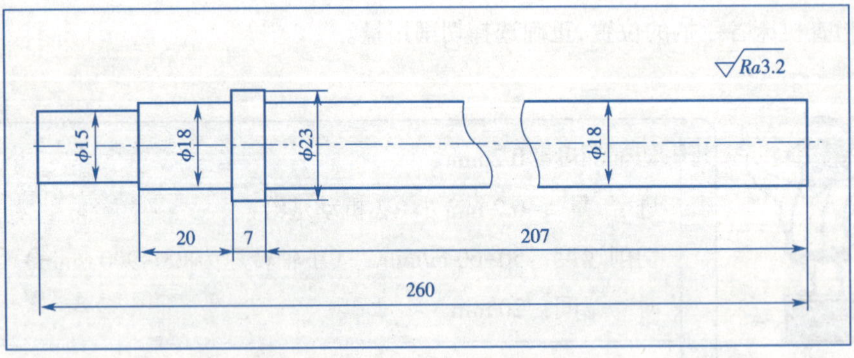

图 1-43　Z4012A 台钻丝杆粗车图

二、任务准备

机床：C616。

量具：0～150 mm 游标卡尺。

刀具：YT15，90°、45°外圆车刀。

夹具：三爪卡盘、莫氏 4 号锥柄钻夹头、莫氏 4 号活顶尖。

其他工具：螺丝刀、活扳手、叉扳手、六角扳手。

三、任务实施

(1)检查上道工序对工件的加工情况。

(2)调整机床各手柄的位置，合理选择切削用量。

(3)检查工具、量具是否合格，测量精度能否达到一定要求。

准备工作可要做好！

切削深度：2 mm。
进 给 量 ：0.3 mm/r。（机动进给）
切削速度：50~60 m/min。（主轴转速为900 r/min）
时　　间：20 min。

(4)看好图样要求，制定合理的加工工艺，确定加工步骤。

(5)检查各项安全措施是否到位。

(6)按图 1-37 要求加工完中心孔后加工本序，加工工艺步骤如下：

①夹一端顶另一端，粗车 T16×4 螺纹外圆至 ϕ18 mm×207 mm 和 ϕ23 mm 外圆。

②工件调头一夹一顶，车外圆至 ϕ18 mm，ϕ23 mm 外圆长度车至 7 mm。车外圆至 ϕ15 mm，保证 ϕ18 mm 外圆长度 20 mm。

四、任务分配

按图 1-37 加工完中心孔后加工，按图 1-43 要求加工。使用车刀：YT15，90°外圆车刀。

单件工时为 20 min，各部分去锐边毛刺。

五、任务检测

外圆和长度部分用游标卡尺测量。

六、任务评价

项 目	分 数	评分标准	检测结果	实得分数	综合分数	备 注
ϕ15 mm	13	不合格不得分				
ϕ18 mm	13					
ϕ18 mm	13					
ϕ23 mm	13					
20 mm	5					
7 mm	5					
207 mm	5					
260 mm	5					
表面结构	8					
安全、文明生产	20					

七、教学质量分析

(1)主轴的转速是根据切削速度计算选取的，而切削速度的选择则和工件材料、刀具材料及工件加工精度有关。根据选定的切削速度计算出车床主轴的转速，再对照车床主轴转速铭牌，选取车床上最近似计算值而偏小的一挡。

主轴变速时一定要等车停稳了再变！

(2)进给量是根据工件加工要求确定的。粗车时，一般取0.2~0.3 mm/r。进给量的调整可对照车床进给量表扳动手柄位置，具体方法与调整主轴转速相似。

(3)车外圆时的质量分析。

①尺寸不正确。原因是：车削时粗心大意，看错尺寸；刻度盘计算错误或操作失误；测量时不仔细、不准确。

②表面质量不符合要求。原因是车刀刃磨角度不对，刀具安装不正确或刀具磨损，以及切削用量选择不当，车床各部分间隙过大。

③外圆有锥度。原因是：吃刀深度过大，刀具磨损；刀具或滑板松动；用小滑板车削时转盘下基准线未对准“0”线。

(4)为了保证加工的尺寸精度，应采用试切法车削，见图1-44。

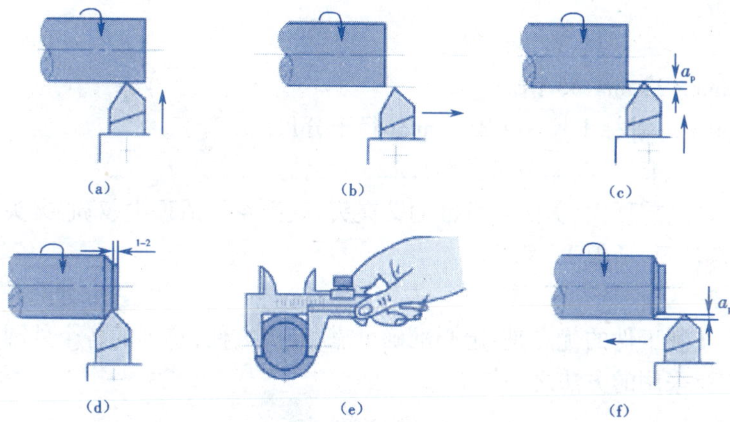

图 1-44　试切法车削外圆

(a)开车对刀,使车刀与工件表面轻微接触;(b)向右退出车刀;(c)按要求横向进给 a_p;

(d)试切 1～2 mm;(e)向右退出,停车测量;(f)调整 a_p 后,自动进给切外圆

子任务六　用两顶尖装夹车轴类零件

目标要求

1. 了解顶尖的种类、作用及其优缺点;
2. 掌握转动小滑板、车前顶尖的方法;
3. 了解鸡心夹头、对分夹头的使用知识;
4. 掌握在两顶尖上加工轴类零件的方法。

一、任务单

任务图纸如图 1-45 所示。以此任务为例,进行轴类零件的两顶尖装夹车削。

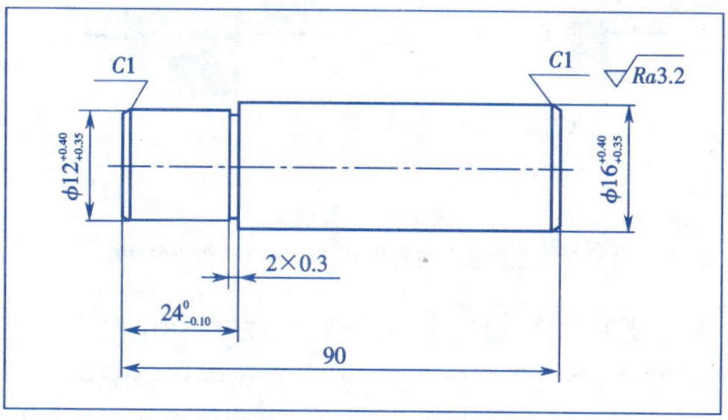

图 1-45　Z4012A 台钻电机销半精加工图

二、任务准备

机床:C616。

材料:ϕ18 mm×95 mm,45 钢。

量具:0~150 mm 游标卡尺、0~25 mm 外径千分尺。

刀具:YT15,90°、45°外圆车刀,切槽刀,A2 中心钻。

夹具:三爪卡盘、前顶尖、莫氏 4 号锥柄钻夹头、莫氏 4 号活顶尖、鸡心夹头。

其他工具:螺丝刀、活扳手、叉扳手。

三、相关知识

在两顶尖上车削工件的优点是:定心准确可靠,装夹方便,车削的各个外圆之间同轴度好。因此它是车工广泛采用的方法之一。

1. 顶尖

顶尖的作用是定中心、承受工件的重量和切削时的切削力。顶尖分前顶尖和后顶尖两类。

1)前顶尖

前顶尖随同工件一起旋转,与中心孔无相对运动,因而不产生摩擦。前顶尖的类型有两种。一种是插入主轴锥孔内的前顶尖,见图 1-46(a)。这种顶尖装夹牢靠,适宜于批量生产。另一种是夹在卡盘上的前顶尖,见图 1-46(b)。这种顶尖由一般钢材车一个台阶,与卡爪平面贴平夹紧,另一端车 60°,即可制成。这种顶尖的优点是制造装夹方便,定心准确;缺点是顶尖硬度不够,容易磨损,车削过程中如受冲击,易发生移位,只适宜于小批量生产。

2)后顶尖

插入尾座套筒锥孔中的顶尖叫后顶尖。后顶尖又分固定顶尖(图 1-47(a)、(b))和回转顶尖(图 1-47(c))两种。

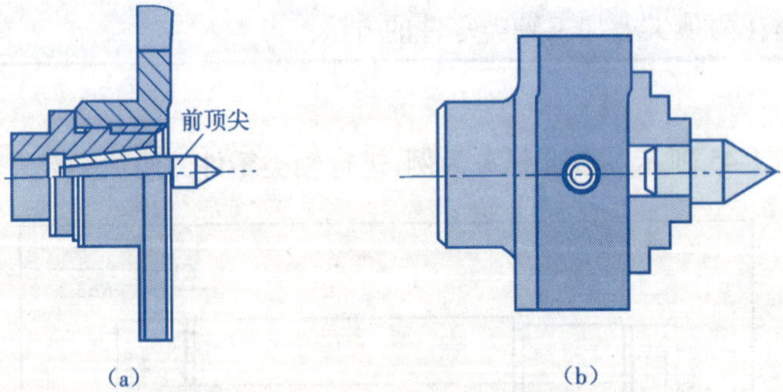

图 1-46　前顶尖

(a)插入主轴锥孔内的顶尖;(b)夹在卡盘上的顶尖

(1)固定顶尖。固定顶尖的优点是:定心准确、刚性好,切削时不易产生振动。缺点是:中心孔与顶尖如产生滑动摩擦,易发生高热,常会把中心孔或顶尖烧坏。一般适宜于低速精车。目前固定顶尖大都用硬质合金制作,见图 1-47(b)。这种顶尖在调整旋转下不易损坏,但摩擦后产生高热的情况仍然存在,会使工件发生热变形。

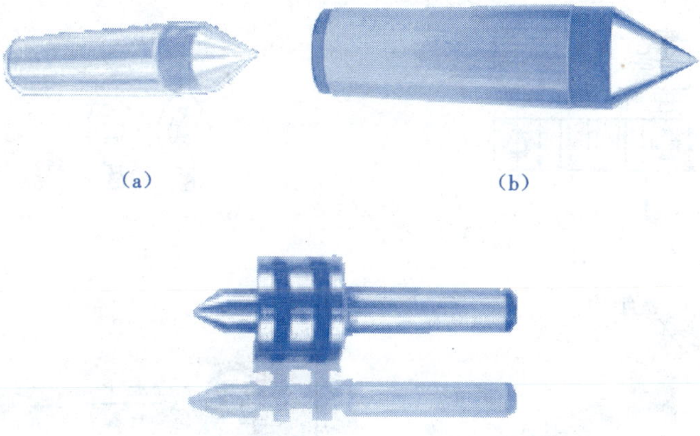

（a）　（b）　（c）

图 1-47　后顶尖

（a）普通固定顶尖；（b）硬质合金固定顶尖；（c）回转顶尖

注意

要正确选择和使用后顶尖

（2）回转顶尖。为了避免后顶尖与工件之间摩擦，目前大都采用回转顶尖支顶，见图 1-47（c）。以回转顶尖内部的滚动摩擦代替顶尖与工件中心孔的滑动摩擦，这样既能承受高速车削，又可消除滑动摩擦产生的高热，是目前比较理想的顶尖。回转顶尖缺点是定心精度和刚性稍差。

2. 工件的装夹和车削

（1）后顶尖的装夹和对准中心。先擦净顶尖锥柄和尾座锥孔，然后用轴向力把顶尖装紧，接着向车头方向移动尾座，对准前顶尖中心，见图 1-48。

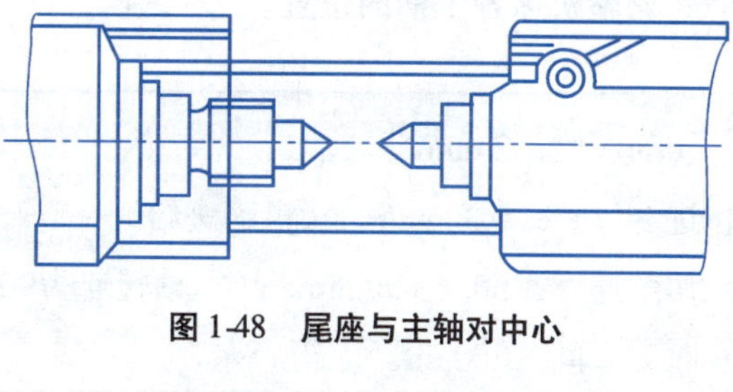

图 1-48　尾座与主轴对中心

（2）根据工件长度，调整尾座距离，并紧固。

（3）用对分夹头（见图 1-49（a））或鸡心夹头（见图 1-49（b））夹紧工件一端，拨杠伸向外端（见图 1-49（c））。因两顶尖对工件只起定心和支撑作用，所以必须通过对分夹头或鸡心夹头的拨杆来带动工件旋转。

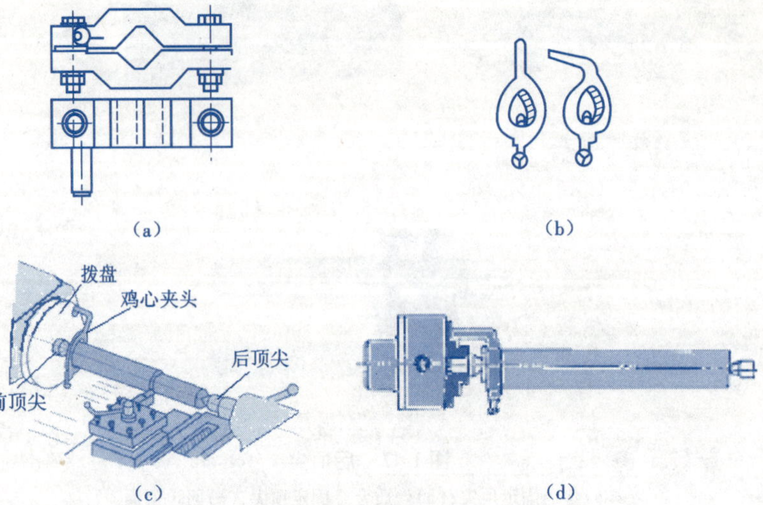

图 1-49　用鸡心夹头装夹工件

(a)对分夹头;(b)鸡心夹头;(c)用拨盘两顶尖加工;(d)用卡盘夹前顶尖,两顶尖加工

(4)将夹有对分夹头的一端中心孔放置在前顶尖上,另一端中心孔用后顶尖支顶,松紧程度以没有轴向窜动为宜。如果后顶尖用固定顶尖支顶,应加润滑油,然后将尾座套筒的紧固螺钉压紧。

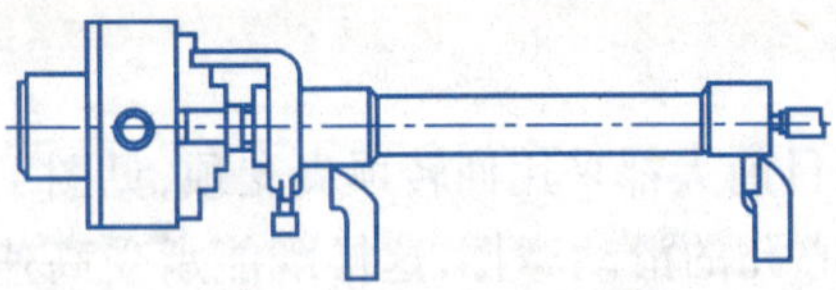

图 1-50　车两端外圆、找正尾座中心

(5)粗车外圆、测量并逐步找正外圆锥度。其具体过程是:粗车外圆,测量两端工件直径来调整尾座的横向偏移量。如工件右端直径大、左端直径小,尾座应向操作者方向移动;如工件右端直径小、左端直径大,尾座的移动方向则相反。

为了节省找正工件的时间,往往先将工件中间车凹,见图 1-50(外径不能小于图样要求),然后车削两外圆,并测量找正即可。

四、任务实施

(1)调整机床各部分的间隙。

(2)正确选择切削用量,调整机床各手柄的位置。

切削深度：2 mm。

进 给 量 ：0.3 mm/r。（机动进给）

切削速度：50~60 m/min。（主轴转速为900 r/min）

时　　间：20 min。

(3)针对工件的形状确定刀具的基本角度。

(4)Z4012A 台钻电机销车削的工艺步骤如下：

①夹外圆，两端打中心孔；

②两顶尖安装，半精车 $\phi16d9$ 外圆，留磨削余量 0.30～0.40 mm；

③两顶尖安装，半精车 $\phi12n6$ 外圆，留磨削余量 0.30～0.40 mm；

④夹 $\phi16d9$ 外圆切槽 2×0.3 mm，倒角 $C1$。

使用后顶尖要注意不可顶得太紧！

五、任务分配

$\phi18$ mm×91 mm，45 钢，每人 10 件，按图 1-45 要求加工。使用车刀：YT15，90°、45°外圆车刀。单件工时为 10 min。

六、任务检测

外圆和长度部分用游标卡尺测量。

七、任务评价

项　　目	分　　数	评分标准	检测结果	实得分数	综合分数	备　　注
$\phi12^{+0.40}_{+0.35}$ mm	30	不合格不得分				
$\phi16^{+0.40}_{+0.35}$ mm	30					
$24^{0}_{-0.10}$ mm	6					
90 mm	4					
倒角 $C1$	5					
表面结构	5					
安全生产	20					
时间						

八、教学质量分析

(1)车出的工件成扁圆形的主要原因是：车床主轴间隙太大；工件在两顶尖间装夹，后顶尖顶得不紧，或者是所使用的活顶尖产生摆动。防止方法：在车削开始前，应检查主轴间隙大小，并调整到合适位置；如主轴因磨损太厉害而使间隙过大，则须修理主轴和轴承；工件在两顶尖间装夹位置要注意顶紧；发现活顶尖产生摆动时，须及时修理或更换；精度要求较高的工件，选用死顶尖加工。

(2)表面粗糙产生的原因是：车刀角度不正确，切削用量选择不恰当(吃刀太深，进给量过大)，机床各部分的间隙太大(如主轴太松，中、小滑板的镶条太松等)而引起振动。防止方法：

如果发现已加工的工件表面不光洁，则应根据上述原因进行检查，并针对刀具、切削用量、机床等因素采取不同的解决办法。

用两顶尖装夹车轴类零件容易产生的问题和解决的方法有以下几方面。

①切削前，床鞍应左右移动全行程，观察床鞍有无碰撞现象。

②注意防止对分夹头的拨杆与卡盘平面碰撞而破坏顶尖的定心作用。

③防止固定顶尖支顶太紧，太紧时工件易发热、变形，还会烧坏顶尖和中心孔。

④顶尖支顶太松，工件产生轴向窜动和径向跳动，切削时易振动，会造成外圆圆度差、同轴度受影响等缺陷。

⑤随时注意前顶尖是否发生移位，以防工件不同轴而造成废品。

⑥工件在顶尖上装夹时，应保持中心孔的清洁并防止碰伤。

⑦在切削过程中，要随时注意工件在两顶尖间的松紧程度，并及时加以调整。

⑧为了增加切削时的刚性，在条件许可时尾架套筒不宜伸出过长。

⑨鸡心夹头或对分夹头必须牢固地夹住工件，以防切削时移动、打滑、损坏车刀。

⑩车台阶轴时，台阶处要保持清角，不要出现小台阶和凹坑。

⑪注意安全，防止对分夹头或鸡心夹头勾衣伤人，应及时使用专用铁屑勾清除铁屑。

(3)台阶长度尺寸的控制方法如下。

①台阶长度尺寸要求较低时可直接用大滑板刻度盘控制。

②台阶长度可用钢尺或样板确定位置，车削时先用刀尖车出比台阶长度略短的刻痕作为加工界限，台阶的准确长度可用游标卡尺或深度游标卡尺测量。

③台阶长度尺寸要求较高且长度较短时，可用小滑板刻度盘控制其长度。

(4)车台阶的质量分析如下。

①台阶长度不正确、不垂直、不清晰。原因是操作粗心，测量失误，自动走刀控制不当，刀尖不锋利，车刀刃磨或安装不正确。

②表面质量差。原因是车刀不锋利，手动走刀不均匀或太快，自动走刀切削用量选择不当。

工学结合技能训练6

一、任务单

任务图纸如图1-51和1-52所示。

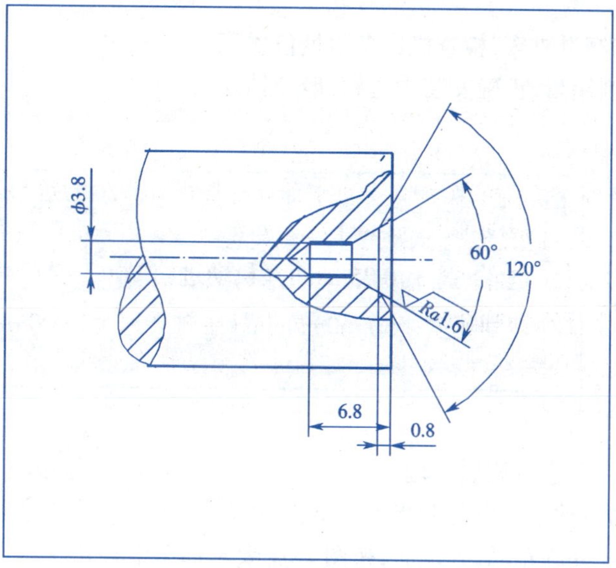

图 1-51　Z4012A 台钻主轴中心孔加工图

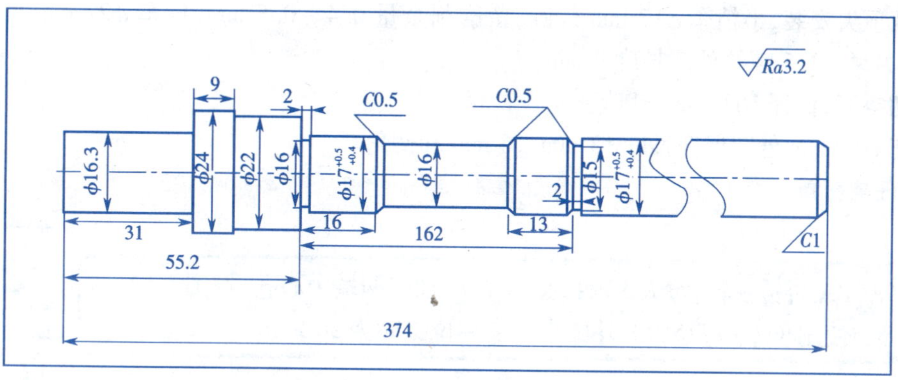

图 1-52　Z4012A 台钻主轴半精车加工图

二、任务准备

机床:C616。

量具:0 ~ 150 mm 游标卡尺、0 ~ 25 mm 外径千分尺。

刀具:YT15,90°、45°外圆车刀,B2. 5 mm 中心钻,ϕ3. 8 mm 钻头。麻花钻头实物如图 1-53 所示。

夹具:三爪卡盘、前顶尖、莫氏 4 号锥柄钻夹头、莫氏 4 号活顶尖、鸡心夹头。

其他工具:螺丝刀、活扳手、叉扳手。

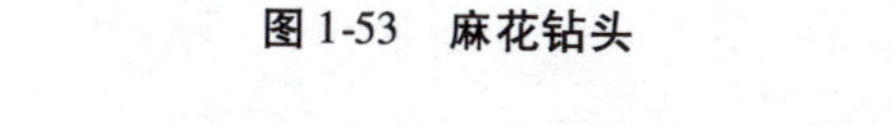

图 1-53　麻花钻头

三、任务实施

(1)检查、调整和润滑机床,检查机床各手柄位置。

(2)正确选择切削用量,正确安装中心钻、麻花钻。

切削深度:2 mm

进 给 量 :0.25 mm/r(机动进给)。

切削速度:50~60 m/min(主轴转速为1 000 r/min)。

(3)工件热处理后要进行调质处理。

(4)Z4012A 台钻主轴半精车工艺步骤如下:

①夹 $\phi 17^{+0.50}_{+0.40}$ mm 外圆左端,齐端面,按图 1-51 要求加工中心孔。

②调头夹 $\phi 17^{+0.50}_{+0.40}$ mm 外圆,齐端面,保证总长 374 mm,按图 1-51 要求打中心孔。

③两顶尖安装,车 M24 ×1. 5 螺纹外圆至尺寸,车圆锥大端尺寸至 $\phi 16.3^{+0.1}$ mm ×31 mm。

④两顶尖安装,半精车 $\phi 17$ mm 外圆,留磨削余量 0. 4 ~0. 5 mm,精车 $\phi 22$ mm 外圆至尺寸,保证 M24 ×1. 5 螺纹外圆长度 9 mm。

⑤切空刀,保证 162 mm 长度。

⑥车 $\phi 16$ mm 外圆保证长度 13 mm、16 mm 和倒角。

四、任务分配

Z4012A 台钻主轴,每人 10 件,按图 1-51 加工两端中心孔,按图 1-52 加工全部。使用车刀:YT15,90°外圆车刀。单位工时为 30 min。

五、任务检测

外圆和长度部分用游标卡尺测量。

六、任务评价

项　目	分　数	评分标准	检测结果	实得分数	综合分数	备　注
$\phi17^{+0.5}_{+0.4}$ mm	15	不合格 不得分				
$\phi17^{+0.5}_{+0.4}$ mm	15					
$\phi16$ mm	6					
16 mm	6					
13 mm	6					
162 mm	6					
55.2 mm	6					
374 mm	5					
倒角 $C1$	5					
倒角 $C0.5$	5					
表面结构	5					
安全生产	20					
时间						

七、教学质量分析

(1)工件较细长时,在车削过程中容易温度升高而产生弯曲变形。如果出现这样的问题,要注意顶尖不要顶得太紧。在车削过程中,要随时注意摇动机床尾座手轮使顶尖向后退一点,以防顶尖太紧工件弯曲。

(2)车刀要锋利也是防止工件变形的一个重要措施。

(3)中心孔60°圆锥面要光滑,打中心孔的时候要加注切削液,以保证中心孔的质量。

(4)前顶尖如果需要在车床车出,要注意前顶尖的角度等于60°且表面光滑。

(5)加工前顶尖锥面时,可用转动小滑板的方法车削。车削时,将小滑板下面转盘上的螺母松开,把转盘按逆时针方向转到30°的刻线上,与基准零线对齐,然后固定小滑板。如图1-54所示。

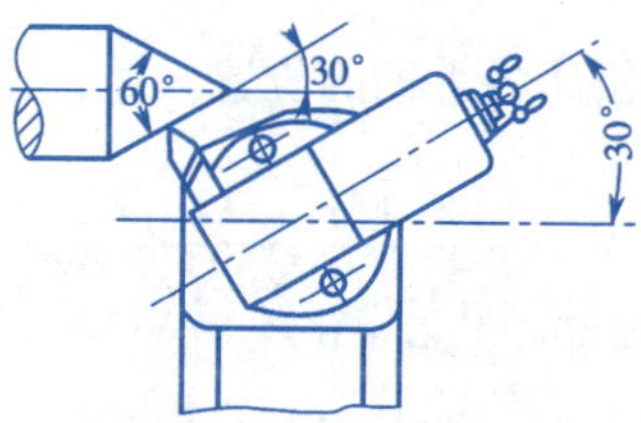

图1-54　车前顶尖

工学结合技能训练 7

一、任务单

任务图纸如图 1-55 所示。

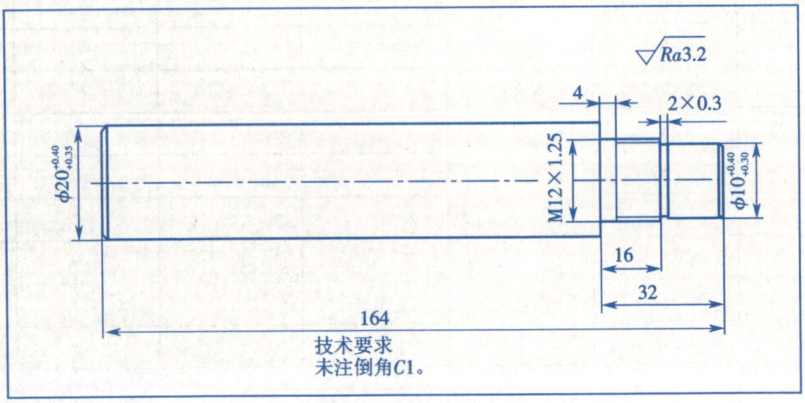

图 1-55　Z4012A 台钻导向轴加工图

二、任务准备

量具：0 ~ 150 mm 游标卡尺、0 ~ 25 mm 外径千分尺。0 ~ 25 mm 千分尺实物如图 1-56 所示。

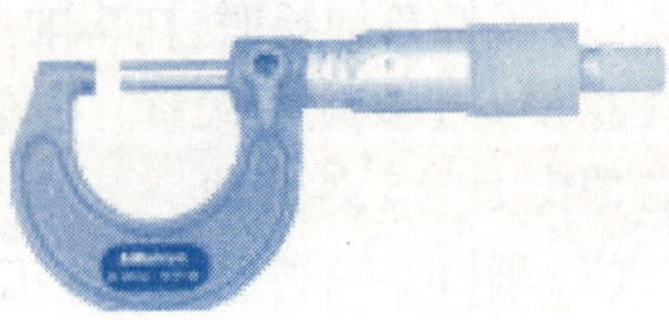

图 1-56　0 ~ 25 mm 千分尺

刀具：YT15，90°、45°外圆车刀，A2 中心钻。

机床：C616。

夹具：三爪卡盘、前顶尖、莫氏 4 号锥柄钻夹头、莫氏 4 号活顶尖、鸡心夹头。

其他工具：螺丝刀、活扳手、叉扳手。

三、任务实施

(1) 调整机床各部分的间隙。

(2) 正确选择切削用量，调整机床各手柄的位置。

切削深度：2 mm。

进 给 量 ：0.25 mm/r。（机动进给）

切削速度：50~60 m/min。（主轴转速为1 000 r/min）

(3) 针对工件的形状确定刀具的基本角度。

(4) Z4012A 台钻导向轴车削加工工艺有以下步骤。

①下料：ϕ24 mm×165 mm，45 钢。

②夹外圆，齐端面，打中心孔。

③调头夹外圆，齐端面，保证总长 164 mm，打中心孔。

④顶两中心孔，半精车 ϕ20f7 外圆至 $\phi 20^{+0.40}_{+0.35}$ mm。

⑤调头顶两中心孔，车螺纹 M12×1.25 大径至尺寸，半精车 ϕ10h7 外圆至 $\phi 10^{+0.40}_{+0.35}$，倒角，去锐边毛刺。

车刀向后退刀可别碰到顶尖！

四、任务分配

ϕ24×165，45 钢，每人 10 件，按图 1-55 要求加工。使用车刀：YT15，90°、45°外圆车刀。单件工时为 30 min。

五、任务检测

外圆和长度部分用游标卡尺测量。

六、任务评价

项　目	分　数	评分标准	检测结果	实得分数	综合分数	备　注
$\phi 20^{+0.40}_{+0.35}$ mm	18	不合格 不得分				
$\phi 12^{+0.40}_{+0.35}$ mm	18					
$\phi 10^{+0.40}_{+0.35}$ mm	18					
4 mm	4					
16 mm	4					
32 mm	4					
164 mm	2					
倒角 $C1$	3					
表面结构	9					
时间						

七、教学质量分析

(1)尺寸精度达不到要求的原因：操作者不小心，测量时出差错；刻度盘搞错或使用不当。因此在测量时，要认真仔细。使用刻度盘时，要注意丝杠与螺母之间有间隙，有时刻度盘虽然转动，但车刀不一定会移动，等间隙转完以后车刀才移动。因此在使用时，如果刻度盘格数转过头了，绝不允许只倒转几格，而是要倒转一转以后，再重新对准刻度。

(2)几何形状精度和相互位置精度达不到要求的主要原因有以下两方面。

①前顶尖摆动。由于两顶尖距离未变,致使工件无法在长度方向伸长而发生弯曲。因此,尽量降低温度,同时还必须经常退一下后顶尖。

装夹工件时要小心后顶尖别碰了工件端面!

②工件内应力的影响。工件内部往往存在内应力,在切削过程中几何形状精度和相互位置精度也会达不到要求。

(3)表面质量达不到要求的主要原因有以下两方面。

①车床刚性不足。如拖板塞铁松动、传动不平衡而引起振动。另外,车床安装不稳固也会引起振动,从而造成工件表面质量降低。

②车刀刚性不足引起振动。应尽可能选用粗刀杆,减少车刀伸出长度。

③工件刚性不足引起振动。

任务二　切槽、切断及切平面槽

子任务一　切断刀和车槽刀的刃磨

目标要求

1. 了解切断刀和车槽刀的组成部分及其角度要求；
2. 掌握切断刀和车槽刀的刃磨方法；
3. 掌握切断刀和车槽刀的角度；
4. 掌握加工车槽刀的刃磨方法、测量等基本技能，掌握切槽工序的操作技能。

一 、任务单

任务图纸如图 2-1 所示。以此任务为例，进行切断刀和车槽刀的刃磨。

图 2-1　Z4012A 台钻导向轴切断

二、任务准备

机床：C616。

量具：0 ~ 300 mm 钢尺。

刀具：高速切断刀，如图 2-2 和 2-3 所示。

夹具：三爪卡盘。

下料：ϕ22 mm × 850 mm，45 钢。

图 2-2　硬质合金切断刀实物

图 2-3　高速钢切断刀外观和切削示意

三、相关知识

直形车槽刀和切断刀的几何形状基本相似，刃磨方法也基本相同，只是刀头部分的宽度和长度有些区别。有时二者也能通用。

切断与车槽是车工的基本操作技能之一，能否掌握好，关键在于刀具的刃磨。因为切断刀和车槽刀的刃磨要比刃磨外圆刀难度大一些。

1. 高速钢切断刀和车槽刀的几何角度（图 2-4）

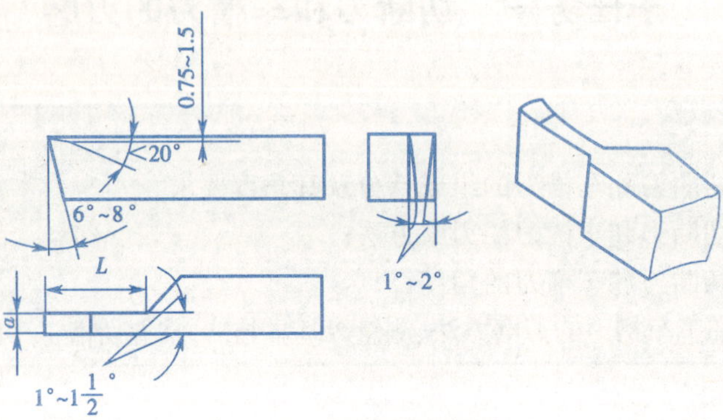

图 2-4 高速钢切断刀

前角 $\gamma_o=5°\sim20°$，主后角 $\alpha_o=6°\sim8°$，两副后角 $\alpha_{o1}=1°\sim3°$，主偏角 $\kappa_r=90°$，两副偏角 $\kappa_r'=1°\sim3°$。

2. 切断刀和车槽刀的长度和宽度的选择

（1）切断刀刀头宽度的经验计算公式是：

$$a=(0.5\sim0.6)\sqrt{D}$$

式中 a——主刀刃宽度，mm；

D——被切断工件的直径，mm。

（2）刀头部分长度 L 的计算。

①切断实心材料时

$$L=1/2D+(2\sim3)\text{mm}$$

②切断空心材料时

$$L=\text{被切工件壁厚}+(2\sim3)\text{mm}$$

车槽刀的长度 L 为槽深加 2 ~3 mm。刀宽根据需要刃磨。

3. 切断刀和车槽刀的刃磨方法

刃磨左侧副后刀面方法是：两手握刀，车刀前刀面向上（图 2-5（a）），同时磨出左侧副后角和副偏角。

刃磨右侧副后刀面方法是：两手握刀，车刀前刀面向上（图 2-5（b）），同时磨出右侧副后角和副偏角。

刃磨主后刀面（图 2-5（c）），同时磨出主后角。

刃磨前刀面和前角，车刀前刀面对着砂轮磨削表面（见图 2-5（d））。

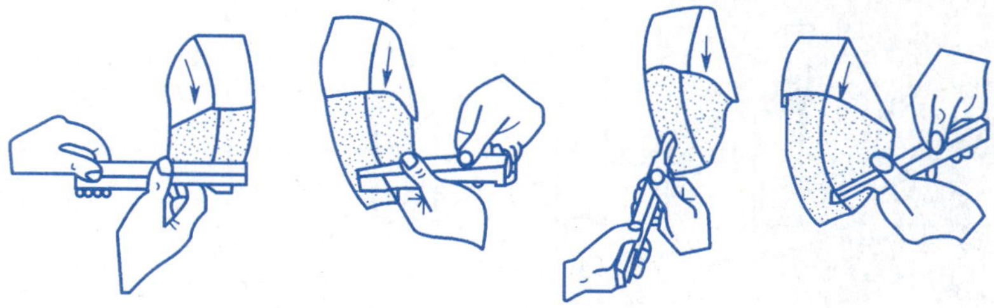

(a)　(b)　(c)　(d)

图 2-5　切断刀的刃磨步骤和方法

(a)磨左侧副后刀面;(b)磨右侧副后刀面;(c)磨主后刀面;(d)磨前刀面和前角

4. 容易产生的问题和注意事项

(1)切断刀的卷屑槽不宜磨得太深,一般为 0. 75 ~ 1. 5 mm,见图 2-6(a)。卷屑槽刃磨太深,其刀头强度差,容易折断,见图 2-6(b)。更不能把前面磨低或磨成台阶形,见图 2-6(c),这样的刀切削不顺利,排屑困难,切削负荷大增,刀头容易折断。

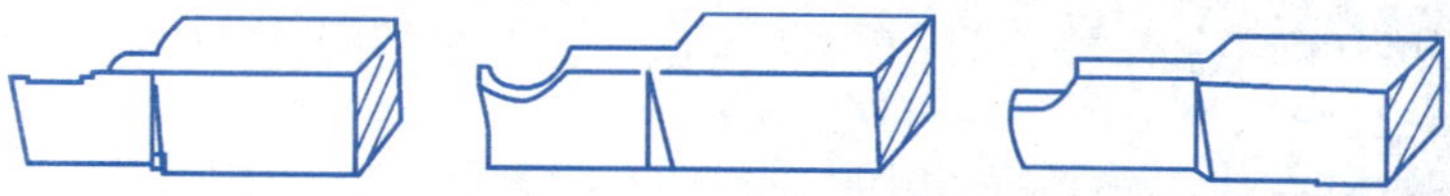

(a)　(b)　(c)

图 2-6　前角的正确与错误示意图

(a)正确;(b)错误;(c)错误

(2)刃磨切断刀和车槽刀的两侧副后角时,应以车刀的底面为基准,用钢尺或直角尺检查,见图 2-7(a)。图 2-7(b)副后角一侧有负值,切断时会与工件侧面摩擦。图 2-7(c)两侧副后角的角度太大,刀头强度变差,切削时容易折断。

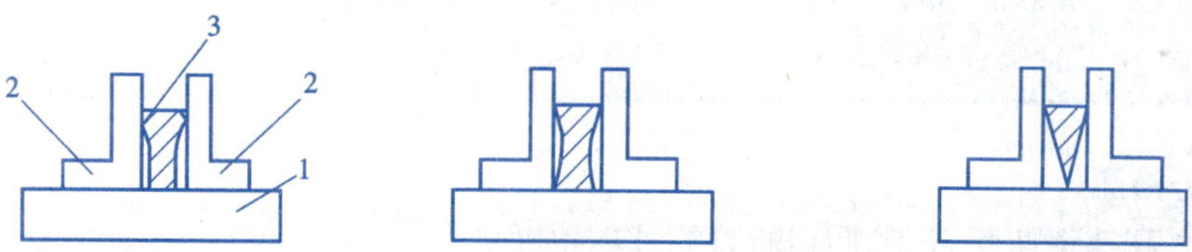

(a)　(b)　(c)

图 2-7　用直角尺检查切断刀的副后角

(a)正确;(b)错误;(c)错误

1—平板;2—直角尺;3—切断刀

(3)刃磨切断刀和车槽刀的副偏角时,要防止下列情况产生:副偏角太大(图 2-8(a)),刀头强度变差,容易折断;副偏角为负值(图 2-8(b)),不能用直进法切削;副切削刃不平直(图 2-8(c)),不能用直进法切削;车刀左侧磨去太多(图 2-8(d)),不能切割有高台阶的工件。

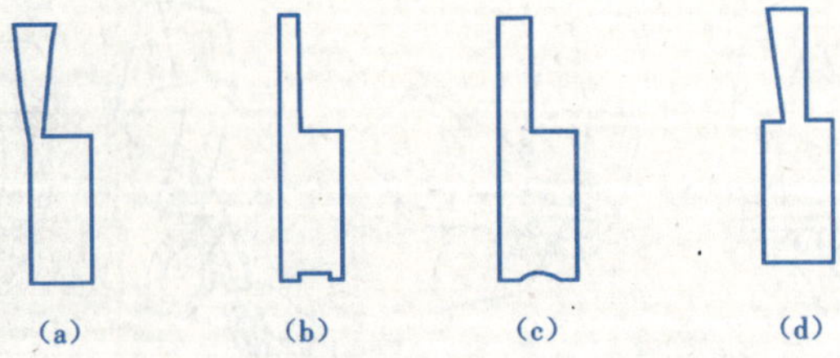

图 2-8　切断刀副切削刃的几种错误磨法

(a)副偏角太大;(b)副偏角为负值;(c)副切削刃不平直;

(d)车刀左侧磨去太多

切断刀和车槽刀的刃磨需要注意的几个问题如下。

①刃磨高速钢车刀时,应随时冷却,以防退火。刃磨硬质合金车刀时不能在水中冷却,以防刀片碎裂。

②刃磨硬质合金车刀时,不能用力过猛,以防刀片烧结处产生高热脱焊,使刀片脱落。

③刃磨切断刀和车槽刀时,通常左侧副后面磨出即可,刀宽的余量应放在车刀右侧磨去。

④主切削刃与两侧副切削刃之间应保证对称和平直。

⑤在刃磨切断刀副切削刃时,刀侧与砂轮表面的接触点应放在砂轮的边缘处,仔细观察和修整副切削刃的直线度。

四、任务分配

(1)每人 10 mm×10 mm×200 mm 高速钢车刀 1 把。

(2)ϕ22 mm×850 mm,45 钢,每人 10 件,按图 2-1 要求加工、切断。

(3)单件工时为 3 min。

五、任务检测

(1)刃磨高速钢切断刀,掌握切断刀的基本角度。

(2)用钢尺测量,夹外圆(料露出三爪约 180 mm)校正,单件长度按 165 mm 切断。

六、任务评价

项目	分　数	评分标准	检测结果	实得分数	综合分数	备　注
切断刀综合评价	50	不合格不得分				
工件长度	20					
时间	10					
安全生产	20					

工学结合技能训练 1

一、任务单

任务图纸如图 2-9 所示。

图 2-9　Z4012 台钻电机销切断

二、任务准备

机床：C616。

材料：ϕ18 mm×940 mm，45 钢，每人 10 件。

量具：0～150 mm 游标卡尺、0～150 mm 钢尺。

刀具：高速钢切断刀。

夹具：三爪卡盘。

其他工具：螺丝刀、活扳手、叉扳手。

三、任务实施

（1）正确选择切削用量。

切削深度：等于切断刀刀头宽度，一般为 3.5~4 mm。

进　　给：手动。

切削速度：15~20 mm/min。（主轴转速约为360 r/min）

（2）按长度 91 mm 切断。

四、任务分配

（1）刃磨车刀，每人 10 mm×10 mm×200 mm 高速钢车刀 1 把。

（2）ϕ18×940mm，45 钢，每人 10 件，按图 2-9 要求切断。

（3）单件工时为 2 min。

五、任务检测(按单件检查测量)

用游标卡尺测量。

工学结合技能训练 2

一、任务单

任务图纸如图 2-10 所示。

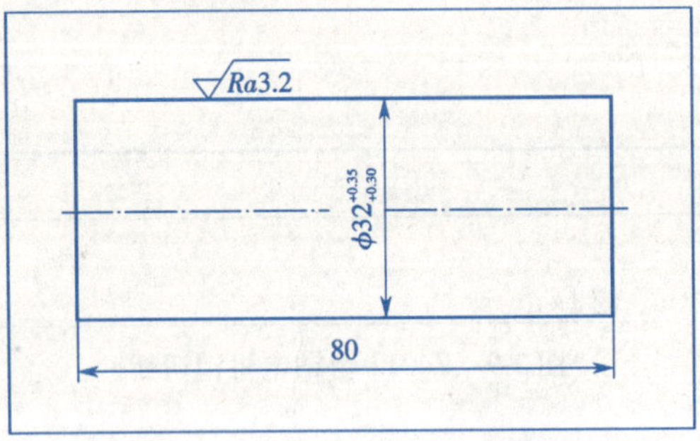

图 2-10　Z4012A 台钻右夹紧块

二、任务准备

机床:C616。

量具:0 ~ 150 mm 游标卡尺。

刀具:YT15,90°、45°外圆车刀,高速钢切断刀,A2 中心钻。

夹具:三爪卡盘、莫氏 4 号锥柄钻夹头、莫氏 4 号活顶尖。

三、任务实施

(1)下料:ϕ35 mm × 430 mm,45 钢。

(2)正确选择切削用量。

切削深度:等于切断刀刀头宽度,一般为 3.5~4 mm。

进 给 量 :0.06~0.10 mm。(一般手动进给)

切削速度:15~20 m/min。(主轴转速约为360 r/min)

(3)齐端面,打中心孔 A2。

(4)一夹一顶按图示尺寸车外圆至尺寸。加工时先用三爪卡盘车 ϕ33 mm 长度 10 mm 台阶,然后夹住已车台阶顶另一端车外圆,车至 $\phi32^{+0.35}_{+0.30}$ mm。

(5)按 80 mm 长度切断。

四、任务分配

(1)刃磨 10 mm×10 mm×200 mm 高速钢车刀。

(2)ϕ35 mm×450 mm,45 钢,每人 10 件,按图 2－10 要求加工、切断。

(3)单件工时:3 min。

五、任务检测

用游标卡尺测量。

六、任务评价

项　　目	分　　数	评分标准	检测结果	实得分数	综合分数	备　　注
$\phi32^{+0.35}_{+0.30}$ mm	25	不合格不得分				
80 mm	20					
中心孔 ϕ2 mm	10					
切断刀的刃磨	15					
切断端面表面结构	5					
外圆表面结构	5					
安全生产	20					

七、教学质量分析

(1)切断的时候切不到中心,有时损坏切断刀。这时候要检查切断刀的安装是否对准工件中心,高于或低于工件中心都容易损坏车刀。如图 2-11 所示。

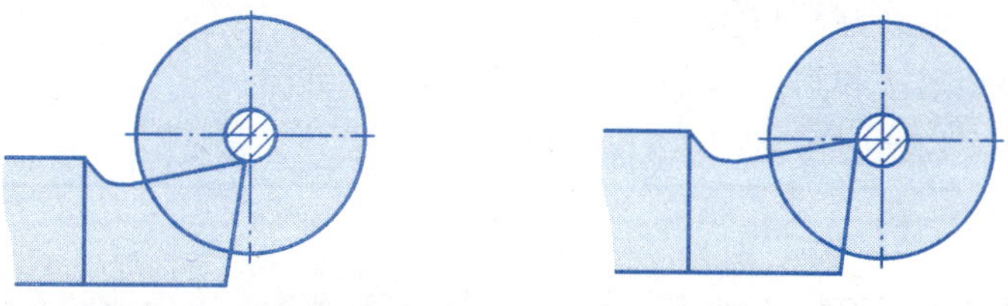

(a)　　　　(b)

图 2-11　车刀高于或低于工件中心

(a)切断刀安装过低不易切断;

(b)切断刀安装过高,车刀后刀面顶住工件,刀头易被压断

(2)切断时容易振动。应选择适宜的主切削刃宽度。主切削刃宽度小,使切削部分强度减弱;主切削刃宽度大,切断阻力大容易引起振动。

(3)手动切断时摇手柄应连续均匀,若切削中必须停车时,应先退刀,后停车。

(4)有些工件较短,切断后不能再装夹齐另一头端面,切断时为了提高切下工件端面的质量,除了刃磨好切断刀之外,在没有切断之前剩余直径很小时,可用切断刀的右侧重新修整切断工件的左端面,然后再一次切下所需的工件,以提高工件端面的质量,见图 2-12。

(5)工件装夹的伸出长度要适当,不可以伸出太长,见图 2-13。

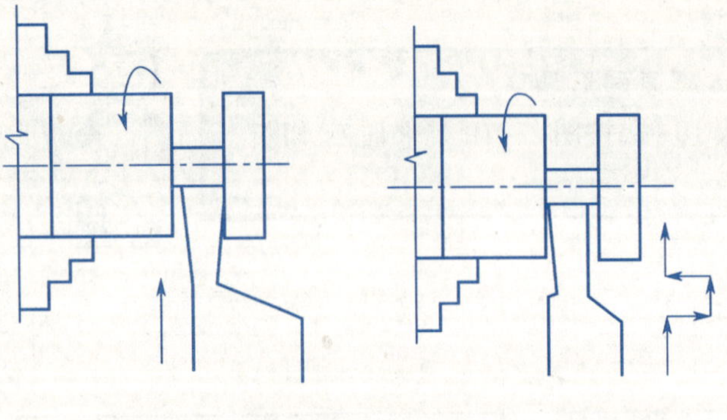

(a)　　　　(b)

图 2-12　切断方法

(a)直切法;(b)左右切法

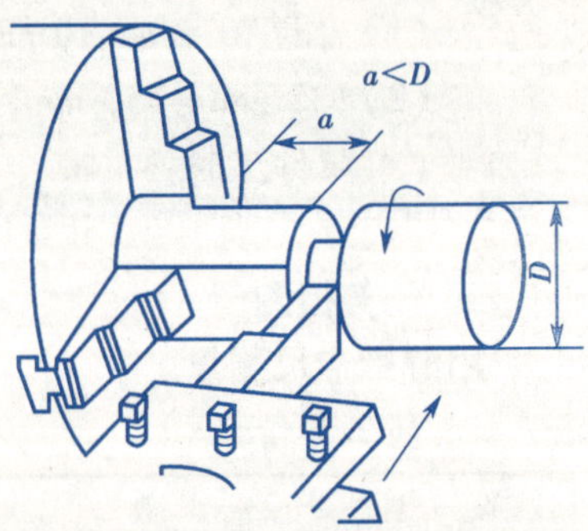

图 2-13　切断时工件的伸出长度

(6)被切断工件的平面产生凹凸,其原因如下:

①切断刀两侧的刀尖刃磨或磨损不一致,造成让刀,因而使工件平面产生凹凸;

②窄切断刀的主刀刃与轴心线有较大的夹角,左侧刀尖伴有磨损现象,进给时在侧向切削力的作用下,刀头易产生偏斜,势必造成工件平面内凹;

③车刀安装歪斜或副切削刃没有磨直等。

子任务二　车矩形槽和圆弧形槽

目标要求

1. 了解沟槽的种类和作用;
2. 掌握矩形槽和圆弧形槽的车削方法和测量方法;
3. 了解车沟槽时可能产生的问题和防止方法。

一、任务单

任务图纸如图 2-14 所示。以此任务为例,进行矩形槽和圆弧形槽的车削。

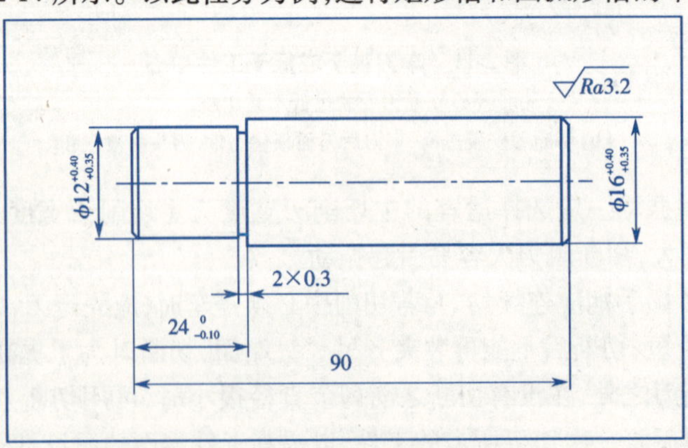

图 2-14　Z4012A 台钻电机销半精车

二、任务准备

机床：C616。

量具：0～150 mm 游标卡尺、0～25 mm 外径千分尺。

刀具：YT15，90°、45°外圆车刀，A2 中心钻，高速钢切槽刀。

夹具：三爪卡盘、前顶尖、莫氏 4 号锥柄钻夹头、莫氏 4 号活顶尖。

其他工具：螺丝刀、活扳手、叉扳手。

三、相关知识

矩形沟槽的作用通常是使所装配的零件有正确的轴向位置，在磨削、车螺纹、插齿等加工过程中便于退刀。几种常见的外沟槽如图 2-15 所示。

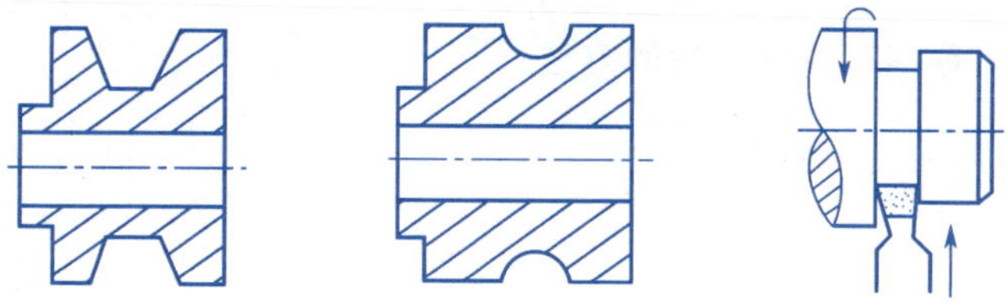

(a)　(b)　(c)

图 2-15　常见的外沟槽

(a)梯形槽；(b)圆弧形槽；(c)矩形槽

1. 车槽刀的装夹

车槽刀装夹是否正确，对车槽的质量有直接影响。如矩形车槽刀的装夹，要求垂直于工件轴心线，见图 2-16，否则车出的槽壁不会平直。

检查车刀安装的角度

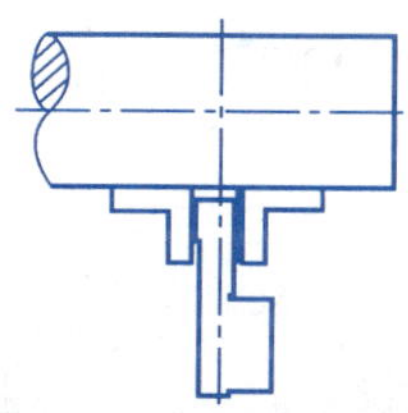

图 2-16　用直角尺检查切断刀副偏角

2. 车槽方法

(1)车精度不高、宽度较窄的矩形沟槽，可以用刀宽等于槽宽的车槽刀，采用直进法一次进给车出。精度要求较高的沟槽，一般采用二次进给车成。即第一次进给车沟槽时，槽壁两侧留精车余量，第二次进给时用等宽刀修整。

(2)车较宽的沟槽，可以采用多次直进法切割(图 2-17)。并在槽壁两侧留一定的精车余量，然后根据槽深、槽宽精车至尺寸。

(3)车较小的圆弧形槽，一般用成型刀车削。较大的圆弧形槽，可用双手联动车削，用样板检查修整。

(4)车较小的梯形槽，一般用成型刀车削完成。较大的梯形槽，通常先车直槽，后用梯形刀直进法或左右切削法完成(图 2-18)。

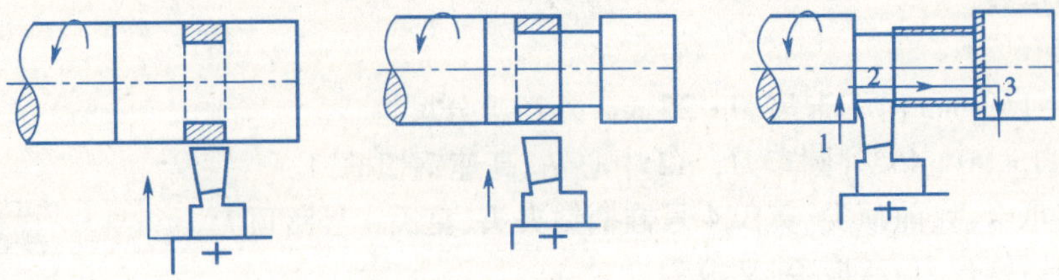

图 2-17　车宽沟槽的方法

学习和掌握切槽的方法

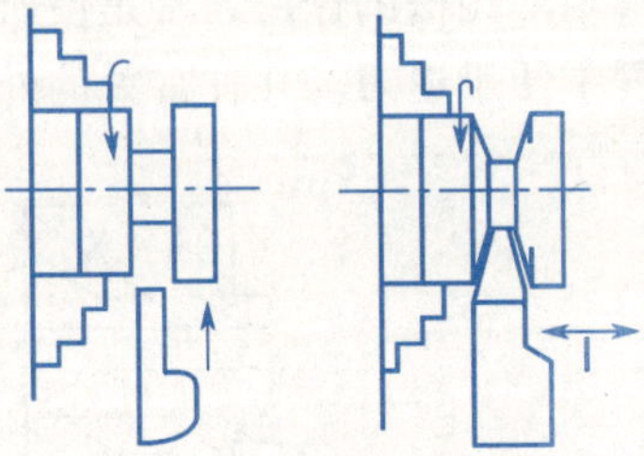

图 2-18　车宽梯形槽方法

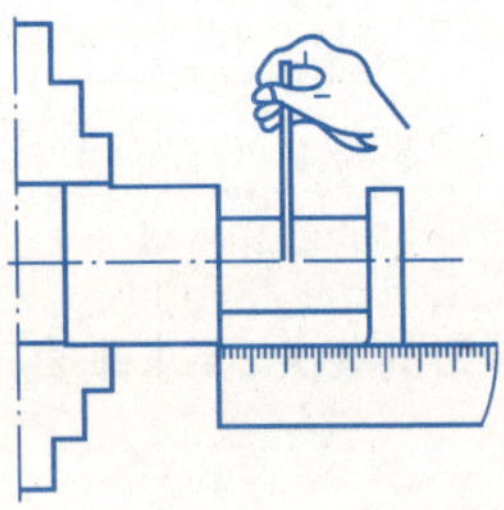

图 2-19　用卡钳、钢尺测量沟槽

3. 沟槽的检查和测量

精度要求低的沟槽，一般采用钢尺和卡钳测量（如图 2-19）。精度要求较高的沟槽，可用千分尺、样板、游标卡尺等检查测量（图 2-20）。

四、任务实施

（1）检查、调整和润滑机床。

（2）正确地选择切削用量，调整机床手柄位置。

（3）按工件要求刃磨车刀。

切削深度：等于切断刀刀头宽度。

进　　给：手动进给，要均匀。

切削速度：10~15 m/min（主轴转速约为300~400 r/min），及时加注切削液。

（4）Z4012A 台钻电机销的车削工艺步骤如下。

①下料：ϕ18 mm × 960 mm，45 钢。

②按 91 mm 长度切断。

③夹外圆两端打中心孔。

④两顶尖安装，半精车 ϕ16d9 外圆留磨削余量 0.35 ~ 0.40 mm。

⑤两顶尖安装，半精车 ϕ12n6 外圆留磨削余量 0.35 ~ 0.40 mm。

⑥夹 ϕ16d9 外圆切槽 2 × 0.3 mm，倒角 $C1$。

要正确地进行测量，可别疏忽大意!

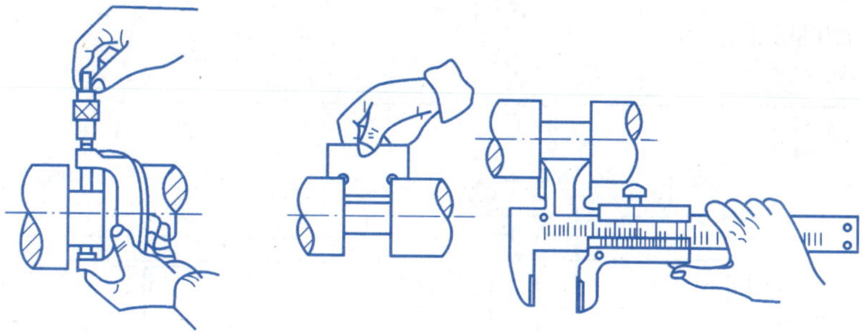

(a)　　　　　　　　(b)

图 2-20　测量较高精度沟槽的几种方法

(a)用千分尺测量沟槽直径;(b)用样板、游标卡尺测量沟槽宽度

五、任务分配

ϕ18 mm×960 mm，45 钢每人 10 件，按图 2-14 所示零件图加工。单件工时为 20 min。

六、任务检测

(1)检查车刀安装的角度是否正确。

(2)沟槽的宽度用游标卡尺测量。

七、任务评价

项　目	分　数	评分标准	检测结果	实得分数	综合分数	备　注
$\phi12^{0.40}_{0.35}$ mm	20	不合格不得分				
$\phi16^{0.40}_{0.35}$ mm	20					
$24^{0}_{-0.1}$ mm	15					
2×0.3 mm 空刀	10					
90 mm	5					
倒角 $C1$	4					
表面结构	6					
安全生产	20					
时间						

八、教学质量分析

(1)切断时要正确地安装切断刀,注意车刀的角度,不能使车刀安装得歪斜。

(2)切断刀的长度要根据切断工件的实际长度,一般切断部分的长度是工件的半径加上 2～3 mm 即可,以防切断刀过长,工件容易产生振动或切断刀折断。

工学结合技能训练 3

一、任务单

任务图纸如图 2-21 所示。

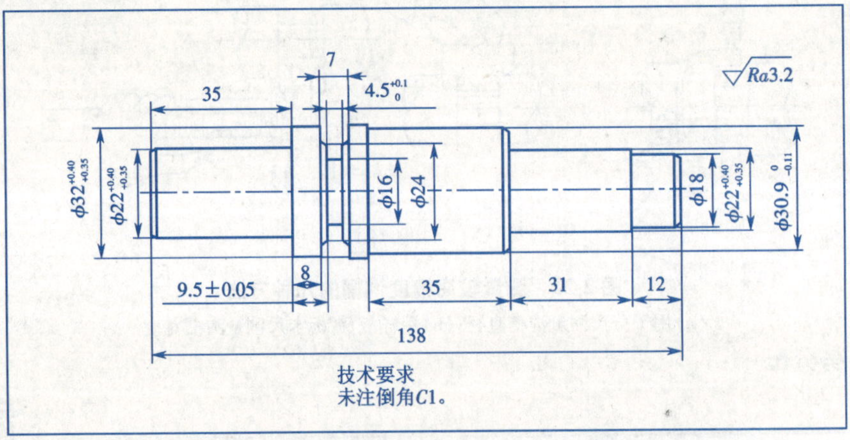

图 2-21　Z4012A 台钻齿轮轴半精车图

二、任务准备

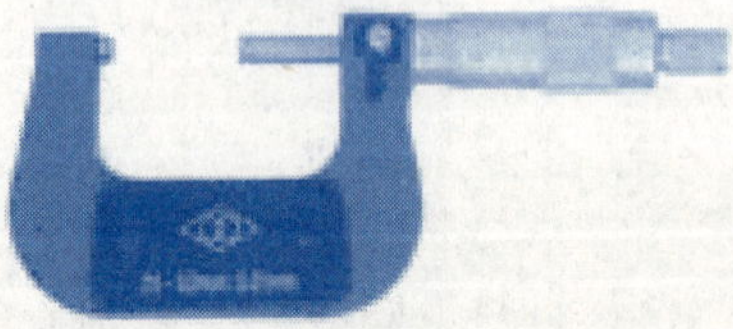

图 2-22　25～50 mm 千分尺实物

机床:C616。

量具:0～150 mm 游标卡尺,0～25 mm、25～50 mm 外径千分尺。25～50 mm 千分尺实物如图 2-22 所示。

刀具:YT15,90°、45°外圆车刀,高速钢切槽刀,B2. 5 中心钻。

夹具:三爪卡盘、前顶尖、鸡心夹头、莫氏 4 号锥柄钻夹头、莫氏 4 号活顶尖。

其他工具:螺丝刀、活扳手、叉扳手。

三、任务实施

(1)检查、调整和润滑机床。

(2)正确选择切削用量,调整机床手柄位置。

切削深度：1 mm。
进 给 量 ：0.25 mm/r。（机动进给）
切削速度：50~60 m/min。（主轴转速约为500~600 r/min）

(3)按工件要求刃磨车刀。

(4)接图1-28后加工,热处理T235。

(5)检查上道工序材料是否合格。

(6)Z4012A台钻齿轮轴车工加工工艺如下。

①用游标卡尺和千分尺测量。

②夹外圆齐端面打中心孔B2。

③调头夹外圆,齐端面,保证总长138 mm,打中心孔B2。

④两顶尖安装,车$\phi18$ mm外圆长度12 mm,车$\phi20^{+0.40}_{+0.35}$外圆至尺寸,长度31 mm。

⑤两顶尖安装,车$\phi30.9^{0}_{-0.11}$外圆至尺寸,长度35 mm。车$\phi32^{+0.40}_{+0.35}$外圆至尺寸,倒角$C1$。

要特别遵守工艺规则，认真进行测量和加工！

⑥工件调头两顶尖安装,车$\phi22^{+0.40}_{+0.35}$外圆一端,长度35 mm。倒角$C1$。检查。

⑦转铣工铣齿轮至尺寸。

⑧转车工,夹$\phi22^{+0.40}_{+0.35}$ mm外圆顶另一端,车$\phi32^{+0.40}_{+0.35}$ mm外圆处槽宽$4.5^{+0.10}_{0}$ mm,槽底直径$\phi16$ mm至尺寸,保证9.5 ± 0.05 mm尺寸,车槽宽7 mm槽底直径$\phi24$ mm,保证8 mm尺寸。

⑨检查。

⑩转磨工磨削各外圆至尺寸。

四、任务分配

热处理后的大齿轮轴,每人5件,按图2－21要求加工。单件工时为30 min。

注意

Z4012A 台钻齿轮轴半精车需要注意的问题如下。

①台阶长度尺寸要求较低时可直接用大滑板刻度盘控制。

②台阶长度可用钢尺或样板确定位置。台阶的准确长度可用游标卡尺或深度游标卡尺测量。要正确使用游标卡尺、样板、塞规测量沟槽。

③打中心孔的时候机床转速尽量提高，并且经常退出中心钻，以便顺利地排除切屑，防止中心钻折断。

五、任务评价

项　目	分　数	评分标准	检测结果	实得分数	综合分数	备　注
$\phi 32^{+0.4}_{+0.35}$ mm	10	不合格不得分				
$\phi 22^{+0.4}_{+0.35}$ mm	10					
$\phi 32^{+0.4}_{+0.35}$ mm	10					
$\phi 30.9^{0}_{-0.11}$ mm	10					
$\phi 24$ mm	3					
$\phi 16$ mm	3					
$\phi 18$ mm	2					
35 mm	3					
中心孔 B2 两处	3					
35 mm	2					
9.5 ±0.05 mm	4					
7 mm	2					
$4.5^{+0.1}_{0}$ mm	4					
31 mm	3					
12 mm	3					
138 mm	2					
表面结构	4					
倒角 *C*1	2					
安全生产	20					
时间						

六、教学质量分析

(1)槽壁与轴心线不垂直，出现内槽狭窄外口大的喇叭形，造成这种情况的主要原因如下。

①刀刃磨钝让刀。

②车刀刃磨角度不正。

③车刀装夹不垂直。

(2)槽壁与槽底产生小台阶，主要原因是接刀不当。

(3)切下的工件表面凹凸不平,主要原因是切断刀强度不够,主切削刃不平直,切削后,由于侧向切削力的作用使刀具偏斜,使切下的工件凹凸不平,另外刀尖圆弧刃磨或磨损不一致使主切削力受力不均匀而产生凹凸面。解决的方法主要是:增加切断刀的强度,刃磨时必须使主刀刃平直,刃磨时保证两刀刃平直。

容易产生的问题和解决的方法。

①车槽刀主切削刃和轴心线不平行,车成的沟槽槽底一侧直径大,另一侧直径小且成竹节形。解决方法是要严格刃磨和安装车刀。

②要防止槽底与槽壁相交处出现圆角和槽底中间尺寸小,靠近槽壁两侧直径大。解决方法是减小刀尖圆弧。

(4)用借刀法车沟槽时,注意各条槽距。

(5)合理选择转速和进给量,并正确使用切削液。

子任务三　车平面槽和45°外斜沟槽

目标要求

1. 了解平面槽的种类和作用;
2. 了解平面槽车刀的几何角度和刃磨要求;
3. 掌握车平面槽的方法和测量方法;
4. 掌握车45°外斜沟槽的方法。

一、任务单

任务图纸如图2-23所示。以此任务为例,进行平面槽和45°外斜沟槽的车削。

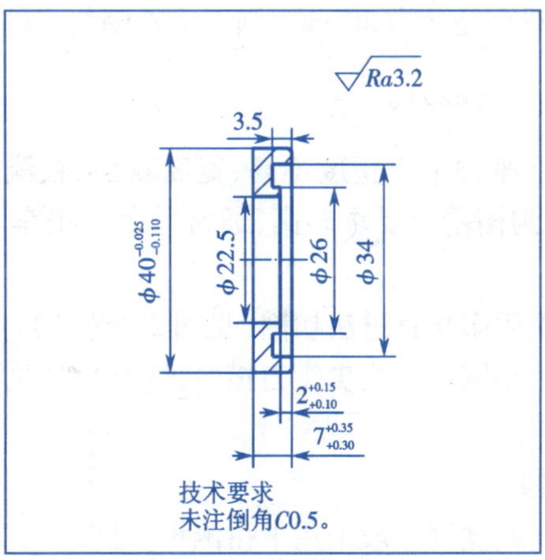

图2-23　Z4012台钻垫

二、任务准备

机床：C616。

量具：0 ~ 150 mm 游标卡尺、25 ~ 50 mm 外径千分尺、端面槽样板。

刀具：YT15，90°、45°外圆车刀；YT15 内孔车刀 ϕ22 mm × 45 mm；高速钢 10 mm × 10 mm × 200 mm 端面切槽刀；ϕ21 mm 钻头，A3 中心钻；切断刀。

夹具：三爪卡盘、莫氏 4 号锥柄钻夹头、2/4 莫氏锥套。

其他工具：螺丝刀、活扳手、叉扳手。

三、相关知识

1. 平面车槽刀的刃磨和装夹

在平面上车槽时，车槽刀左侧一个刀尖相当于在车内孔，右侧刀尖相当于车外圆，见图 2-24。为了防止车刀副后刀面与槽壁相碰，车槽刀的左侧副后刀面必须按平面槽的圆弧大小，刃磨成圆弧形，并带有一定的后角，这样才能车削。

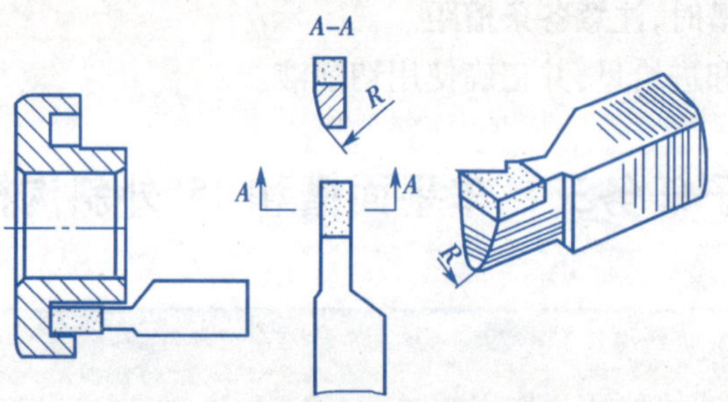

图 2-24　平面车槽刀的几何形状

平面车槽刀的装夹，除刀刃与工件中心等高外，车槽刀的中心线必须与轴心线平行。

2. 车平面槽和测量方法

1）在平面上车矩形槽

（1）控制车槽刀位置的方法。在平面上车槽前，通常应先测量工件外径，得出实际尺寸，然后减去沟槽外圈直径尺寸，除以 2，就是车槽刀外侧与工件外径之间的距离 L。如图 2-25，工件直径 D 为 60 mm，沟槽外圆直径 d 为 50 mm，则刀头外侧与工件外径之间的距离为

$$L=\frac{D-d}{2}=\frac{60-50}{2}=5\ (\text{mm})。$$

（2）车矩形槽的方法。在平面上车精度不高、宽度较小、较浅的沟槽时，通常采用等宽刀直进法一次进给车出。如果沟槽精度要求较高，通常采用先粗车（槽壁两侧留精车余量）、后精车的方法进行。

车较宽的平面沟槽，可采用多次直进法切削（见图 2-26（a）），然后精车至尺寸要求。如果平面沟槽宽度更大，一般采用小圆头刀或尖头刀横向进给切削（见图 2-26（b）），然后用车槽刀或正、反偏刀精车至尺寸要求。

2）平面沟槽的检查和测量

精度要求低的平面沟槽，其宽度一般采用卡钳测量，见图 2-27（a）。沟槽内圈直径用外卡钳测量，沟槽外圈直径用内卡钳测量。

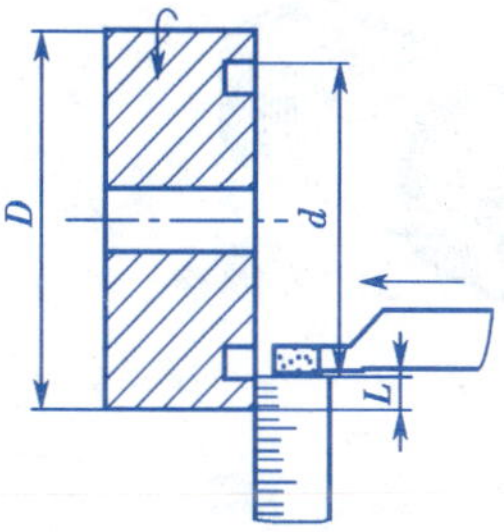

图 2-25　壁厚控制示意图

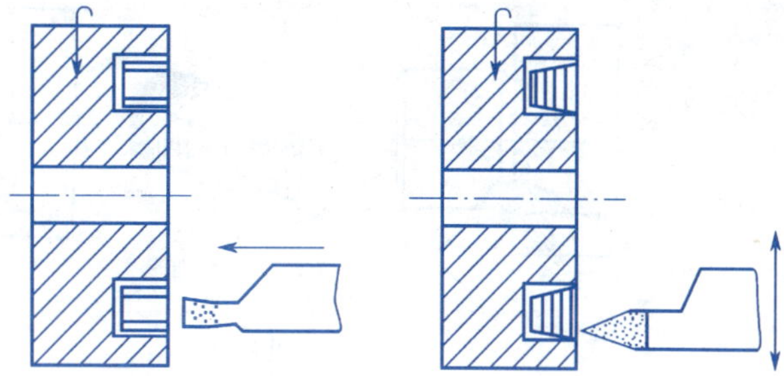

(a)　(b)

图 2-26　平面车宽槽的方法

(a)多次直进法切削;(b)横向进给切削

精度要求较高的平面沟槽,其宽度可采用样板、卡板和游标卡尺等检查测量,见图 2-27(b)。平面槽的实际车削见图 2-28。

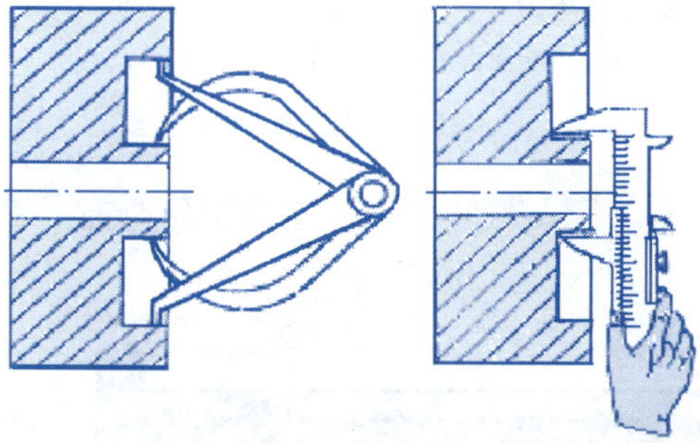

(a)　(b)

图 2-27　平面沟槽的测量

(a)卡钳测量;(b)游标卡尺测量

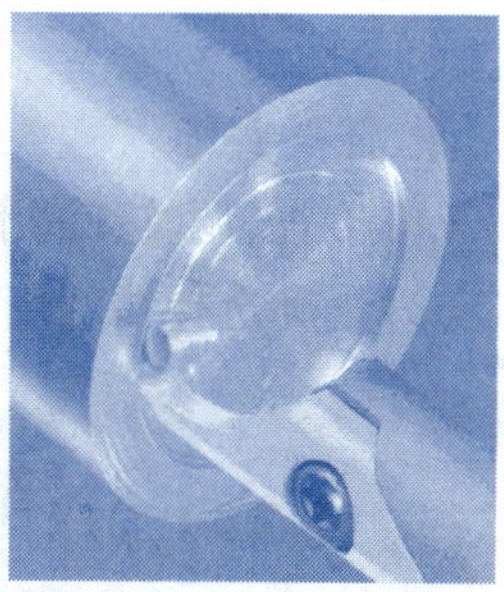

图 2-28　车平面槽

3. 车 45°外斜沟槽

45°外斜沟槽有直沟槽、圆弧沟槽和端面沟槽三种。

1)车直沟槽(图 2-29(a))

直沟槽车刀跟一般端面沟槽车刀相同,但刀尖 a 处的副后刀面应该磨成相应的圆弧。车削时,可把小滑板转过 45°,用小滑板进刀车削成型。

2)车圆弧沟槽(图 2-29(b))

圆弧沟槽车刀可根据沟槽圆弧的大小相应磨成圆弧刀头,在切削端面的一段圆弧刀刃下也必须有相应的圆弧后刀面。车削方法与车直沟槽相同。

3)车端面沟槽(图 2-29(c))

端面沟槽车刀的形状比较特殊。它的前端磨成外圆切槽刀形式,侧面刃磨成端面切槽刀形式。车削时,也可采用纵、横向进给法车削成型。由于这种切槽刀刀头强度很差,切削用量应取得小些。在切削一般材料工件时,这种车刀可用高速钢刃磨制成;当切削硬度高的工件时,车刀也可用 YT15 硬质合金磨成。但必须注意,为了保证刀片下面的支撑强度,刀片不宜太厚。

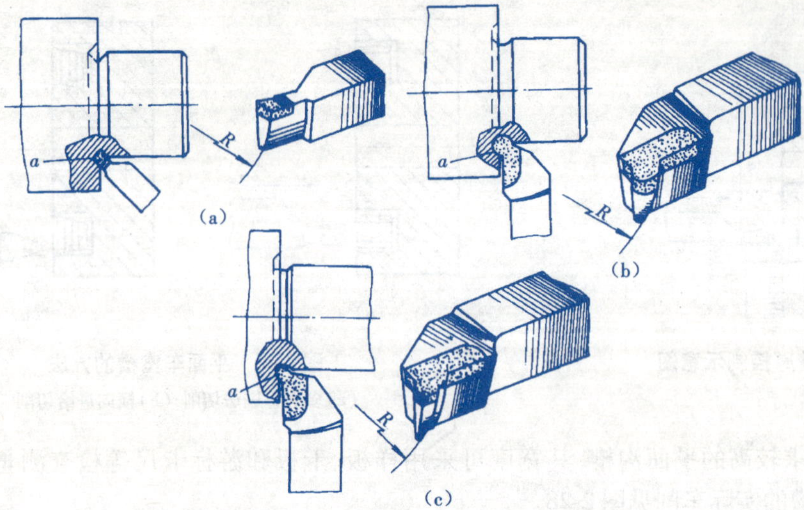

图 2-29　45°外斜沟槽及其车刀

(a)直沟槽及其车刀;(b)圆弧沟槽及其车刀;(c)端面沟槽及其车刀

四、任务实施

(1)检查、调整和润滑机床。

(2)正确选择切削用量,调整机床手柄位置。

切削深度：1 mm。

进 给 量 ：0.25 mm/r。

切削速度：车外圆为50~60 m/min,车端面槽为15~20 m/min。

(3)按工件要求刃磨车刀。

(4)Z4012 台钻垫的车削工艺步骤如下。

加工前要做好准备！

①夹外圆校正,齐端面,车 ϕ40f9 至尺寸,钻 ϕ22.5 mm 孔至 ϕ21 mm,车 ϕ22.5 mm 内孔至尺寸,单件按 8 mm 切断。

②用台阶软卡爪夹 ϕ40f9 外圆端面靠平,齐切断端面,保证总长 $7^{+0.35}_{+0.30}$ mm。

③用台阶软卡爪夹 ϕ40f9 外圆端面靠平,车端面环形槽至尺寸。

④用台阶软卡爪夹 ϕ40f9 外圆端面靠平,各处去锐边毛刺、倒角。

五、任务分配

ϕ45 mm × 140 mm，45 钢 每人 5 件，按图 2-23 要求加工。单件工时为 20 min。

六、任务评价

项　　目	分　　数	评分标准	检测结果	实得分数	综合分数	备　　注
$\phi40^{-0.025}_{-0.11}$ mm	20					
ϕ22.5 mm	10					
ϕ26 mm	13					
ϕ34 mm	13					
$7^{+0.35}_{+0.30}$ mm	10					
$2^{+0.15}_{+0.10}$ mm	10					
3.5 mm	4					
表面结构	10					
安全生产	10					

七、教学质量分析

（1）切端面槽使用的是高速钢车刀，选用的是较低的切削速度。工件的外圆车削使用的是硬质合金车刀，选用的是较高的切削速度。所以在车削过程中需要经常改变切削速度，经常变换机床手柄的位置。

（2）使用高速钢车刀要加注充足的切削液。

（3）工件装夹要牢固，必须保证外圆和内孔在一次装夹中完成各项内容，然后切断。

车平面槽和 45°外斜沟槽容易产生的问题和解决的方法有以下几方面：

①车槽刀左侧副后刀面应磨成圆弧形，以防与槽壁产生摩擦；

②槽侧、槽底要求平直、清角；

③要学会使用内、外卡钳间接测量槽宽的方法；

④车平面槽比车内、外沟槽容易产生振动，必要时可采用反切法车削。

工学结合技能训练 4

一、任务单

任务图纸如图 2-30 所示。

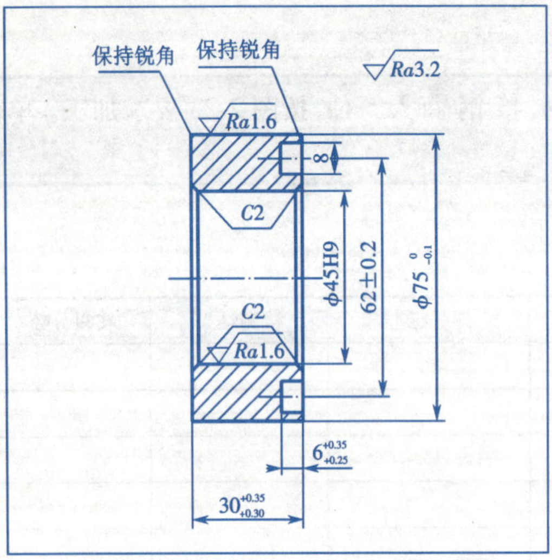

图 2-30　Z4012A 台钻刻度环车削加工图

二、任务准备

机床：C616 或 CA6140。

量具：0 ~ 150 mm 游标卡尺、50 ~ 75 mm 千分尺、ϕ45H9 塞片。

刀具：YG6，90°、45°外圆车刀；高速钢端面切槽刀；YG6，内孔车刀 ϕ35 mm × 45 mm。

夹具：三爪卡盘、前顶尖、莫氏 4 号活顶尖、圆柱台阶心轴。

其他工具：螺丝刀、活扳手、叉扳手。

三、任务实施

(1)检查机床各手柄的位置，调整合理的机床转速。

(2)布置场地，准备工卡量具，检查铸件毛坯质量。

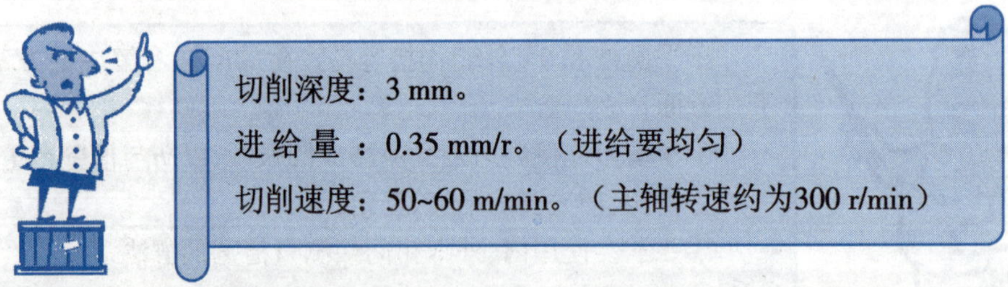

(3)Z4012A 台钻刻度环车削加工工艺如下。

①毛坯为铸造 HT200。

②夹毛坯外圆校正，齐端面粗车 $\phi75^{0}_{-0.10}$ mm 外圆至 ϕ77 mm × 15 mm。

③夹 ϕ77 mm × 15 mm 外圆，齐端面，保证总长 32 mm，粗车 $\phi75^{0}_{-0.10}$ mm 外圆至 ϕ77 mm，粗车 ϕ45H9 内孔留余量 2 mm。

④夹 $\phi77$ mm×15 mm 外圆，轻齐端面，精车 $\phi45H9$ 内孔至尺寸，孔口倒角 $C2$。

⑤工件以 $\phi45H9$ 内孔及倒角端端面定位上心轴，半精车 $\phi75^{0}_{-0.10}$ mm 外圆，留磨削余量 0.30～0.35 mm。

⑥夹 $\phi75^{0}_{-0.10}$ mm 外圆端面靠平，半精车未倒角端端面长度至 $30^{+0.35}_{+0.30}$ mm。

⑦夹 $\phi75^{0}_{-0.10}$ mm 外圆端面靠平，在孔口倒角端端面切端面槽至尺寸。

四、任务分配

Z4012A 台钻刻度环铸件每人 10 件，按图 2-30 要求加工。使用车刀：YG6，90°、45°外圆车刀。单件工时为 40 min。

五. 任务评价

项　目	分　数	评分标准	检测结果	实得分数	综合分数	备　注
$\phi75^{0}_{-0.1}$ mm	15	不合格 不得分				
62±0.2 mm	20					
$6^{+0.35}_{+0.25}$ mm	15					
$30^{+0.35}_{+0.30}$ mm	15					
8 mm	5					
去锐边毛刺	4					
表面结构	6					
安全生产	20					
时间						

六、教学质量分析

①保证环形槽尺寸 62±0.2 mm，槽宽 8mm 时，可以用 6mm 宽的切槽刀先粗车，然后再精车，可以把端面槽看成是由一个外圆和一个内孔组成的，通过计算内孔和外圆的尺寸，就可以保证端面槽的尺寸。

②端面槽的深度尺寸，尽量使用小滑板控制，这样比较精确。

③车总长尺寸时尽量把工件和卡盘爪及卡盘端面擦干净，以保证工件总长的精度。

工学结合技能训练 5

一、任务单

任务图纸如图 2-31 和 2-32 所示。

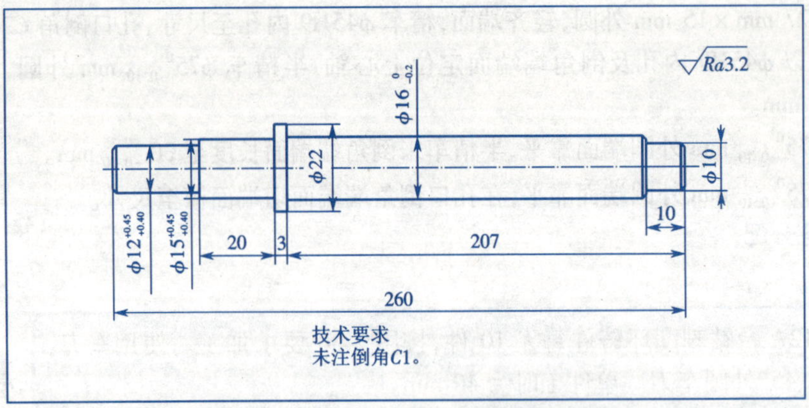

图 2-31　Z4012A 台钻丝杆半精车图

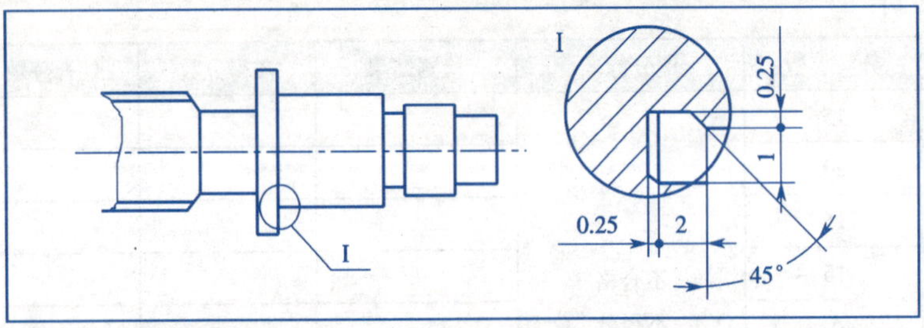

图 2-32　Z4012A 台钻丝杆斜空刀车削图

二、任务准备

机床：C616。

量具：0 ~ 150 mm 游标卡尺。

刀具：YT15，90°、45°外圆车刀；高速钢切槽刀，精车刀；A2 中心钻。

夹具：三爪卡盘、前顶尖、莫氏 4 号锥柄钻夹头、莫氏 4 号活顶尖。

其他工具：螺丝刀、活扳手、叉扳手、六角扳手。

三、任务实施

(1)磨切槽刀时要注意切槽刀的角度和基本形状。

(2)刀具材料选用高速钢。

(3)检查和调整车床各手柄的位置。

切削深度：0.5 mm。

进 给 量 ：0.1 mm/r。（手动进给要均匀）

切削速度：15~20 m/min。（主轴转速约为 360 r/min）

(4)Z4012A 台钻丝杆半精车工艺如下。

①下料：$\phi24$ mm×263 mm，45 钢。

②夹外圆，齐端面打中心孔。

③调头夹外圆，齐端面，保证总长 260 mm，打中心孔。

④夹一端顶另一端，粗车 T16×4 螺纹外圆至 $\phi18$ mm×207 mm、$\phi22$ mm 外圆至 $\phi23$ mm。

⑤工件调头一夹一顶，车 $\phi15$ mm 外圆至 $\phi18$ mm×18 mm，$\phi22$ mm 外圆长度车至 7 mm。$\phi12$ mm 外圆车至 $\phi14$ mm。

⑥夹 $\phi15$ mm 外圆顶另一端，半精车 T16×4 螺纹外圆至 $\phi16^{+0.50}_{+0.40}$ mm×209 mm，精车 $\phi12$ mm 外圆至尺寸，倒角，切退刀槽。

⑦夹 $\phi15$ mm 外圆顶另一端，精车 T16×4 螺纹外圆至 $\phi16^{\ 0}_{-0.2}$ mm。

⑧顶两中心孔，半精车 $\phi15$ mm、$\phi12$ mm 外圆至 $\phi15^{+0.40}_{+0.35}$ mm，$\phi12^{+0.40}_{+0.35}$ mm，$\phi22$ mm 外圆长度车至 3 mm，精车 $\phi10$ mm 外圆至尺寸，倒角、去锐边毛刺，切退刀槽。

四、任务分配

Z4012A 台钻丝杆，每人 10 件，按图 2-31、表 2-32 要求加工。使用高速钢车刀。单件工时为 25 min。

五、任务检测

(1)用游标卡尺测量。

(2)可以将小滑板调转 45°然后固定好，用摇动小滑板车削并控制深度。

六、任务评价

项　目	分　数	评分标准	检测结果	实得分数	综合分数	备　注
$\phi12^{+0.45}_{+0.40}$ mm	15	不合格 不得分				
$\phi15^{+0.45}_{+0.40}$ mm	15					
$\phi16^{0}_{-0.2}$ mm	15					
$\phi22$ mm	3					
$\phi10$ mm	3					
20 mm	4					
3 mm	3					
207 mm	3					
10 mm	2					
260 mm	3					
表面结构	4					
倒角 $C1$	1					
斜空刀	6					
中心孔	2					
安全生产	20					
时间						

七、教学质量分析

①防止外圆出现错误，在车削中要经常注意测量，并进行试切削。

②要注意长度尺寸，在车削中要将大滑板与小滑板配合使用。

③车平面槽时应掌握车刀的宽度，要特别注意空刀槽外缘尺寸和深度，并随时进行测量。

④车削45°斜空刀时要注意车刀的刃磨，按图2-33的形状磨出45°的尖刀。通过调转小滑板向前车削，要特别注意的是切槽刀两侧后角的大小要有区别。

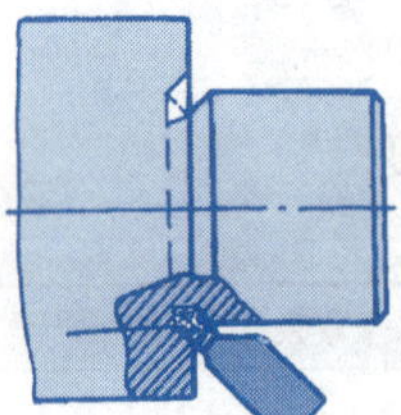

图 2-33　45°斜空刀

中心孔在加工的过程中经常会遇到中心钻折断的情况，所以钻中心孔要做到以下几方面。

(1)中心钻轴线必须和工件旋转中心一致。

(2)工件端面必须车平，不允许留凸台。

(3)及时注意中心钻的磨损情况，磨损后不能强行钻入工件。

(4)打中心孔时，中心钻应经常退出再钻，以便排除切屑，并及时注入切削液。

子任务四　简单轴类零件综合训练

目标要求

1. 能车削简单的轴类零件；
2. 掌握车削轴类零件各种车刀的刃磨和使用；
3. 能独立分析零件的各种技术要求，制订加工工艺；
4. 学会分析轴类零件出现废品的原因，并及时采取预防措施。

一、任务单

任务图纸如图 2-34 所示。以此任务为例，进行简单轴类零件的综合加工训练。

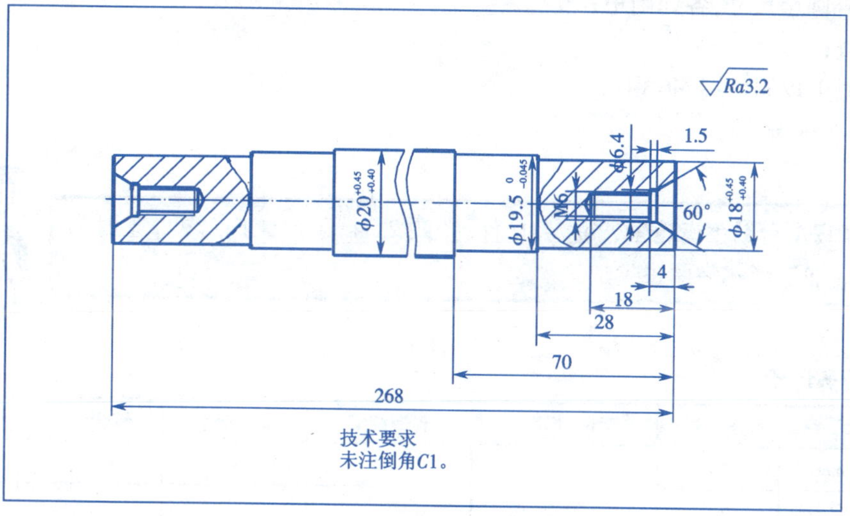

图 2-34　*Z*4012 台钻小齿轮轴

二、任务准备

机床：C616。

量具：0 ~ 150 mm 游标卡尺、0 ~ 25 mm 外径千分尺、0 ~ 300 mm 钢尺。

刀具：YT15，90°、45°外圆车刀；ϕ5 mm、ϕ6.4 mm 钻头；丝锥 M6；A3 中心钻。

夹具：三爪卡盘、前顶尖、鸡心夹头、莫氏 4 号锥柄钻夹头、莫氏 4 号活顶尖。

其他工具：螺丝刀、活扳手、叉扳手。

材料：ϕ22 mm，45 钢。

三、任务实施

（1）检查、调整和润滑机床。

（2）正确选择切削用量，调整机床手柄位置。

切削深度：1.5mm。

进 给 量 ：0.25~0.3 mm/r。（机动进给）

切削速度：50~60 m/min。（主轴转速约为750 r/min）

加工中心孔机床转速应适当提高。

（3）按要求刃磨所需要的各种车刀。

（4）制定零件的加工工艺步骤。Z4012 台钻小齿轮轴的加工工艺如下：

①下料 ϕ24 mm × 262 mm，45 钢；

②夹外圆齐端面打中心孔，钻 M6 螺纹底孔至 $\phi 5^{+0.10}_{0}$；

③调头夹外圆齐端面保证总长 260 mm 打中心孔，钻 M6 螺纹底孔至 $\phi 5^{+0.10}_{0}$；

④顶两中心孔，半精车 $\phi 20^{+0.04}_{+0.02}$ mm、$\phi 18^{+0.04}_{+0.02}$ mm 外圆，留磨削余量 0.4 ~ 0.45 mm，精车

$\phi 19.5^{0}_{0.045}$外圆至尺寸，各处倒角；

⑤检查；

⑥转钳工攻制两端 M6 螺纹。

四、任务分配

Z4012A 台钻小齿轮轴，每人 10 件，按图 2-34 要求加工。单件工时为 30 min。加工形式为两顶尖加工。

五、任务评价

项　目	分　数	评分标准	检测结果	实得分数	综合分数	备　注
$\phi 20^{+0.45}_{+0.40}$ mm	10	不合格不得分				
两处 $\phi 18^{+0.45}_{+0.40}$ mm	20					
两处 $\phi 19.5^{0}_{-0.045}$ mm	20					
两处 18 mm	5					
两处 28 mm	5					
两处 70 mm	5					
268 mm	3					
倒角两处 C1	2					
表面结构	10					
安全文明生产	20					
时间						

六、教学质量分析

(1)车削台钻小齿轮轴时，因为工件的直径比较小，车刀在刃磨的时候要特别注意，车刀的背部要多磨掉一些，避免在送刀时外圆车刀的刀背碰到顶尖。车刀安装完毕以后，要先观察确认没问题再开车。

(2)Z4012 台钻齿轮轴是两件同时加工，需要车、铣、磨、齿轮加工的多工序轴。在加工时，要认真合理地安排加工工艺，车外圆时要两顶尖加工，如果使用的是夹在车床卡盘上的前顶尖，则必须将小滑板按逆时针调转 30°，然后摇动小滑板把前顶尖车成 60°，使主轴的回转中心与前顶尖的回转中心一致。

(3)车削中要调整机床的间隙，避免在车削中出现误差。

(4)车削时，要注意试切削，防止出现尺寸错误。

(5)车削中要进行首件检查。除了尺寸检查以外，还要使用专门检查同轴度的偏摆仪进行同轴度检查。偏摆仪外观图如图 2-35 所示。

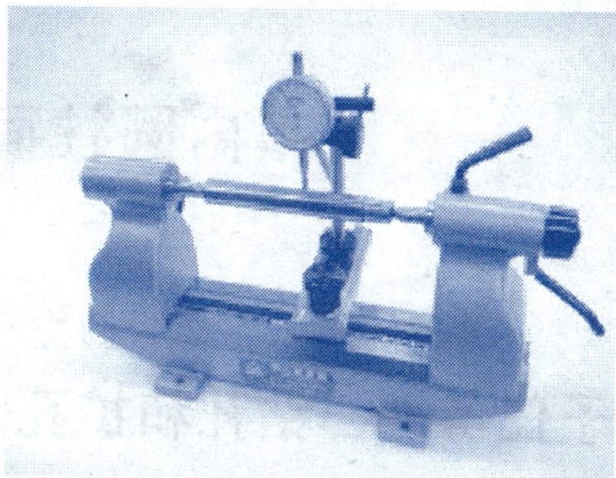

图 2-35　检查轴类零件的偏摆仪

任务三　车内圆柱面

子任务一　钻孔和扩孔

目标要求

1. 掌握钻头切削部分的刃磨方法、钻孔技术，掌握扩孔、内沟槽车刀的刃磨方法及车削方法；
2. 懂得麻花钻刃磨时的注意事项；
3. 了解钻头的装卸方法和钻孔方法；
4. 了解钻孔时容易产生废品的原因和防止方法；
5. 掌握钻孔、扩孔技术。

一、任务单

任务图纸如图 3-1 所示。以此任务为例，进行钻孔和扩孔。

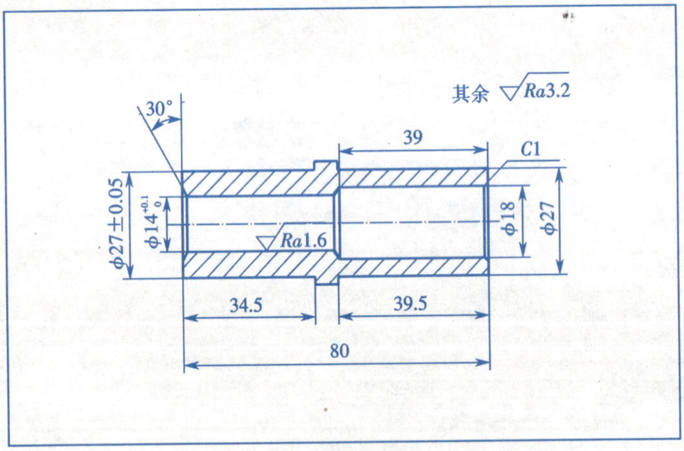

图 3-1　Z4012A 台钻花键套半精加工

二、任务准备

设备：C616 车床。

刀具：$\phi18$ 麻花钻头、45°车刀、90°外圆车刀、$\phi3$ 中心钻。锥柄、直柄麻花钻如图 3-2 所示。

量具：0 ~ 150 mm 游标卡尺。

其他工具：螺丝刀、活扳手、叉扳手、2/4 莫氏锥套、莫氏 4 号锥柄钻夹头。莫氏锥套如图 3-3 所示。

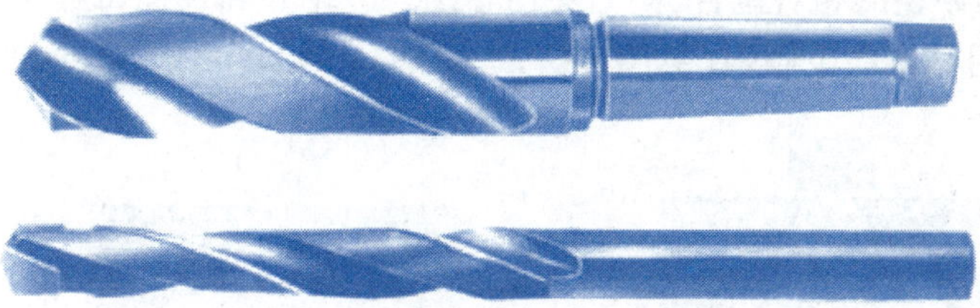

图 3-2　锥柄、直柄麻花钻实物

图 3-3　莫氏锥套实物

三、相关知识

1. 麻花钻的刃磨

麻花钻的刃磨质量直接关系到钻孔的尺寸精度和表面质量及钻削效率。

(1)对麻花钻的刃磨要求。麻花钻主要刃磨两个主后刀面,刃磨时除了保证顶角和后角的大小适当外,还应保证两条主切削刃必须对称(即它们与轴线的夹角以及长度都应相等),并使横刃斜角为 55°。

(2)麻花钻刃磨对钻孔质量有以下影响。

①当麻花钻顶角不对称,只有一个切削刃切削,而另一个切削刃不起作用,两边受力不平衡,会使钻出的孔扩大和倾斜(见图 3-4(b))。

②当麻花钻顶角对称但切削刃长度不等时,使钻出的孔径扩大(见图 3-4(c))。

③当麻花钻的顶角不对称且两削刃长度也不相等时,钻出的孔不仅孔径扩大,而且还会产生台阶(见图 3-4(d))。

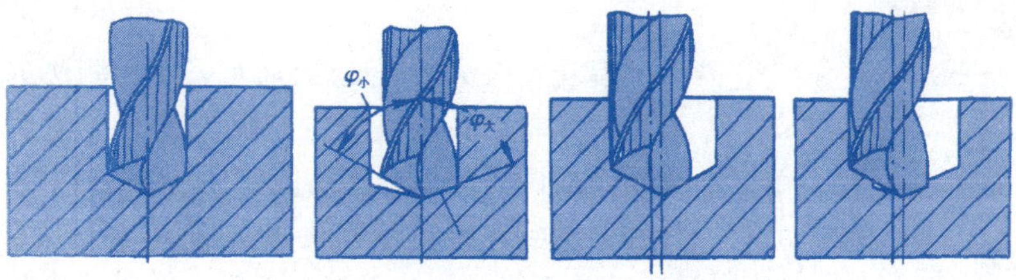

(a)　(b)　(c)　(d)

图 3-4　钻头刃磨对加工的影响

(a)刃磨正确;(b)顶角不对称;(c)主切削刃长度不等;(d)顶角和刃磨长度不对称

(3)麻花钻的刃磨方法分以下几个步骤。

①用右手握住钻头前端作支点,左手紧握钻头柄部。

②摆正钻头与砂轮的相对位置，使钻头轴心线与砂轮外圆柱面母线在水平面内的夹角等于顶角的1/2，同时钻尾向下倾斜（见图3-5（a））。

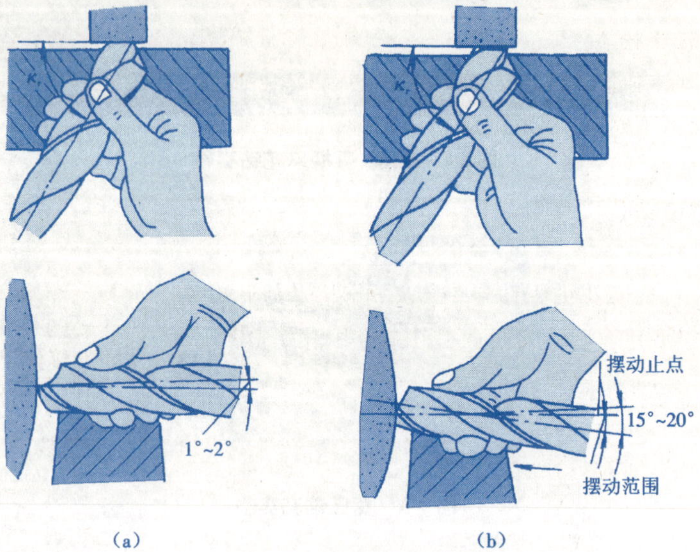

图3-5　麻花钻的刃磨方法

（a）钻头放平；（b）摆动钻尾

③刃磨时，将主切削刃置于比砂轮中心稍高一点的水平位置接触砂轮，以钻头前端支点为圆心，右手缓慢地使钻头绕其轴线由下向上转动，同时施加适当的压力（这样可使整个后面都能磨到）。右手配合左手向上摆动做同步下压运动（略带转动），刃磨压力逐渐增大，于是磨出后角（见图3-5（b））。但注意左手不能摆动太大，以防磨出负后角或将另一面主切削刃磨掉。其下压的速度和幅度随要求的后角而变，为保证钻头近中心处磨出较大面，左手还应适当向右移运动。当刃磨一个主后刀面后，将钻头转过180°刃磨另一个主后刀面时，人和手要保持原来的位置和姿势，这样才能使磨出的两主切削刃对称。按此法不断反复，使两主后刀面经常被交换刃磨，边刃磨边检查，直至达到要求为止。

2. 麻花钻的角度检查

1）目测法

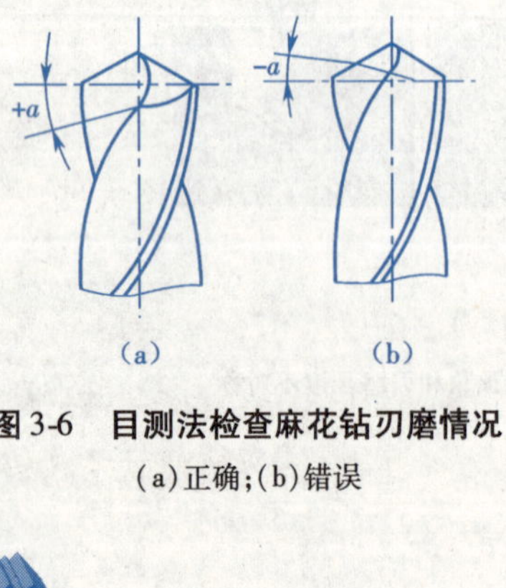

图3-6　目测法检查麻花钻刃磨情况

（a）正确；（b）错误

麻花钻头刃磨完成后，通常采用目测法进行角度检查。其方法是将钻头垂直竖在与眼等高的位置上，在明亮的阳光下观察两刃的长短和高低等（见图3-6）。由于视觉差异，往往会感到左刃高右刃低，此时则应将钻头转过180°再观察，看是否仍然是左刃高右刃低。这样反复观察对比，直到觉得两刃基本对称时方可使用。钻削时如发现有偏差，则需再次修磨。

2）使用角度尺检查

使用角度尺检查时，只需要将尺的一边贴在麻花钻的棱边上，另一边搁在钻头的主切削刃上，测量其刃长和角度（见图3-7），然后转过180°，用同样的方法检查另一主切削刃。

3）在钻削过程中检查

若麻花钻刃磨正确，切屑会从两侧螺旋槽内均匀排出；如果两主切削刃不对称，切屑则从与主切削刃高的螺旋槽向外排出。据此，可卸下钻头，将较高的一边主切削刃磨低一些，以避免钻孔尺寸变大。

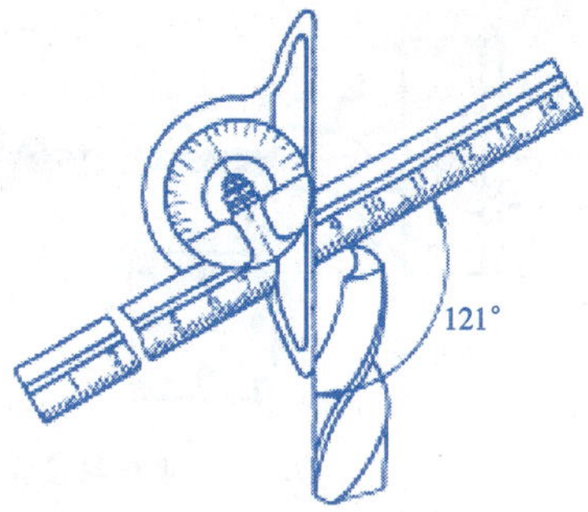

图3-7　用角度尺检查

3. 麻花钻的安装

一般情况下，直柄麻花钻用钻夹头装夹，再将钻夹头的锥柄插入尾座锥孔内；锥柄麻花钻可直接或用莫氏过渡锥套插入尾座锥孔中，或用专用夹具安装（见图3-8）。

图3-8　用专用夹具装夹钻头

钻孔时切削用量的选择要注意以下几点。

①切削深度（a_p）：钻孔时的切削深度是钻头直径的1/2，即 $a_p=\frac{D-d}{2}$，mm。

②切削速度（v_c）：钻孔时的切削速度是指麻花钻主切削刃外缘处的线速度，$v_c=\frac{\pi Dn}{1\ 000}$，m/min。

用高速钢麻花钻钻钢料时一般选 $v_c=15\sim30$ m/min，钻铸铁时 $v_c=10\sim25$ m/min，扩孔时切削速度可略高一些。

③进给量（f）：在车床上钻孔时，工件转1周，钻头沿轴向移动的距离为进给量。在车床上是用手慢慢转动尾座手轮来实现进给运动的。进给量太大会使钻头折断。用直径为12～25 mm的麻花钻钻钢料时，$f=0.15\sim0.35$ mm/r；钻铸件时，进给量略大些，一般取 $f=0.15\sim0.4$ mm/r。

4. 钻孔的步骤

（1）钻孔前先将工件平面车平，中心处不允许留有凸台，以利于钻头正确定心。

（2）找正尾座，使钻头中心对准工件旋转中心，否则可能会使孔径钻大、钻偏甚至折断钻头。

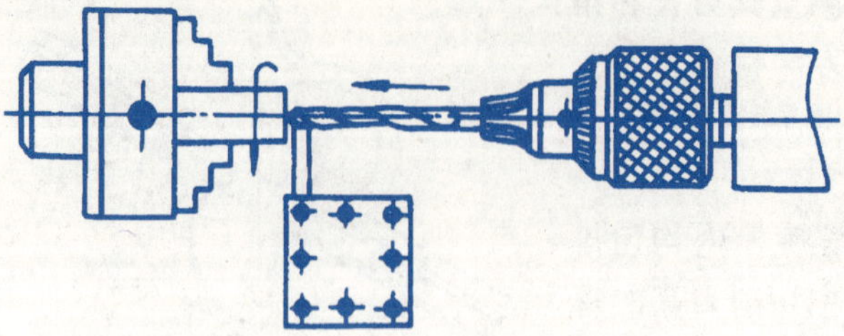

图 3-9　用挡铁支顶钻头

(3)用细长麻花钻钻孔时,为了防止钻头晃动,可在刀架上夹一挡铁(见图 3-9),支持钻头头部,帮助钻头定心。即先用钻头尖部少量钻进工件平面,然后缓慢摇动中滑板,移动挡铁逐渐接近钻头前端,以使钻头的中心稳定在工件回转中心的位置上。但挡铁不能将钻头支顶过工件回转中心,否则容易折断钻头,当钻头已正确定心时,挡铁即可退出。

另一种办法是先用直径小于 5 mm 的麻花钻钻孔,钻孔前先在端面钻出中心孔,这样便于定心且钻出的孔同轴度好。

(4)在实体材料上钻孔,小孔径可以一次钻出,若孔径超过 30 mm,则不宜用大钻头一次钻出。因为钻头大,其横刃变长,轴向切削阻力亦大,钻削时费力。此时可分为两次钻出,即先用一支小钻头钻出底孔,再用大钻头钻出所要求的尺寸。一般情况下,第一支钻头直径为第二次钻孔直径的 0.5 ~0.7。

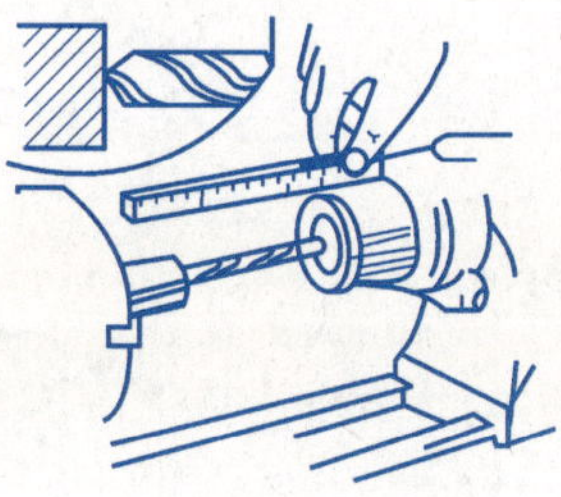

图 3-10　钻不通孔

(5)对于钻孔后需铰孔的工件,由于所留铰孔余量较少,因此当钻头钻进 1 ~2 mm 后应将钻头退出,停车检查孔径,以防工作因孔径扩大没有铰削余量而报废。

(6)钻不通孔与钻通孔的方法基本相同,不同的是钻不通孔时需要控制孔的深度。具体可按下述方法操作:开动机床,摇动尾座手轮,当钻尖开始切入工件端面时,用钢尺量出尾座套筒的伸出长度,那么钻不通孔的深度就应该控制为所测伸出长度加上孔深,见图 3-10。在车床上钻孔,机床主轴转动尾座压紧,钻头在尾座安装好以后,用力摇动尾座手轮即可钻孔,见图 3-11。

图 3-11　在车床上钻孔示意

5. 扩孔

用麻花钻扩孔时,横刃不参加工作,轴向切削力小,进给省力。但因钻头外缘处前角较大,容易将钻头拉出,使钻头在尾座套筒里打滑。因此,扩孔时,应将钻头外缘处的前角修磨得小些,并适当地控制进给量,决不要因为钻削轻松而盲目地加大进给量。

扩孔钻有高速钢扩孔钻和硬质合金扩孔钻两种。

扩孔钻在自动车床和镗床上应用较多,生产效率高,加工质量好,精度可达 IT10 ~IT11,表

面结构参数 R_a 达 6. 3 ~ 12. 5 μm,可作为孔的半精加工使用。

扩孔钻齿数较多(一般有 3 ~ 4 齿),导向性好,切削平稳。切削刃不必自外缘一直到中心,没有横刃,可避免横刃对切削的不利影响。扩孔钻钻心粗,刚性好,可选较大的切削用量。

四、任务实施

(1)检查、调整和润滑机床。

(2)正确选择切削用量,调整机床手柄位置。

切削深度：等于钻头直径的一半。

进 给 量 ：0.25~0.3 mm/r。（机动进给）

切削速度：15~20 m/min。（主轴转速为 300~400 r/min）

(3)Z4012A 台钻花键套的加工工艺如下。

①夹持工件外圆找正并夹紧,齐端面钻中心孔 $\phi3$,先钻 18 mm 内孔,深度 39 mm,车外圆 $\phi27$ mm,长度 39. 5 mm,孔口倒角 C1。

②工件调头齐端面,保证总长 80 mm,钻中心孔,钻 $\phi13$ mm 内孔,用 $\phi14$ 麻花钻或扩孔钻(扩孔钻如图 3-12 所示)扩孔至 $\phi14^{+0.1}_{0}$ mm,车外圆 $\phi27^{+0.05}_{-0.05}$ mm,长度 34. 5 mm,孔口倒角,去锐边毛刺。

③在尾座套筒内安装 $\phi18$ mm 麻花钻。

④齐端面,车 $\phi27$ mm × 39. 5 mm 外圆,去锐边毛刺。

⑤钻内孔 $\phi18$ mm,深 39 mm,倒角 C1。

⑥检查。

图 3-12　扩孔钻实物

五、任务分配

Z4012A 台钻花键套，每人 10 件，按图 3-1 要求加工。单件工时为 3 min。加工形式为先钻孔再扩孔。

六、任务评价

项目	分数	评分标准	检测结果	实得分数	综合分数	备注
$\phi27$ mm	10	不合格不得分				
$\phi27 \pm 0.05$ mm	15					
$\phi14_{0}^{+0.1}$ mm	15					
$\phi18$ mm	8					
34.5 mm	7					
39.5 mm	7					
39 mm	6					
80 mm	6					
倒角 30°	4					
$C1$	2					
安全生产	20					
时间						

七、教学质量分析

(1)刃磨钻头首先要选择好砂轮,选用粒度适当的(46# ~80#)中软级(ZRl ~ ZR2)砂轮。

刃磨钻头要戴好防护眼镜
刃磨钻头不要正对砂轮

(2)砂轮旋转时跳动要小。

(3)用目测法进行检查。目测时,将钻头竖起,立在眼前,两眼平视,观看刃口,这时背景要清晰。因为观察时两钻刃一前一后,会产生视差,观看两钻刃时,往往感到左刃(前刃)高。这时将钻心绕轴线旋转180°,这样反复几次,如果看的结果一样,就证明已对称。

(4)钻头刃磨时,为防止切削部分过热而退火,应经常浸入水中冷却。

(5)钻头顶角的选用。钻硬材料时,顶角取较大值,可以到130° ~140°;钻软材料时,顶角取较小值,一般90° ~100°;标准麻花钻的顶角是118°。

(6)钻孔时容易出现歪斜,在钻孔前首先要车平端面。其次,调整尾座轴线与主轴轴线的同轴度,然后选用较短的钻头或中心钻,先钻导向孔。另外,必须正确地刃磨钻头。

钻孔时容易出现的问题及解决方法如下：

①将钻头装入尾座套筒中，使钻头轴线与工件旋转轴线相重合，否则会使钻头折断；

②钻孔前必须将端面车平，中心处不允许有凸台，否则钻头不能自动定心，会使钻头折断；

③当钻头刚接触工件端面和通孔快要钻穿时，进给量要小，以防钻头折断；

④钻小而深的孔时，应先用中心钻钻中心孔，以避免将孔钻歪，在钻孔过程中必须经常退出钻头清除切屑；

⑤钻削钢料时必须浇注充足的切削液以使钻头冷却，钻削铸件时可不用切削液。

(7)麻花钻的选用。对于精度不高的内孔，可以利用麻花钻直接钻出；对于精度要求较高的孔，钻孔后还需要再经过车削或扩孔、铰孔才能完成。在选择麻花钻时应留出下道工序的加工余量。在选择麻花钻长度时，一般应使麻花钻螺旋槽部分略长于孔深。但麻花钻过长则刚性差，麻花钻过短则排屑困难，也不宜钻穿孔。

要注意选择好钻头！

子任务二　车内孔

目标要求

1. 能正确保证刃磨内孔车刀的角度；
2. 懂得内孔车刀的正确装夹和粗、精车刀切削用量的选择；
3. 掌握内孔加工的方法和测量方法；
4. 掌握加工台阶孔的步骤和方法；
4. 了解钻孔时容易产生废品的原因和防止的方法；
5. 能分析车孔时产生废品的原因及方法；
6. 用塞规测量是否能达到图样要求。

一、任务单

任务图纸如图 3-13 所示。以此任务为例,进行内孔的车削加工。

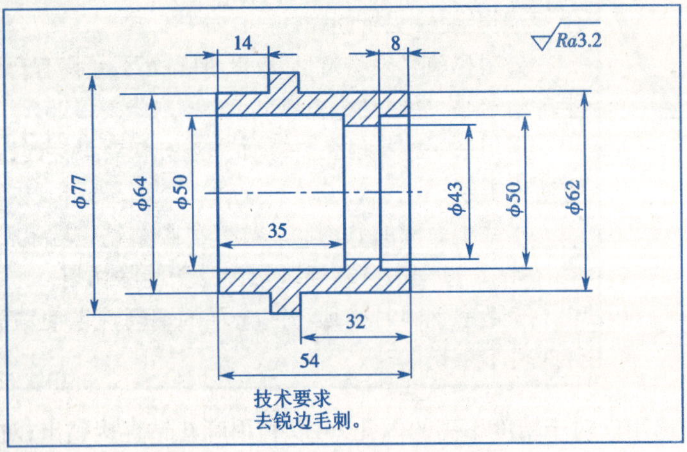

图 3-13　Z4012A 台钻轴承座粗加工

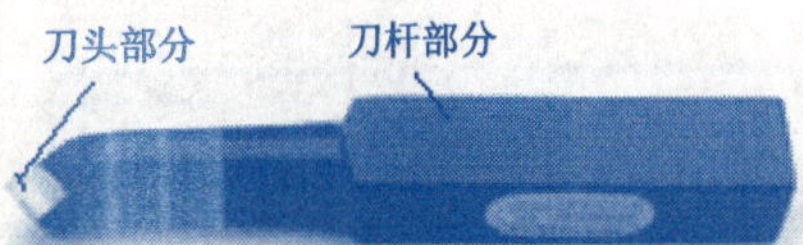

图 3-14　内孔车刀实物

二、任务准备

机床:CA6140 或 C616。

量具:0 ~ 150 mm 游标卡尺。

刀具:YT15,90°、45°外圆车刀;YT15 φ30 mm × 55 mm 内孔车刀。内孔车刀实物如图 3-14 所示。

夹具:三爪卡盘。

其他工具:螺丝刀、活扳手、叉扳手、六角扳手。

三、相关知识

根据不同的加工情况,内孔车刀可分为通孔车刀和盲孔车刀两种。内孔车刀工作图见图 3-15。

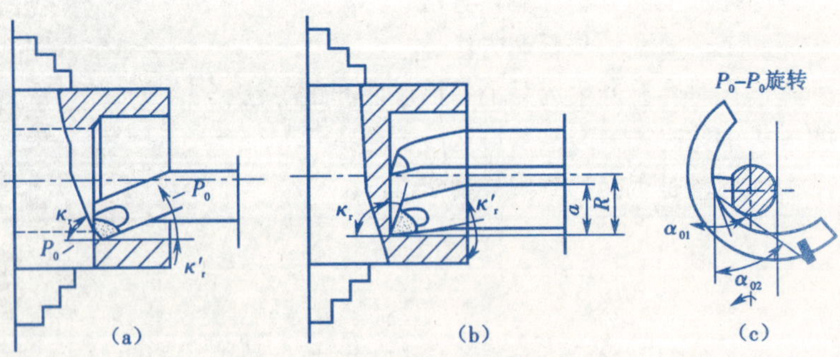

图 3-15　内孔车刀工作图

(a)通孔车刀;(b)盲孔车刀;(c)两个后角

为节省刀具材料和增加刀柄强度,内孔车刀可做成整体式(见图 3-16(a));也可把高速钢或硬质合金做成较小的刀头,安装在碳钢或合金钢制成的刀柄前端的方孔中,并在顶端或上面用螺钉固定(见图3-16(b)、(c))。

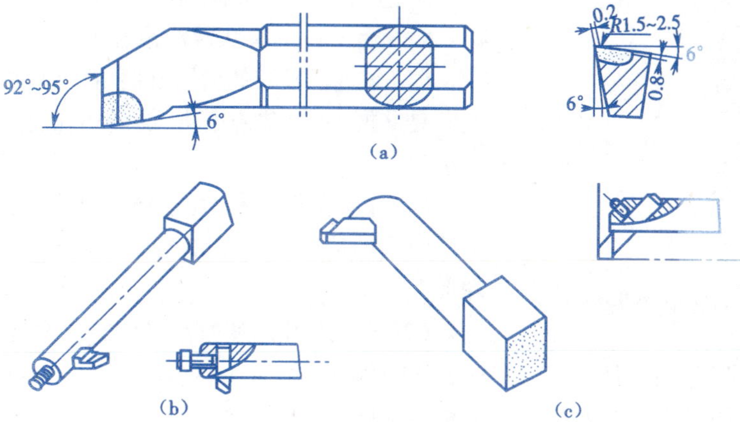

图3-16　内孔车刀的结构

(a)整体式;(b)通孔车刀;(c)盲孔车刀

1. 内孔车刀的刃磨步骤

内孔车刀的刃磨步聚为粗磨前刀面—粗磨后刀面—粗磨副后刀面—磨卷屑槽并控制前角和刃倾角—精磨主后刀面、副后刀面—磨过渡刃。

2. 内孔车刀的安装

内孔车刀安装得正确与否,直接影响到车削情况及孔的精度,所以在安装时一定要做到下面几点。

①刀尖应与工件中心等高或稍高。

②刀柄伸出刀架不宜过长,一般比被加工孔长5~6 mm。

③刀柄应基本平行于工件轴线,否则在车削到一定深度时刀柄后半部容易碰到工件孔口。

④盲孔车刀装夹时,内孔刀的主切削刃应与孔底平面成3°~5°(见图3-17),并且在车平面时要求横向有足够的退刀余地。

3. 工件的安装

车孔时,工件一般采用三爪自定心卡盘安装;对于较大和较重的工件可采用四爪单动卡盘安装。

加工直径较大、长度较短的工件(如盘类工件等),必须找正外圆和端面。一般情况下先找正端面再找正外圆,如此反复几次,直至达到要求为止。

4. 解决排屑问题

排屑时主要是控制切屑流出的方向。精车孔时要求切屑流向待加工表面(前排屑),因此

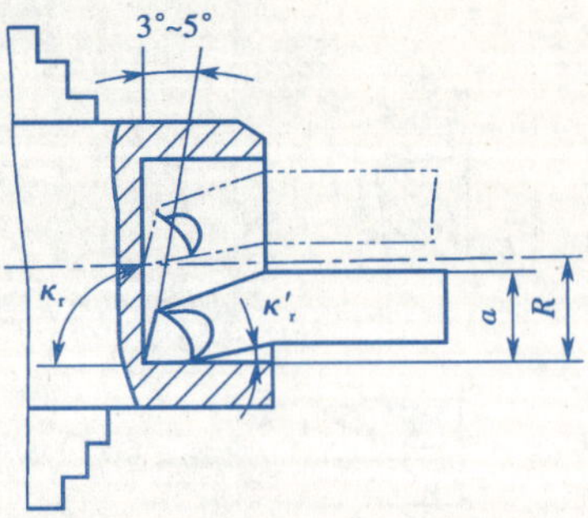

图 3-17　盲孔车刀的安装

采用正刃倾角的内孔车刀，车刀结构见图 3-16(a)；加工盲孔时，应采用负的刃倾角，使切屑从孔口排出。

5. 车台阶孔的方法及注意事项

(1)车直径较小的台阶孔时，由于观察困难而尺寸精度不易掌握，所以常采用粗、精车小孔，再粗、精车大孔的方法。

(2)车大的台阶孔时，在便于测量小孔尺寸而视线又不受影响的情况下，一般先粗车大孔和小孔，再精车小孔和大孔。

(3)控制车孔深度通常采用的方法是：粗车时在刀柄上刻线痕作记号(见图 3-18(a))，或安放限位铜片(见图 3-18(b))，以及用床鞍刻线来控制等；精车时需要小滑板刻度盘供游标深度尺等控制车孔深度。

(4)车削孔径尺寸相差较大的台阶孔时，最好采用主偏角小于 90°的车刀，先粗车，然后再用 90°内孔精车刀精车内孔。直接用 90°内孔精车刀精车切削深度不可太大，否则刀刃易损坏，其原因是刀尖处于刀刃最前端，切削时刀尖先切入工件，因此其承受切削抗力最大，加上刀尖本身强度差，所以容易碎裂。

(a)　　　　(b)

图 3-18　控制车孔深度的方法

(a) 刻线痕法；(b) 铜片挡铁法

四、任务实施

(1)检查、调整和润滑机床。

(2)正确选择切削用量，调整机床手柄位置。

(3)按工件要求刃磨和安装车刀。

加工前要做好准备！

切削深度：2 mm。
进 给 量 ：0.3~0.35 mm/r。
切削速度：车外圆为50~60 m/min（主轴转速约为300 r/min），车内孔为40~50 m/min。

(4)Z4012A 台钻轴承座车工加工工艺有以下几个步骤。

①下料：ϕ60 mm×82 mm，按图 3-13 要求锻打。

②夹 ϕ60n6 外圆校正，粗车 ϕ75 mm、ϕ62 mm 外圆至 ϕ77 mm、ϕ64 mm×14 mm。

③工件调头夹 ϕ62 mm 外圆，车端面，保证总长 54 mm，粗车 ϕ60n6 外圆至 ϕ62 mm，保证 ϕ75 mm 外圆长 8 mm。

④夹 ϕ60n6 外圆，粗车 ϕ45 mm 内孔至 ϕ43 mm（通孔），粗车 ϕ52k7 内孔至 ϕ50 mm×35 mm。

锻件毛坯不规则，装夹时要牢固!

加工内孔时应注意勤测量保证零件的尺寸精度!

⑤工件调头夹 ϕ62 mm 外圆，粗车 ϕ52 mm 内孔至 ϕ50 mm×8 mm。

⑥热处理：调质 T235。

五、任务分配

Z4012A 台钻轴承座锻件，每人 10 件，按图 3-13 要求加工。单件工时为 20 min。使用车刀：YT15，90°外圆车刀；YT15，90°内孔车刀。

六、任务评价

项　目	分　数	评分标准	检测结果	实得分数	综合分数	备　注
ϕ77	8	不合格不得分				
ϕ62 mm	8					
ϕ64 mm	8					
ϕ50 mm	10					
ϕ50 mm	10					
ϕ43 mm	10					
54 mm	4					
32 mm	4					
14 mm	4					
8 mm	4					
35 mm	4					
去锐边毛刺	3					
表面结构	3					
安全生产	20					
时间						

工学结合技能训练1

一、任务单

任务图纸如图3-19所示。

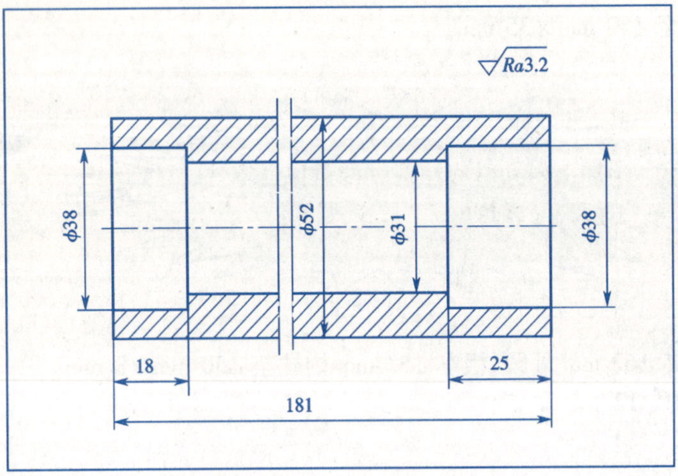

图3-19 Z4012A 台钻套筒粗车

二、任务准备

机床：CA6140。

量具：0～150 mm 游标卡尺。

刀具：YT15，90°、45°外圆车刀；YT15，φ38 mm×30 mm 内孔车刀；φ31 mm 钻头。

夹具：三爪卡盘。

其他工具：螺丝刀、活扳手、叉扳手、六角扳手、变径套。

三、任务实施

(1)检查、调整和润滑机床。

(2)正确选择切削用量，调整机床手柄位置。

(3)按工件要求刃磨和安装车刀。

(4)检查量具是否达到一定的精度要求。

加工前要做好准备！

切削深度：2 mm。
进 给 量 ：0.3~0.35 mm/r。
切削速度：车外圆为50~60 m/min（主轴转速约为300 r/min），车内孔为40~50 m/min。

(5)检查原材料是否符合加工的要求。

(6)用游标卡尺测量，按图3-19粗车Z4012A台钻套筒，材料为45钢。加工工艺如下。

①钻 ϕ31 mm 孔。

钻孔时可别忘了加注切削液!

②夹外圆校正,齐端面，车内孔至 ϕ38 mm×18 mm。

③工件调头夹外圆校正,齐端面保证总长 181 mm。车内孔至 ϕ38 mm×25 mm。

④左端用梅花顶尖、右端用活顶尖顶两 ϕ38 mm 内孔,半精车外圆至 ϕ52 mm。

四、任务分配

Z4012A 台钻套筒粗车,每人 10 件,按图 3-19 要求加工。单件工时为 20 min。

五、任务评价

项　目	分数	评分标准	检测结果	实得分数	综合分数	备注
ϕ38 mm	18	不合格不得分				
ϕ31 mm	6					
ϕ52 mm	8					
18 mm	8					
25 mm	8					
181 mm	8					
表面结构	6					
时间	18					
安全生产	20					

六、教学质量分析

(1)车削内孔时不便观察,因此要特别注意大滑板的刻度,以防止长度尺寸出现差错。在必要的时候可以用小滑板控制长度尺寸。

(2)内孔的空间比较小,排屑比较困难,应尽量改变刃倾角的角度,或采用负的刃倾角,使切屑从孔口排出。

(3)车削内孔车刀容易产生振动,因此要尽量减少刀杆的长度,加大刀杆的横截面积,以提高内孔车刀的刚性。

(4)内孔有锥度的主要原因是主轴中心线与导轨不平行,使用小滑板时基准线不对,切削用量过大或刀杆太细造成“让刀”现象。

(5)表面粗糙度差的主要原因是刀具不锋利、角度不正确、切削用量选择不当。

①在粗车或精车内孔时要进行试切削，其横向进给量为径向余量的一半，车到长度 1 ~ 2mm 时，纵向快速退刀停车测量，反复测试，直至符合要求。

②车孔时为切削用量要比车外圆时适当减小些，特别是小孔或深孔的切削用量应更小。

(6)用中滑板刻度指示控制切削深度(孔径留 0.3 ~ 0.4 mm 精车余量)，若机动纵向进给车削台阶孔时，要防止车刀与台阶碰撞。因此，当床鞍刻度指示离孔底台阶面还有 2 ~ 3 mm 距离时，应立即停止机动进给改用手动进给。如孔大而浅，一般车底孔面时能看清楚；若孔小而深，就很难观察到是否已车到孔底，此时通常要凭感觉来判断刀尖是否已切到台阶面。若切削声音增大，表明车刀已到台阶面；当中滑板横向进给车台阶面时，若切削声音消失，控制横向进给手柄的手已明显感觉到切削抗力突然减小，则表明台阶平面已车完，应将车刀横向退刀后再迅速纵向退出。

子任务三　铰孔

目标要求

1. 懂得铰刀的选择、装夹和铰削的方法；
2. 能合理选择铰削余量和切削液；
3. 能分析铰孔时产生废品的原因及预防的方法。

一、任务单

任务图纸如图 3-20 所示。以此任务为例，进行铰孔加工操作。

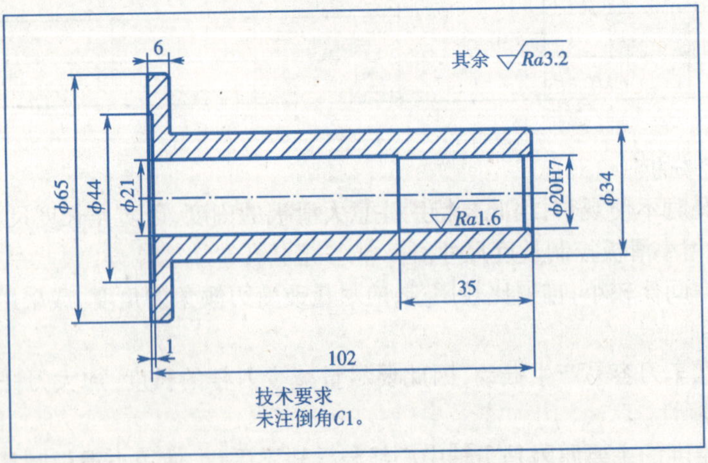

图 3-20　Z4012A 台钻导向套

二、任务准备

机床：CA6140 或 C616。

量具：0 ~ 150 mm 游标卡尺、ϕ20H7 塞规。塞规实物如图 3-21 所示。

图 3-21　塞规

刀具：YG6，90°，45°外圆车刀；YG6，ϕ20 mm × 40 mm 内孔车刀；YG6，ϕ21 mm 钻头，ϕ18 mm 钻头；ϕ20H7 铰刀。

夹具：三爪卡盘、莫氏 5 号锥柄钻夹头、莫氏 5 号活顶尖、变径套。

其他工具：螺丝刀、活扳手、叉扳手。

三、相关知识

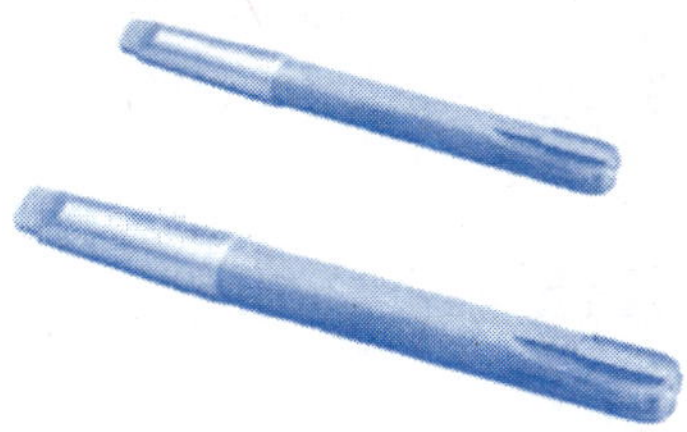

图 3-22　铰刀

铰孔是用铰刀对未淬硬孔进行精加工的一种加工方法。如图 3-22 所示，铰刀是尺寸精确的多刃刀具，铰孔的质量好、效率高、操作简便，其精度可达 IT7 ~ IT9，表面结构参数 R_a 可达 0.4 μm。

1. 铰刀尺寸的选择

铰孔的精度主要取决于铰刀的尺寸。铰刀的基本尺寸与孔基本尺寸相同。铰刀的公差是根据孔的精度等级、加工时可能出现的扩大量或收缩量及允许铰刀的磨损量来确定的。一般可按下面的公式计算铰刀的上、下偏差：

上偏差 = 2/3 被加工孔公差；

下偏差 = 1/3 被加工孔公差。

2. 铰刀的装夹

在车床上铰孔时，一般将机用铰刀的锥柄插入尾座套筒的锥孔中，并调整尾座套筒轴线与主轴轴线相重合，同轴度应小于 0.02 mm。

3. 铰孔余量的确定

铰孔前，一般先经过钻孔、扩孔或车孔等半精加工，并留有适当的铰孔余量。余量的大小直接影响到铰孔的质量。用高速钢铰刀铰孔余量一般为 0.08 ~ 0.12 mm，用硬质合金铰刀铰孔余量一般为 0.15 ~ 0.20 mm。

铰孔工序不能修正半精加工孔的形位公差。当用车孔的方法来预留铰孔余量时，由于车孔能纠正钻孔带来的轴线不直或径向圆跳动等缺陷，因而可以使铰出的孔达到同轴度和垂直度的要求。当孔径尺寸小于 12 mm 时，用车孔方法留铰孔余量则比较困难。通常选用扩孔方法作为铰孔前的半精加工。但是由于扩孔不能修正钻孔造成的缺陷，因此在扩孔前钻孔时必须采取定中心措施，保证钻孔质量。铰孔前的内孔表面结构参数 R_a 不得大于 6.3 μm，否则会因铰孔余量小而难以去除铰孔前的表面缺陷。

4. 铰孔方法

（1）找正尾座中心。铰刀中心线必须与车床主轴轴线重合，若尾座中心偏离主轴轴线则会使铰出的孔尺寸扩大或孔口形成喇叭口。

（2）尾座应固定在床鞍上的适当位置，使铰孔时尾座套筒的伸出长度在 50 ~ 60 mm，为此，可移动尾座，使铰刀在离工作端面 5～10 mm 处，然后锁紧尾座。

(3)选好铰刀。铰孔的尺寸精度和表面结构参数在很大程度上取决于铰刀的质量，所以铰孔前应检查铰刀刃口是否锋利和完好无损，以及铰刀尺寸公差是否适宜。

(4)摇动尾座手轮，使铰刀的引导部分轻轻进入孔口，深度约 1～2 mm。

(5)启动车床，加注充分的切削液，双手均匀摇动尾座手轮，进给量约为 0.5 mm/r，均匀地进给至铰刀切削部分的 3/4。超出孔末端时，反向摇动尾座手轮，将铰刀从孔内退出(见图 3-23(a))。此时工件应继续作主运动。

(6)将内孔擦干净后，检查孔径尺寸。

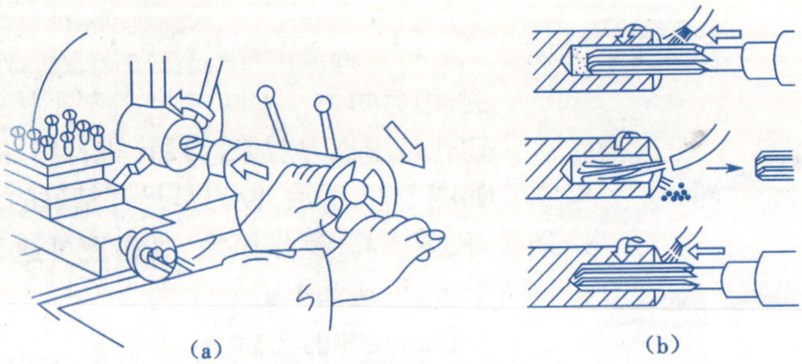

图 3-23　铰孔

(a)铰通孔；(b)铰不通孔

5. 铰削的注意事项

铰削时，切削速度越低，表面结构越好。切削速度最好小于 5 m/min，而进给量应取大些，一般可取 0.2～1 mm/r。铰削时，必须加注充足的切削液，切削液对孔的扩张量与孔的表面结构有一定的影响。实践证明在干切削和使用非水溶性切削液铰削情况下，铰出的孔径比铰刀的实际直径略大些(干切削最大，表面结构参数较小)。而用水溶性切削液铰削时，由于弹性变形，铰出的孔比铰刀的实际尺寸略小一点，铰孔的表面结构较好。

一般用新铰刀铰钢件时，可用 10%～15% 的乳化液，以使孔径不扩大，旧铰刀则用油类作切削液，可使孔径稍微扩大一点；铰铸件孔时，新铰刀一般用煤油可减小表面结构参数，旧铰刀则采用干切削。

在使用铰刀的过程中，要注意保护好两端的中心孔，以备刃磨铰刀时使用。铰孔完毕，应不停车退出铰刀，同时不允许铰刀倒转，否则会在孔壁上留下刀痕。

铰孔质量的好坏取决于铰刀本身的精度和表面结构。铰刀几何参数的合理选择，决定了铰孔加工质量的好坏。铰刀几何参数包括两部分。一是铰刀直径。它是根据被加工孔的公称尺寸和公差以及在铰削过程中被加工孔的扩张量或收缩量决定的。二是铰刀的齿数。一般，铰刀的齿数越多，铰孔的精度就越高，表面结构参数就越小，同时，分布在每个切削刃上的负荷也就越小，有利于减少铰刀的磨损。但在切削时，切屑不容易排出。特别是铰深孔和切削余量大时，因容屑槽被切屑堵塞，切削液难以进入切削区容易造成铰刀损坏，破坏工件表面。

四、任务实施

(1)调整和润滑机床。

(2)准备刃磨所使用的各种刀具，包括外圆、内孔车刀。

(3)测量检查铰刀的尺寸。

(4)确定切削用量。

切削深度：2 mm。

进 给 量 ：0.3~0.35 mm/r。

切削速度：车外圆为50~60 m/min（主轴转速约为500 r/min），车内孔为40~50 m/min，铰孔小于5 m/min。（加注切削液）

(5)Z4012A 台钻导向套车削加工工艺包括以下步骤。

①夹 $\phi34$ mm 外圆，粗精车 $\phi65$ mm 外圆至尺寸，齐端面(车平即可)。

②调头夹 $\phi65$ mm 外圆打中心孔。

③一夹一顶，车 $\phi34$ mm 端面，粗精车 $\phi34$ mm 外圆至尺寸。

④夹 $\phi34$ mm 外圆，钻 $\phi18$ mm 通孔。

⑤夹 $\phi34$ mm 外圆，半精车 $\phi20$H7 孔至 $\phi20^{-0.01}_{-0.05}$ mm，铰 $\phi20$H7 孔至尺寸，倒角。

⑥调头夹 $\phi34$ mm 外圆，车 $\phi65$ mm 左端面至长度尺寸要求；车端面空刀 $\phi44$ mm，深度 1 mm，扩 $\phi21$ mm 孔至尺寸。

五、任务分配

Z4012A 台钻导向套，每人 10 件，按图 3-20 要求加工。单件工时为 20 min。

六、任务评价

项　目	分　数	评分标准	检测结果	实得分数	综合分数	备　注
$\phi20$H7	20	不合格不得分				
$\phi34$	8					
$\phi65$ mm	8					
$\phi21$ mm	8					
$\phi44$ mm	6					
102 mm	6					
35 mm	7					
1 mm	3					
6 mm	4					
倒角 $C1$	4					
表面结构	6					
安全生产	20					
时间						

七、教学质量分析

铰孔容易产生的问题和解决方法如下：

①选用铰刀时应检查刃口是否锋利，柄部是否光滑，完好无损的铰刀才能加工出高质量的孔；

②铰孔时铰刀的中心线必须与车床主轴轴线重合；

③根据选定的切削速度和孔径大小调整车床主轴转速；

④安装铰刀时，应注意锥柄和锥套的清洁；

⑤铰刀由孔内退出时，车床主轴应仍保持顺转不变，切不可反转，以防损坏铰刀刃口和加工表面；

⑥应先试铰，以免造成废品。

工学结合技能训练 2

一、任务单

任务图纸如图 3-24 所示。

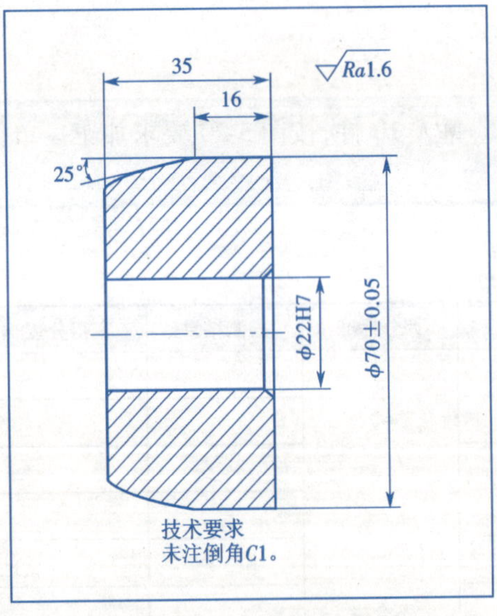

图 3-24　Z4012A 台钻轮毂

二、任务准备

机床：C616。

量具：0 ~ 150 mm 游标卡尺、50 ~ 75 mm 千分尺、塞规 ϕ22H7。

刀具：YG6，90°、45°外圆车刀；YG6，ϕ20 mm × 45 mm 内孔车刀；ϕ20 钻头；ϕ22H7 合金铰刀。

夹具：三爪卡盘、莫氏 2/4 变径套、专用心轴。

其他工具：螺丝刀、活扳手、叉扳手。

三、任务实施

(1)调整和润滑机床。

(2)准备刃磨所使用的各种刀具,包括外圆、内孔车刀。

(3)测量检查铰刀的尺寸,检查测量铸件毛坯尺寸。

(4)确定切削用量。

切削深度：2mm。

进 给 量 ：0.3~0.35 mm/r。

切削速度：车外圆为50~60 m/min（主轴转速约为500 r/min），车内孔为40~50 m/min，铰孔小于5 m/min。（加注切削液）

(5)Z4012A 台钻轮毂车工加工工艺有以下步骤。

①下料:铸坯 HT200,ϕ75 mm×40 mm。

②夹毛坯外圆,粗车 ϕ70 mm 外圆,齐端面至 ϕ72 mm×8 mm。

看好工艺再加工。

③调头夹 ϕ72 mm×8 mm,齐端面,接刀粗车 ϕ70 mm 外圆至 ϕ72 mm,钻 ϕ22H7 孔至 ϕ20 mm。

④夹 ϕ70 mm 外圆,工件圆锥部分向里、大端面向外装夹找正,精车大端面,车 ϕ22H7 内孔留余量 0.15 ~0.2 mm;孔口倒角。

⑤铰 ϕ22H7 内孔至尺寸。

⑥以内孔及大端面定位上心轴精车 $\phi70^{+0.05}_{-0.05}$mm。

⑦夹 $\phi70^{+0.05}_{-0.05}$mm 外圆,齐小端面保证总长 35 mm。

四、任务分配

Z4012A 台钻轮毂,每人 10 件。按图 3-24 要求加工。单件工时为 20 min。

五、任务检测

用游标卡尺、外径千分尺、塞规测量。

六、任务评价

项　目	分　数	评分标准	检测结果	实得分数	综合分数	备　注
$\phi70\pm0.05$ mm	12	不合格不得分				
$\phi22H7$	25					
35 mm	10					
16 mm	10					
内孔表面	10					
外圆表面	10					
去锐边毛刺	3					
安全生产	20					
累计分数						
时间						

工学结合技能训练 3

一、任务单

任务图纸如图 3-25 所示。

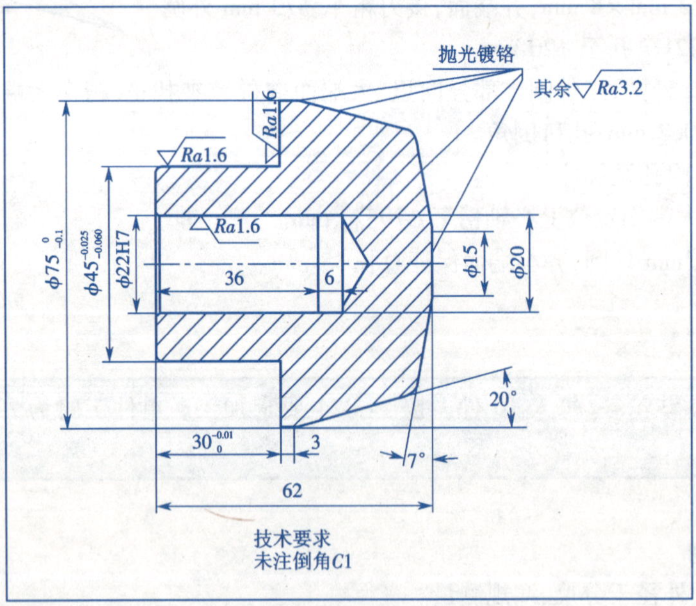

图 3-25　Z4012A 台钻手柄座

二、任务准备

机床：C616。

量具:0 ~ 150 mm 游标卡尺、0 ~ 200 mm 深度游标卡尺、25 ~ 50 mm 千分尺、塞规 ϕ22H7。

刀具:YG6,90°、45°外圆车刀、YG6,ϕ22 mm × 45 mm 内孔车刀;ϕ20 钻头;ϕ22H7 铰刀。

夹具:三爪卡盘,莫氏 4 号锥柄钻夹头,莫氏 2/4 变径套。

其他工具:螺丝刀,活扳手,叉扳手。

三、任务实施

(1)检查、调整和润滑机床。

(2)正确选择切削用量,调整机床手柄位置。

(3)按工件要求刃磨和安装车刀。

(4)检查量具是否达到一定的精度要求。

加工前要做好准备!

切削深度:2 mm。

进 给 量 :0.3~0.35 mm/r。

切削速度:车外圆为50~60 m/min(主轴转速约为300~400 r/min),车内孔为40~50 m/min,铰孔小于5 m/min(加注切削液)。

(5)检查原材料是否符合加工的要求。

(6)Z4012A 台钻手柄座车削加工工艺有以下步骤。

①夹 ϕ45f8 毛坯外圆校正,粗车端面及 ϕ75 mm 外圆,留 2 ~ 2.5 mm 余量。

②工件调头夹 $\phi 75^{0}_{-0.1}$ mm 外圆校正,粗车端面及 ϕ45 mm 外圆,留 2 ~ 2.5 mm 余量;钻 ϕ22H7 孔至 ϕ20 mm,深 53 mm。

③精车端面 ϕ45f8 外圆,半精车 ϕ22H7 内孔,留铰孔余量 0.1 ~ 0.2 mm,铰 ϕ22H7 孔至尺寸,倒角,精车 $\phi 75^{0}_{-0.1}$ mm 尺寸(其长度为露出卡爪一段有效长 3 mm)。注意 $\phi 75^{0}_{-0.1}$ mm 外圆与端面保持锐角。

④工件调头,夹 ϕ45f8 外圆校正,精车端面保证总长 62 mm。

⑤$\phi 75^{0}_{-0.01}$ mm 外圆、ϕ45f8 外圆用千分尺测量,ϕ22H7 内孔用塞规测量,其他部位用游标卡尺测量。

⑥ϕ45f8 外圆、ϕ22H7 内孔在一次装夹中完成。内孔加工先钻孔,再车内孔,留 0.15 ~ 0.2 mm 余量,然后铰孔。

四、任务分配

Z4012A 台钻手柄座,每人 10 件。按图 3-25 要求加工。单件工时为 30 min。

看清图样要求，遵守工艺规则，做出高质量的工件！

五、任务评价

项　　目	分　　数	评分标准	检测结果	实得分数	综合分数	备　　注
$\phi45_{-0.060}^{-0.025}$	15	不合格不得分				
$\phi75_{0}^{-0.01}$ mm	10					
$\phi22H7$	20					
$\phi20$ mm	3					
$30_{0}^{-0.01}$ mm	9					
36 mm	6					
62 mm	5					
3 mm	4					
6 mm	3					
表面结构	9					
安全生产	16					
时间						

六、教学质量分析

(1)测量内孔使用塞规。在成批生产中,为了测量方便,常用塞规测量孔径(见图 3-26)。塞规由通端、止端和手柄组成。通端的尺寸等于孔的最小极限尺寸,止端的尺寸等于孔最大极限尺寸;为了明显区别通端与止端,塞规止端长度比通端长度要短一些。测量时,通端通过,而止端不能通过,说明尺寸合格。测量盲孔的塞规应在外圆上沿轴向开有排气槽。使用塞规时,应尽可能使塞规与被测工件的温度一致,不要在工件还未冷却到室温时就去测量。测量内孔时,不可硬塞强行通过,一般靠塞规自身重力自由通过。测量时塞规轴线应与孔轴线一致,不可歪斜。

(2)铰孔时除了留出合理的切削余量以外,铰削铸件要使用煤油作为切削液。

(3)在铰削过程中往往出现孔大的情况,此时应该检查和校正尾座并重新修整铰刀刃口,检查所使用的切削用量,降低切削速度,并加充足的切削液。

(4)要确定合理的切削速度,留好合理的铰孔余量。

(5)在铰削的过程中常常出现表面质量差的问题,主要原因是铰刀刀刃不锋利,刀刃上有崩刃或毛刺,余量过大或过小,切削速度太高产生积屑瘤,切削液选择不当等。解决的方法是:铰刀重新刃磨,使表面质量提高,刃磨后保管好不许碰毛;留适当的铰削余量;降低切削速度;用油石把积屑瘤从刀刃上磨去;合理地选择切削液。这些原因和解决的方法也不是同时存在的,在实践中应注意观察并总结经验,一步一步地解决其中的问题。

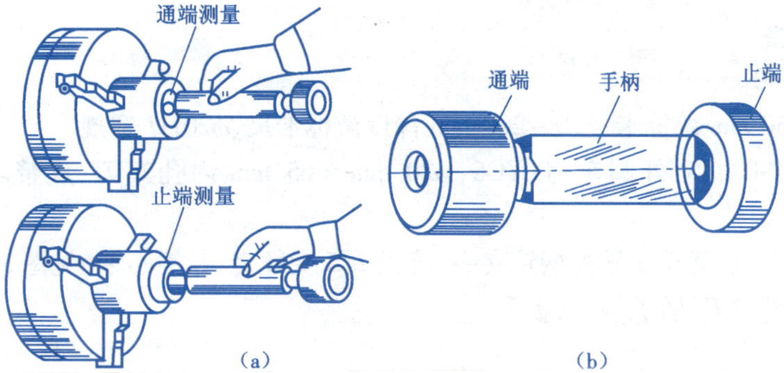

图 3-26　塞规及其使用

(a)测量方法;(b)塞规结构

子任务四　车沟槽

> 目标要求
>
> 1. 了解平底孔的技术要求;
> 2. 掌握平底孔的车削方法和车削内沟槽的方法;
> 3. 能利用纵横刻度盘的刻度线控制沟槽的深度和直径。

一、任务单

任务图纸如图 3-27 所示。以此任务为例,进行沟槽的车削。

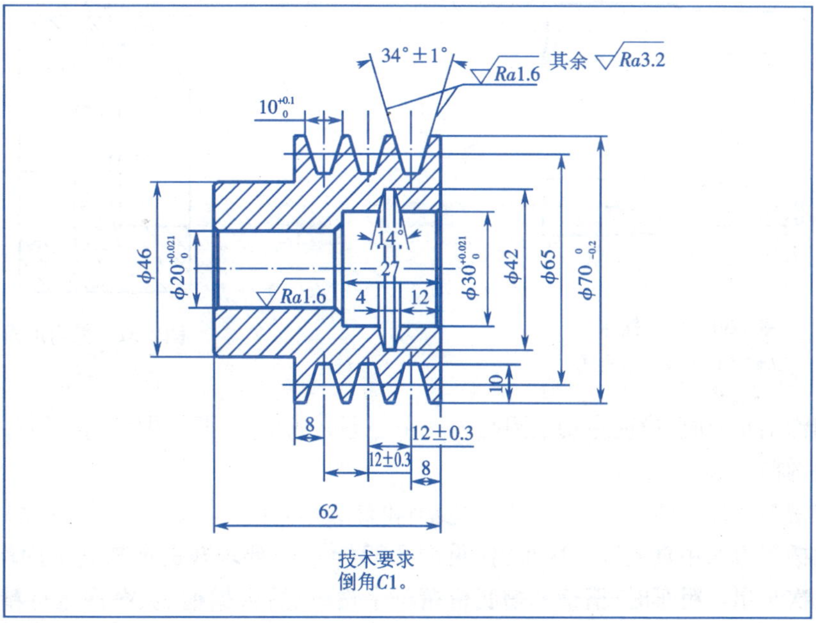

图 3-27　Z4012A 台钻皮带轮

二、任务准备

机床：CA6140。

量具：0～150 mm游标卡尺、0～200 mm深度游标卡尺、ϕ20H7塞规。

刀具：YG6，90°、45°外圆车刀；YG6，ϕ20 mm×65 mm内孔车刀；皮带轮挖槽刀（见图3-28）；ϕ18钻头。

夹具：三爪卡盘、莫氏5号锥柄钻夹头、莫氏2/5变径套、专用心轴（见图3-29）。

其他工具：螺丝刀，活扳手，叉扳手。

图3-28　皮带轮挖槽刀

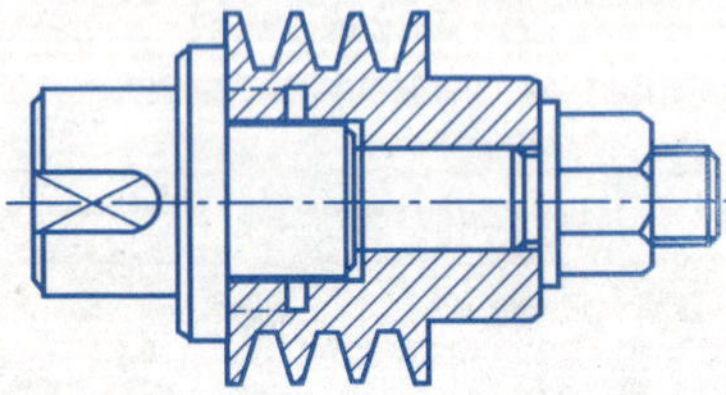

图3-29　皮带轮心轴

三、相关知识

1. 内沟槽车刀

内沟槽车刀与切断刀的几何形状相似，只是装夹方向相反，且在内孔中车槽。加工小孔中的内沟槽车刀做成整体式（见图3-30（a））。在大直径内孔中车内沟槽的车刀可做成车槽刀刀体，然后装夹在刀柄上使用（见图3-30（b））。由于内沟槽通常与孔轴线垂直，因此要求内沟槽车刀的刀体与刀柄轴线垂直。挖槽刀的使用见图3-31。

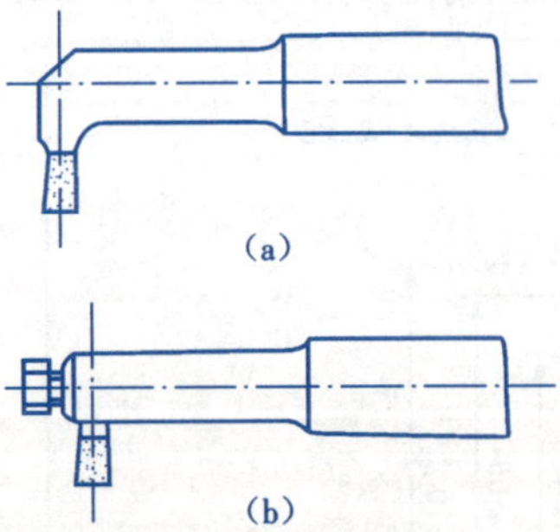

(a)

(b)

图3-30　内沟槽车刀

（a）整体式；（b）装夹式

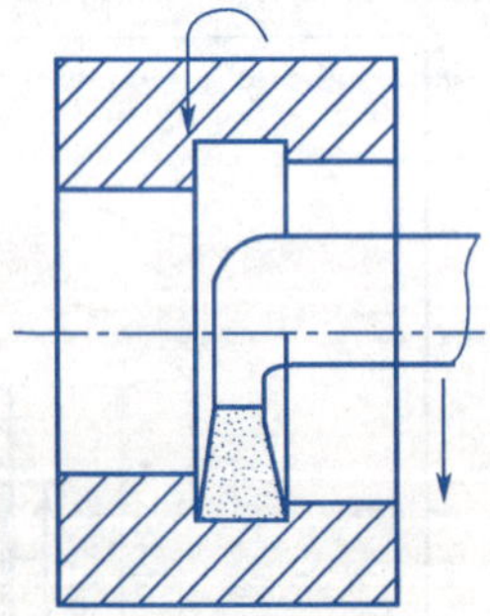

图3-31　挖内沟槽

装夹内沟槽车刀时，应使主切削刃与内孔中心等高或略高，两侧副偏角必须对称。

2. 车内沟槽方法

车内沟槽与车外沟槽方法类似。宽度较小和要求不高的内沟槽，可用主切削刃宽度等于槽宽的内沟槽车刀采用直进法一次车出（见图3-32（a））。要求较高或较宽的内沟槽，可采用直进法分几次车出。粗车时，槽壁和槽底留精车余量，然后根据槽宽、槽深进行精车（见图3-32（b））。若内沟槽深度较浅，宽度很大，可用内圆粗车刀先车出凹槽，再用内沟槽刀车沟槽两端垂直面（见图3-32（c））。

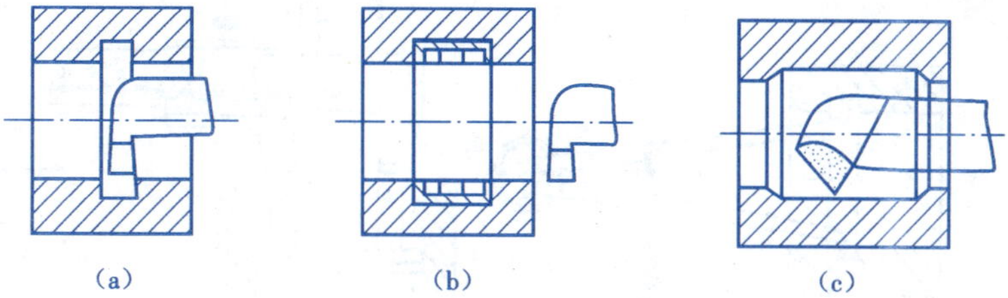

图 3-32　车内沟槽的方法

(a)一次径向车削法;(b)多次径向车削法;(c)轴向车削法

(1)确定起始位置。摇动床鞍和中滑板,使沟槽车刀的主切削刃轻轻地与孔壁接触,将中滑板刻度调至零位。

(2)确定车内沟槽的终止位置。根据内沟槽深度可计算出中滑板刻度的进给格数,并在终止刻度指示位置上用记号笔作出标记或记下刻度值。

(3)确定车内沟槽的退刀位置。使内沟槽车刀主切削刃离开孔壁 0.2 ~ 0.3 mm,并在中滑板刻度盘上作出退刀位置标记。

(4)控制内沟槽的轴向位置尺寸,移动床鞍和中滑板,使内沟槽车刀副切削刃与工作端面轻轻地接触,此时将床鞍刻度调到零位。若内沟槽靠近孔口,需用小滑板刻度控制内沟槽轴向位置时,就应将小滑板刻度调到零位,作为车内沟槽纵向的起始位置。接着向后移动中滑板,待内沟槽车刀主切削刃退到不碰孔壁时,再移动床鞍,以使车槽刀进入孔内。进入深度为内沟槽的轴向位置尺寸 L 加上内沟槽车刀主切削刃的宽度。

(5)启动车床转动中滑板手柄,使内沟槽车刀横向进给,其进给量不宜过大,约 0.1 ~ 0.2 mm/r,当中滑板刻度标示已进给到槽深尺寸时,车刀不要马上退出,应稍作停留,这样可使槽底经主切削刃修整后提高其表面质量。横向退刀时,要确认内沟槽车刀主切削刃已到达预先设定的退刀位置,才能纵向向外退出车刀。否则会因横向退刀不足就纵向退刀而将已车好的槽碰坏;若横向退刀过多,又可能会使刀柄与孔壁擦碰而伤及内孔。

3. 内沟槽的测量

(1)内沟槽的深度一般用弹簧内卡钳测量(见图 3-33(a))。测量时,先将弹簧内卡钳收缩,放入内沟槽,然后调整卡钳螺母,使卡脚与槽底径表面接触,测出内沟槽直径,然后将内卡钳收缩取出,恢复到原来尺寸,再用游标卡尺或外径千分尺测出内卡钳的张开尺寸。当内沟槽直径较大时,可用弯脚游标卡尺测量内沟槽的深度(见图 3-33(b))。

(2)内沟槽的轴向尺寸可用钩形游标深度卡尺测量(见图 3-33(c))。

(3)内沟槽的宽度可用样板或游标卡尺(当孔径较大时)测量(见图 3-33(d))。

(4)梯形挖槽刀可用万能角度尺或梯形槽样板对照刃磨,见图 3-34。

四、任务实施

(1)用样板测量刃磨车刀。

(2)正确选择切削用量,调整和润滑机床。

(3)制作样板,按样板刃磨车刀。

(4)可以采用先挖直沟槽然后再挖梯形槽的方法。

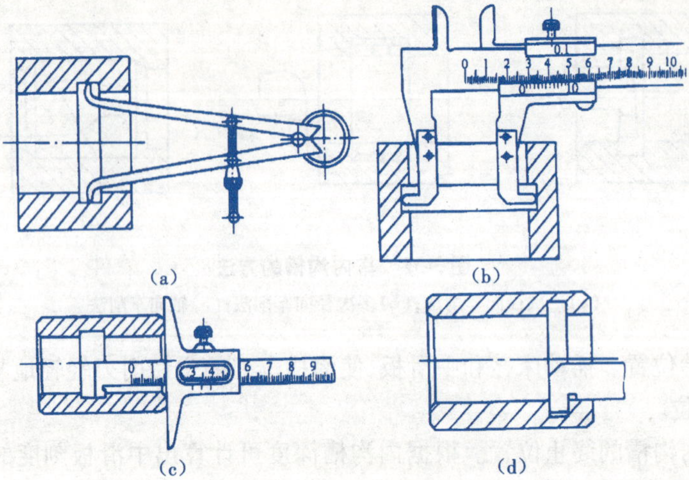

图 3-33　内沟槽的测量

(a)内沟槽深度的测量;(b)直径较大的内沟槽深度的测量;

(c)内沟槽轴向尺寸的测量;(d)内沟槽宽度的测量

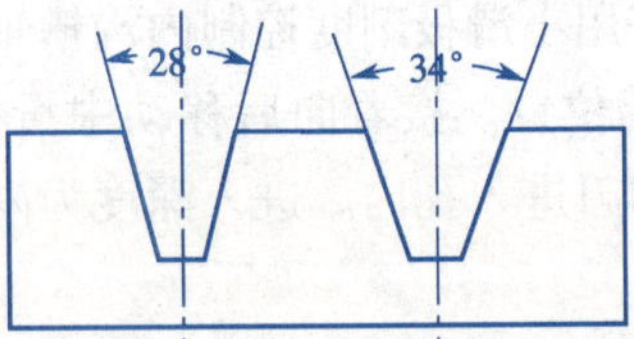

图 3-34　梯形槽样板

(5)Z4012A 皮带轮加工工艺分以下步骤。

①夹持外圆长 30 mm 左右,找正、夹紧。

②粗车端面及外圆 $\phi46$ mm,至 $\phi47$ mm 长 21 mm。

③调头,夹外圆 $\phi47$ mm 处找正,夹紧。

④粗车端面,保证总长 63 mm。

⑤粗车外圆至 $\phi70$ mm。

⑥钻通孔 $\phi18$ mm,扩孔 $\phi29$ mm。

切削深度：2 mm。

进 给 量 ：0.3~0.4 mm/r。

切削速度：挖内沟槽35~40 m/min（主轴每分钟大约转600~700转）。

⑦在 $\phi70$ mm 外圆上涂色画出 T 形槽中心线痕,并控制槽距端面留 0.5 mm 精车余量。

⑧先后分别用宽 3.8 mm 的直槽车刀和成型车刀车出 T 形沟槽至图样尺寸要求(3 条)。

⑨精车端面保证总长 62.5 mm,精车外圆 $\phi70$ mm。

⑩精车内孔至尺寸 $\phi20$ mm 及 $\phi30$ mm、长 27 mm 至尺寸要求。

加工前要仔细阅读工艺文件。

⑪用成型内沟槽车刀一次车出内T形槽至图样要求,并内、外倒角 $C1$。

⑫调头,垫铜皮夹持外圆 $\phi70$ mm 处,精车端面保证总长62 mm,精车 $\phi46$ mm 外圆,并控制左端台阶长22 mm。

⑬内外圆倒角 $C1$。

五、任务分配

Z4012A台钻皮带轮,每人6件,按图3-27要求加工。单件工时为50 min。

六、任务检测

(1)外圆和长度部分用游标卡尺测量,内孔用塞规测量。

(2)车内沟槽时要用样板安装车刀。

七、任务评价

项　　目	分　　数	评分标准	检测结果	实得分数	综合分数	备　　注
$\phi30_{0}^{+0.021}$ mm	10	不合格 不得分				
$\phi20_{0}^{+0.021}$ mm	10					
$\phi70_{-0.2}^{0}$ mm	5					
$\phi65$ mm	3					
$\phi42$ mm	3					
$\phi46$ mm	3					
12 ± 0.3 mm	4					
12 ± 0.3 mm	4					
8 mm	3					
8 mm	3					
10 mm	3					
$10_{0}^{+0.1}$ mm	4					
4 mm	3					
12 mm	3					
27 mm	3					
半角14°	4					
$34°\pm1°$	4					
62 mm	2					
表面结构	8					
倒角	3					
安全生产	15					
时间						

八、教学质量分析

车沟槽时要做到以下几项要求。

①为了保证皮带轮沟槽与轴孔同轴，车削时应先粗车端面、外圆和内孔，车好 T 形槽，然后在不改变安装位置的情况下精车端面、外圆和内孔。

②车 T 形槽，一般先车直槽，然后再用成型刀修整。

③可借助样板刃磨 T 形槽成型刀，其两副切削刃应对称。装刀时，刀尖角应垂直于轴心线。

④左右借刀车 T 形槽时，应注意槽间距的位置偏差。

工学结合技能训练 4

一、任务单

任务图纸如图 3-35 和 3-36 所示。

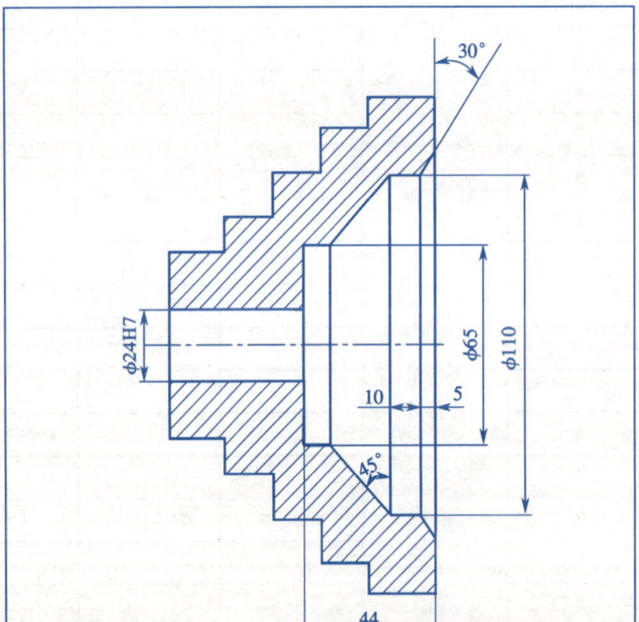

图 3-35　Z4012A 台钻皮带轮内孔加工

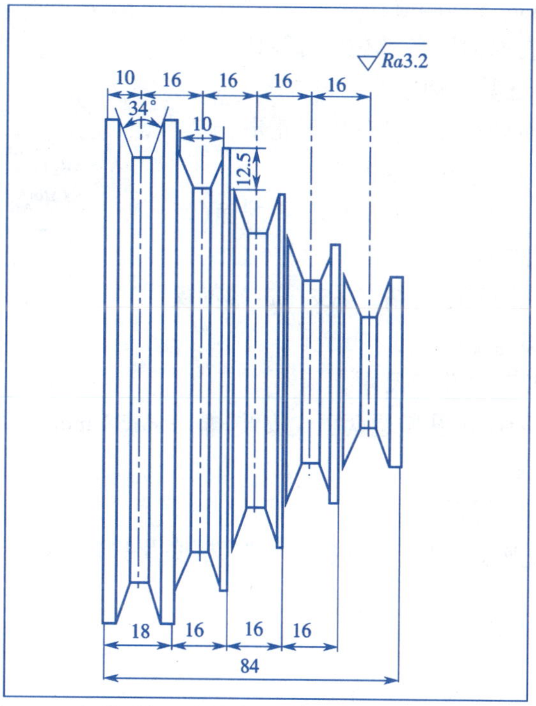

图 3-36　Z4012A 台钻皮带轮精加工

二、任务准备

机床:CA6140。

量具:0～200 mm 游标卡尺、0～200 mm 深度游标卡尺、ϕ24H7 塞规。

刀具:YG6,90°、45°外圆车刀;YG6,ϕ24 mm×45 mm 内孔车刀;YG6 内腔专用刀;皮带槽切槽刀;ϕ22 钻头。

夹具:三爪卡盘、莫氏 5 号锥柄钻夹头、莫氏 5 号活顶尖、2/5 变径套、专用心轴。

其他工具:螺丝刀、活扳手、叉扳手。

三、任务实施

(1)正确选择切削用量,调整和润滑机床。

切削深度：2 mm。

进 给 量 ：0.3~0.4 mm/r。

切削速度：挖沟槽为35~40 m/min（各台阶外圆直径相差较大，主轴转速需要随时调整）。

(2)按样板刃磨挖槽车刀,刃磨各种刀具。

(3)铸件铰孔采用煤油冷却润滑。

(4)按图 3-35 所示右面内腔各部位与 ϕ24H7 内孔在一次装夹中完成,以保证其同轴度。

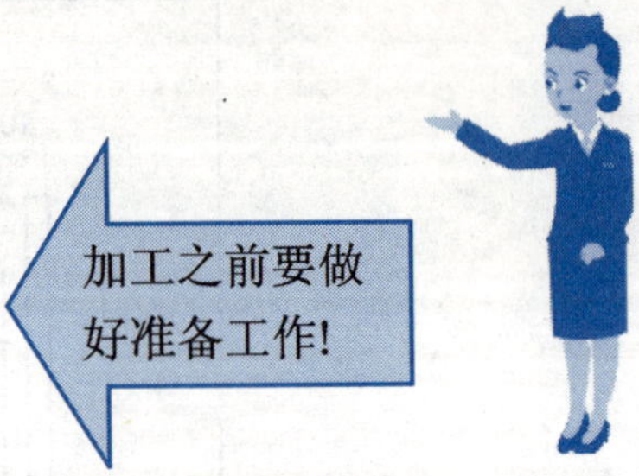

(5)Z4012A 台钻皮带轮加工工艺分以下几步。

①接图 1-25 继续加工,如图 3-35 所示。

②夹 ϕ110 mm 外圆校正,车 ϕ160 外圆、齐端面(车平即可),粗精车内腔各部至尺寸。

③反爪夹 ϕ158 mm 外圆找正,精车 ϕ58 mm 端面保总长 84 mm(保证尺寸 $40^{0}_{-0.10}$ mm)。

④半精车、精车 ϕ24H7 内孔至尺寸。

⑤上小锥心轴以 ϕ24H7 内孔定位两顶尖安装,精车 ϕ158 mm 大端面(车平即可)。

⑥按图 3-36 要求加工。

⑦上心轴精车各级外圆至尺寸。

⑧撑 ϕ110 mm 内孔顶尖顶住另一端粗车轮槽,槽底及侧边各留余量 0.5 mm。

⑨上心轴精车轮槽至尺寸,去锐边毛刺。

四、任务分配

Z4012A 台钻皮带轮,每人 6 件,按图 3-35 要求加工,然后再按图 3-36 加工。单件工时为 50 min。

五、任务检测

(1)内孔长度可用深度游标卡尺或钢尺测量。

(2)ϕ65mm 内孔可用钢尺加内卡钳测量。

六、任务评价

项　目	分　数	评分标准	检测结果	实得分数	综合分数	备　注
ϕ24H7	10	不合格不得分				
ϕ65 mm	6					
ϕ110 mm	6					
5 mm	4					
10 mm	4					
44 mm	4					
45°	5					
30°	4					
34°	4					
10 mm	4					
12. 5 mm	4					
18 mm	2					
18 mm	2					
16 mm	2					
16 mm	3					
16 mm	2					
16 mm	2					
16 mm	2					
16 mm	2					
16 mm	2					
84 mm	2					
表面结构	2					
倒角	2					
安全生产	20					
时间						

在评价时把工件质量放在第一位，除了检验皮带轮必要的所规定的尺寸以外，还要检验皮带轮的跳动，其跳动量不能超出所规定的 0. 10 mm。以内孔为基准检验皮带轮槽对内孔轴线的同轴度。在检验的过程中如果超出规定尺寸，零件即可判定为不合格品，绝对不能转入下道工序进行继续加工。

工学结合技能训练5

一、任务单

任务图纸如图3-37所示。

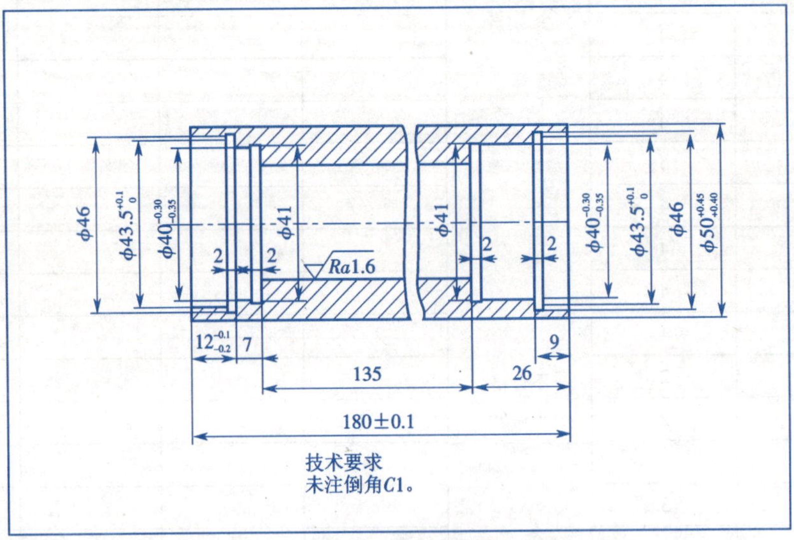

图3-37　Z4012A台钻套筒半精车

二、任务准备

机床:CA6140。

量具:0~150 mm游标卡尺、25~50 mm外径千分尺、$\phi40^{-0.30}_{-0.35}$ mm塞片。

刀具:YT15,90°、45°外圆车刀;YT15,ϕ38 mm×30 mm内孔车刀;YT15内沟槽切槽刀。

夹具:三爪卡盘、专用夹具。

其他工具:螺丝刀、活扳手、叉扳手、六角扳手。

三、任务实施

(1)检查、调整和润滑机床。

(2)正确选择切削用量。调整机床手柄位置。

切削深度:2 mm。

进 给 量 :0.3~0.35 mm/r。

切削速度:挖沟槽为35~40 m/min(主轴转速约为300 r/min),车内孔为50 m/min左右(进给量为0.3 mm/r)。

(3)按工件要求刃磨和安装车刀。

(4)检查量具是否达到一定的精度要求。

(5)检查原材料是否符合加工的要求。

(6) Z4012A 台钻套筒车工加工有以下步骤（按图 3-19 加工后）。

加工前要做好准备！

①热处理：调质 T235。工件调质后按图 3-37 加工。

②夹外圆校正，半精车 $\phi40^{+0.005}_{-0.015}$ mm 内孔至 $\phi40^{-0.30}_{-0.35}$ mm × 26 mm，车 M45 × 1.5 螺纹小径至 $\phi43.5^{+0.1}_{0}$ mm、内孔倒角 $C1$。

③调头夹外圆，齐端面保证总长 180 ± 0.1 mm。半精车 $\phi40^{+0.005}_{-0.015}$ mm 内孔至 $\phi40^{-0.30}_{-0.35}$ mm × 19 mm，车 M45 × 1.5 螺纹小径至 $\phi43.5^{+0.1}_{0}$ mm × 7 mm，内孔倒角 $C1$。

④以两 $\phi40^{-0.30}_{-0.35}$ mm 内孔定位，上心轴两顶尖半精车外圆至 $\phi50^{+0.45}_{+0.40}$ mm，两端倒角 $C1$。

⑤夹外圆，切内沟槽至尺寸。检查合格后转磨工。

⑥粗磨外圆至 $\phi50^{+0.10}_{+0.09}$ mm。

四、任务分配

Z4012A 台钻套筒，每人 8 件，按图 3-37 要求加工。单件工时为 40 min。

五、任务检测

用游标卡尺检查，用中滑板刻度盘刻度横向进刀控制。

零件在加工时要仔细看好图样要求，熟悉加工步骤。

六、任务评价

项　目	分　数	评分标准	检测结果	实得分数	综合分数	备　注
2 处 $\phi40^{-0.30}_{-0.35}$ mm	16	不合格不得分				
2 处 $\phi43.5^{+0.1}_{0}$ mm	16					
2 处 $\phi41$ mm	4					
2 处 $\phi46$ mm	4					
$\phi50^{+0.45}_{+0.40}$ mm	8					
$12^{-0.1}_{-0.2}$ mm	7					
135 mm	2					
26 mm	5					
9 mm	2					
180 ± 0.1 mm	4					
7 mm	5					
6 处倒角 $C1$	3					
表面结构	4					
安全生产	20					

七、教学质量分析

(1)车外沟槽特别是皮带轮槽时,如果车刀角度刃磨不正确,或在安装时出现歪斜,就会造成槽的角度不正确。用样板测量皮带槽时样板一定要通过工件中心。

(2)切内沟槽刀具刃磨难度较大,再加上槽底的直径尺寸难以控制,测量难度较大。在加工时,主要依靠使用中滑板控制其直径尺寸。

(3)皮带轮精车时,为保证同轴度要使用心轴。在台钻套筒的加工中也应该注意工艺要求,先分别加工出两头的内孔,然后再以两头内孔定位加工外圆。

(4)车削内孔的空刀槽,车刀的宽度要求基本等于槽的宽度,刃磨时要控制好刀宽。

(5)为了使孔的深度较精确,尽量将大滑板刻度和小滑板配合使用。

加工时要注意以下几点问题。

①切削时注意切削用量和切削液的选用,并保持刀具锋利。

②测量槽深时,孔口要无毛刺。

③测量沟槽难度较大,要注意方法、姿势及安全。

子任务五　套类零件车削综合训练

一、任务单

任务图纸如图 3-38 所示。以此任务为例,进行套类零件的车削综合加工训练。

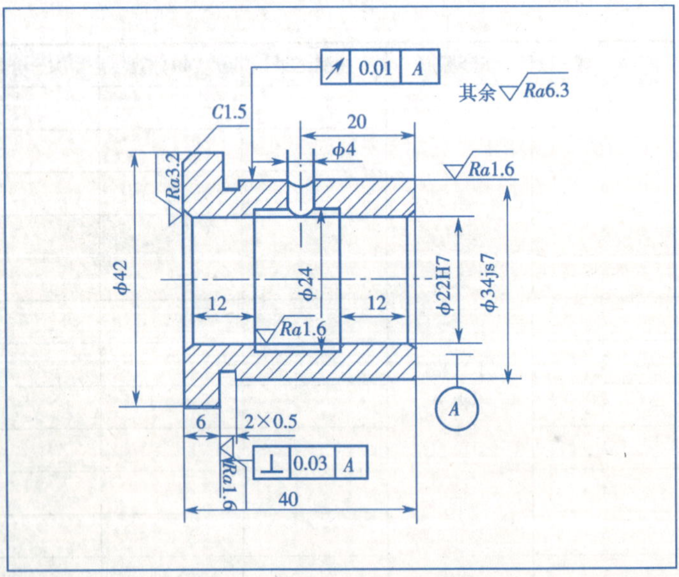

图 3-38　Z4012A 台钻轴承套

二、任务准备

机床:CA6140。

工件材料:ZQSn6—6—3。

量具:0 ~ 200 mm 游标卡尺、0 ~ 200 mm 深度游标卡尺、ϕ22H7 塞规。

刀具:YT15,90°、45°外圆车刀;YT15,ϕ22 mm × 45 mm 内孔车刀;YT15,ϕ20 钻头;高速钢切断刀。

夹具:三爪卡盘、莫氏 5 号锥柄钻夹头、莫氏 5 号活顶尖、2/5 变径套、专用心轴。

其他工具:螺丝刀、活扳手、叉扳手。

三、任务实施

(1)检查、调整和润滑机床。

(2)正确选择切削用量,调整机床手柄位置。

切削深度:2 mm。

进 给 量 :0.3~0.35 mm/r。

切削速度:车外圆为50~60 m/min(主轴转速约为900 r/min),车内孔均为50 m/min,进给量为0.3 mm/r。

(3)按工件要求刃磨和安装车刀。

(4)检查量具是否达到一定的精度要求。

(5)检查原材料是否符合加工的要求。

加工前要做好准备!

(6)Z4012A 轴承套车削加工工艺有以下步骤。

①粗车外圆留余量 2mm,长度车至尺寸,用 ϕ20 钻头钻孔。

②精车时夹 ϕ34 mm 外圆车 ϕ42 mm 外圆至尺寸,车内孔至 ϕ22H7 尺寸,倒角,车空刀直径 ϕ24mm,保证空刀槽外侧至外端面 12mm。

③夹工件 ϕ42 mm 内孔,倒角 $C1$。

④工件上心轴,车 ϕ34js7 外圆至尺寸,外圆部分各处倒角。切空刀槽 2 mm × 0. 5 mm。

四、任务分配

Z4012A 台钻轴承套,每人 8 件,按图 3-38 要求加工。单件工时为 40 min。

五、任务检测

(1)粗车、半精车用游标卡尺测量,精车外圆用外径千分尺测量,内孔用塞规测量。

(2)严格控制内孔的长空刀槽。

六、任务评价

项　目	分　数	评分标准	检测结果	实得分数	综合分数	备　注
ϕ22H7	10	不合格不得分				
ϕ34js7 mm	10					
ϕ42 mm	8					
ϕ24 mm	8					
6 mm	4					
40 mm	6					
12 mm	6					
12 mm	6					
2 mm×0.5 mm	3					
垂直度 0.03	5					
表面质量	4					
倒角	4					
圆跳动 0.01 mm	6					
安全生产	20					
时间						

七、教学质量分析

(1)轴承套的车削工艺方案很多,可以单件加工,也可以多件加工。单件加工生产效率较低,原材料浪费较多,每件都要切去用于工件装夹的余料。因此,此处采用多件加工的车削工艺。

(2)轴承套材料为 ZQSn6—6—3,两处外圆直径相差不大,毛坯选用棒料,采用 6 ~ 8 件同时加工较为经济。

(3)为保证内孔 ϕ22H7 的加工质量,提高生产效率,内孔精加工以铰削最为合适。

(4)外圆对内孔轴线的径向圆跳动为 0.01 mm,用软卡爪无法保证。此外,42 mm 右端面对内孔轴线垂直度公差为 0.03 mm。因此,精车外圆以及车 ϕ42 mm 右端面时,应以内孔为定位基准套在小锥度心轴上,用两顶尖安装才能保证这两项位置精度。

(5)内沟槽应在 ϕ22H7 精加工之前完成,外沟槽应在 ϕ34js7 外圆柱面精车之前完成,都是为了保证这些精加工表面的精度。

工学结合技能训练 6

一、任务单

任务图纸如图 3-39 所示。

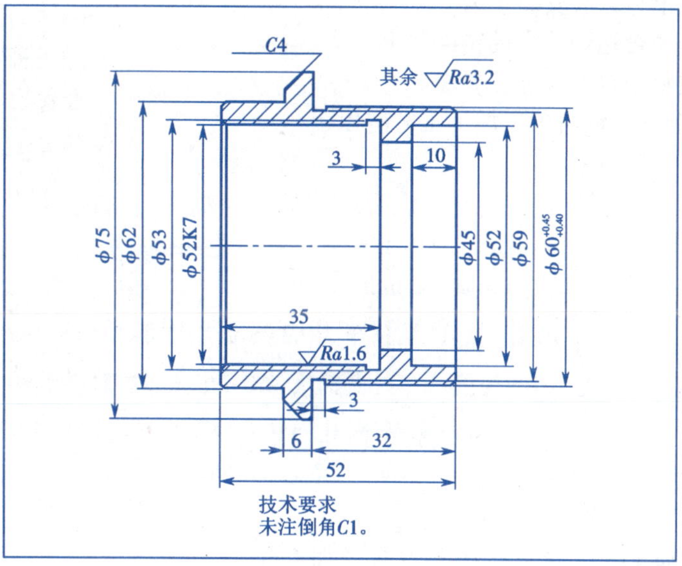

图 3-39　Z4012A 台钻轴承座

二、任务准备

机床:CA6140 或 C616。

量具:0 ~ 150 mm 游标卡尺、50 ~ 75 mm 外径千分尺、ϕ52K7 塞片、百分表、磁力表座、50 ~ 160 mm 内径百分表。

刀具:YT15,90°、45°外圆车刀;YT15,ϕ30 mm × 55 mm 内孔车刀;YT30,ϕ52 mm × 40 mm 内孔车刀;YT15 内沟槽切槽刀;YT15 外沟槽切槽刀。

夹具:三爪卡盘。

其他工具:螺丝刀、活扳手、叉扳手、六角扳手。

三、相关知识

车削各种轴承套、齿轮、带轮等套类工件的工艺方案虽然各异,但也有一些共性可供遵循,现简要分析套类零件车削工艺。

(1)在车削短而小的套类工件时,为了保证内、外圆的同轴度,最好在一次装夹中把内孔、外圆及端面都加工完毕。

(2)内沟槽应在半精车之后、精车之前加工,还应注意内孔精车余量对槽深的影响。

(3)车削精度要求较高的孔可考虑下列两种方案:

①粗车端面—钻孔—粗车孔—半精车孔—精车端面—铰孔;

②粗车端面—钻孔—粗车孔—半精车孔—精车端面—磨孔。

(4)加工平底孔时,先用钻头钻孔,再用平底钻锪平,最后用盲孔车刀精车。

(5)如果工件以内孔定位车外圆,在内孔精车后,应该将端面也精车,以保证端面与内孔的垂直度要求。

四、任务实施

(1)检查、调整和润滑机床。

(2)正确选择切削用量,调整机床手柄位置。

(3)按工件要求刃磨和安装车刀。

(4)检查量具是否达到一定的精度要求。

(5)检查原材料是否符合加工要求。

(6)Z4012A 台钻轴承座车工加工工艺有以下步骤。

加工前要做好准备!

切削深度：2 mm。

进 给 量 ：半精车为0.3 mm/r，精车为0.15 mm/r。

切削速度：车外圆为50~60 m/min（主轴转速约为900 r/min）；车内孔为50 m/min左右，精车为90 m/min。

①热处理:调质 T235。之后按图 3-39 要求加工。

②夹 $\phi62$ mm 外圆处校正,齐端面车 $\phi75$ mm 外圆至尺寸,车 $\phi60n6$ 外圆至 $\phi60^{+0.45}_{+0.40}$ mm,长度保证 32 mm,车 $\phi52K7$ 内孔至 $\phi52^{-0.5}_{-0.6}$ mm,车退刀槽,保证孔深 35 mm,车外沟槽至尺寸。

③工件调头夹 $\phi60n6$,齐端面保证总长 52 mm,车 $\phi62$ mm 外圆及 1 ×45°、4 ×45°倒角至尺寸,车 $\phi45$ mm 内孔至尺寸,车 $\phi52$ mm 内孔至尺寸,深度 10 mm。

④夹 $\phi60n6$ 外圆校正,精车 $\phi52K7$ 内孔至尺寸。

五、任务分配

Z4012A 台钻轴承座,每人 8 件,按图 3-39 要求加工。单件工时为 40 min。

六、任务检测

$\phi52K7$ 内孔用塞片测量,外圆、长度及其他尺寸用游标卡尺测量。

七、任务评价

项　目	分　数	评分标准	检测结果	实得分数	综合分数	备　注
ϕ52K7 mm	18	不合格不得分				
ϕ75 mm	4					
$\phi 60^{+0.45}_{+0.40}$ mm	6					
ϕ62 mm	4					
ϕ59 mm	3					
ϕ52 mm	3					
ϕ45 mm	5					
ϕ53 mm	4					
32 mm	4					
6 mm	5					
3 mm	4					
10 mm	3					
52 mm	4					
倒角 *C*1	4					
倒角 *C*4	4					
表面结构	5					
安全生产	20					
时间						

八、教学质量分析

(1)在加工 Z4012A 台钻轴承座时要注意用正确的测量方法。使用塞片要拿正塞片,塞入的方向要与孔的轴线方向平行,不可以产生歪斜,影响工件的测量。

(2)$\phi 60^{+0.45}_{+0.40}$ mm 外圆与 ϕ52K7 内孔尽量保证同轴度高些。在装夹工件时擦净工件和卡爪。

(3)控制长度尺寸,要经常用游标卡尺或深度尺测量控制。

(4)切槽刀在刃磨时等于槽宽即可。

(5)倒角 *C*4 可用 45°车刀一次直接车出。

工学结合技能训练 7

一、任务单

任务图纸如图 3-40 所示。

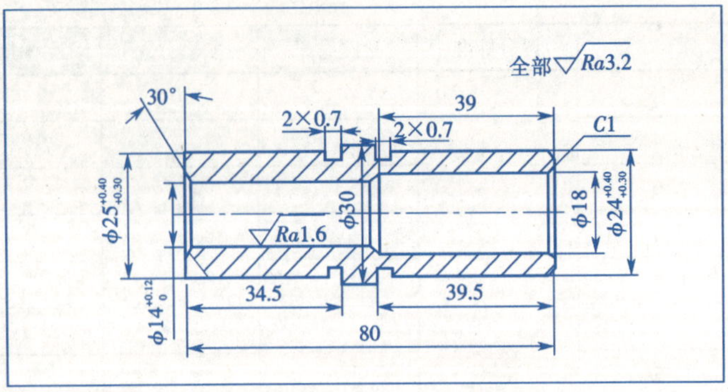

图 3-40　Z4012A 台钻花键套

二、任务准备

工艺：C616 车床。

刀具：$\phi12$、$\phi13.8$ 麻花钻头，45°车刀，90°外圆车刀，$\phi3$ 中心钻，$\phi14$H9 硬质合金铰刀。

量具：0～150 mm 游标卡尺、$\phi14$H9 塞规。

其他工具：螺丝刀、活扳手、2/4 莫氏锥套、莫氏 4 号锥柄钻夹头、花键心轴。

三、任务实施

(1) 检查、调整和润滑机床。

(2) 正确选择切削用量，调整机床手柄位置。

(3) 按工件要求刃磨和安装车刀。

(4) 检查量具是否达到一定的精度要求。

加工前要做好准备！

切削深度：2 mm。

进 给 量 ：半精车为0.3 mm/r，精车为0.15 mm/r。

切削速度：车外圆为50~60 m/min（主轴转速约为700 r/min），钻孔为15~20 m/min。

(5) 检查原材料是否符合加工要求。

(6) Z4012A 花键套半精车工艺有以下步骤。

①热处理：调质 T235。之后按图 3-40 要求加工。

②夹持工件外圆找正并夹紧，齐端面保证总长 80 mm，打中心孔。

③在尾座套筒安装 $\phi12$ mm 麻花钻钻孔，用 $\phi13.8$ 钻头扩孔。

④铰 $\phi14$H9 内孔，车 $\phi27$ mm 外圆至尺寸。

⑤转铣工拉花键。

⑥以花键心轴定位，两顶尖车各外圆，留磨量，车空刀槽，倒角。

四、任务分配

Z4012A 台钻花键套，每人 10 件，按图 3-40 加工。
单件工时为 30 min。

五、任务检测

（1）ϕ14H9 内孔用塞规测量。

（2）长度、外圆、空刀其他部分使用游标卡尺测量。

六、任务评价

项 目	分 数	评分标准	检测结果	实得分数	综合分数	备 注
$\phi25^{+0.40}_{+0.30}$ mm	15	不合格不得分				
$\phi24^{+0.40}_{+0.30}$ mm	15					
$\phi14^{+0.12}_{0}$ mm	10					
ϕ18 mm	5					
ϕ30 mm	5					
34.5 mm	5					
39.5 mm	5					
80 mm	3					
39 mm	3					
2 处 2 mm×0.7 mm	4					
30°	2					
倒角 $C1$	3					
表面结构	5					
安全生产	20					

工学结合技能训练 8

一、任务单

任务图纸如图 3-41 所示。

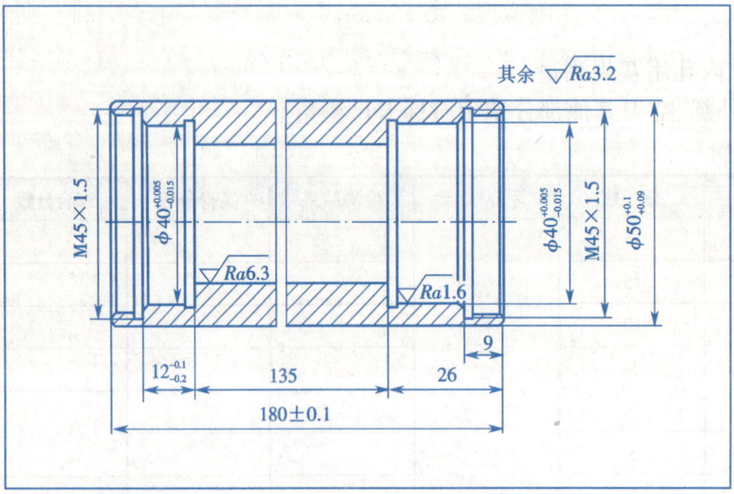

图 3-41　Z4012A 台钻套筒精车

二、任务准备

机床：CA6140。

量具：0～150 mm 游标卡尺、25～50 mm 外径千分尺、$\phi40^{+0.005}_{-0.015}$塞片、磁力表座、百分表、35～50 mm 内径百分表。磁力表座、百分表和内径百分表分别如图 3-42 和 3-43 所示。

刀具：YT15，90°、45°外圆车刀；YT30，ϕ40 mm×30 mm 内孔精车刀；YT15 内沟槽切槽刀。

夹具：三爪卡盘、专用夹具。

其他工具：螺丝刀、活扳手、叉扳手、六角扳手。

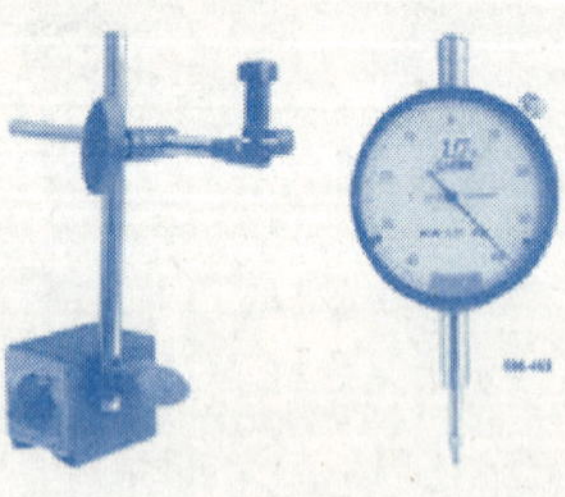

图 3-42　磁力表座、百分表

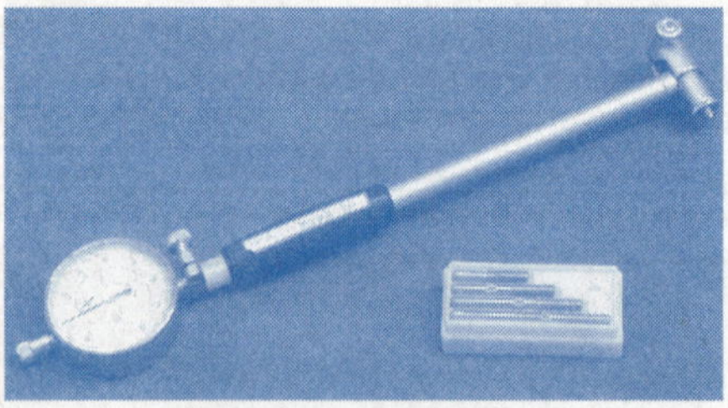

图 3-43　内径百分表

三、任务实施

(1)检查、调整和润滑机床。

(2)正确选择切削用量，调整机床手柄位置。

(3)按工件要求刃磨和安装车刀。

(4)检查量具是否达到一定的精度要求。

(5)Z4012A 台钻套筒车工加工工艺如下(接图 3-37 按图 3-41 加工)。

加工前要做好准备!

①上夹具,工件以外圆定位,车两 $\phi 40^{+0.005}_{-0.015}$ mm 内孔,内端面尺寸至 26 mm、$12^{-0.1}_{-0.2}$mm。

切削深度：0.15 mm。

进给量：精车内孔为0.15 mm/r。

切削速度：车外圆为80 m/min（主轴转速约为700 r/min），使用车刀YT30。

②上夹具,工件以外圆定位,精车两 $\phi 40^{+0.005}_{-0.015}$ mm 内孔至尺寸。

四、任务分配

Z4012A 台钻套筒,每人 10 件,按图 3-41 要求加工。单件工时:15 min。

五、任务检测

精车内孔使用内径量表测量内孔直径。

六、任务评价

项　目	分　数	评分标准	检测结果	实得分数	综合分数	备　注
两处 $\phi 40^{+0.005}_{-0.015}$ mm	40	不合格不得分				
$12^{-0.1}_{-0.2}$ mm	15					
26 mm	5					
9 mm	5					
表面质量	15					
安全生产	20					
时间						

任务四 车内外圆锥面

子任务一 转动小滑板车圆锥体

目标要求

1. 掌握转动小滑板车圆锥体的方法；
2. 根据工件的锥度，会计算小滑板的旋转角度；
3. 掌握使用游标角度尺测量锥体的方法；
4. 掌握使用套规检查锥体的方法，要求用套规涂色检查时接触面在 50% 以上。

一、任务单

任务图纸如图 4-1 所示。以此任务为例，用转动小滑板的方法进行圆锥体的车削。

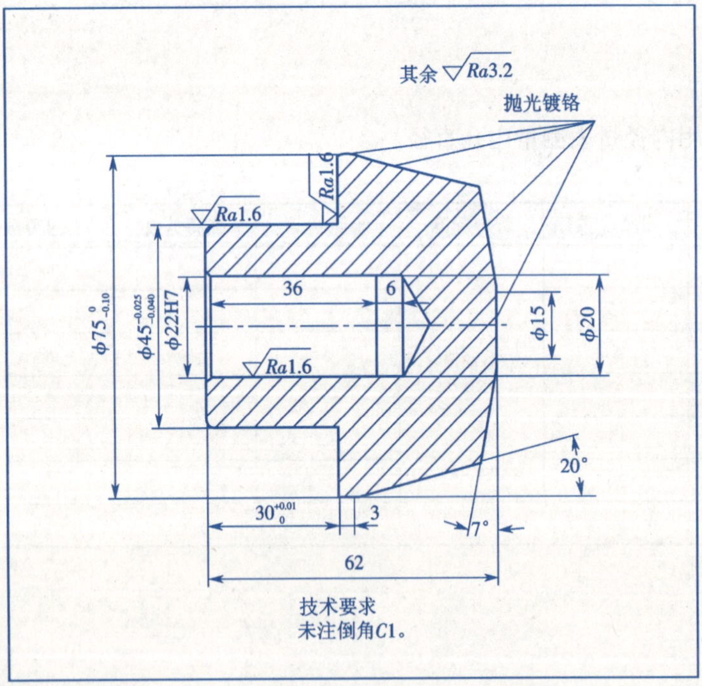

图 4-1 Z4012A 台钻手柄座的车削

二、任务准备

机床：CA6140。

刀具：YG6，90°外圆车刀。

量具：0～150 mm 游标卡尺、0°～320°万能角度尺。万能角度尺如图 4-2 所示。

其他工具：17～19 mm 叉扳手、铜皮、砂布。

三、相关知识

车较短的圆锥体时，可以用转动小滑板的方法。小滑板的转动角度也就是小滑板导轨与车床主轴轴线相交的一个角度，它的大小应等于所加工零件的圆锥半角（$\alpha/2$）值，如图 4-3 所示。小滑板往什么方向转动角度，决定于工件在车床上的加工位置。

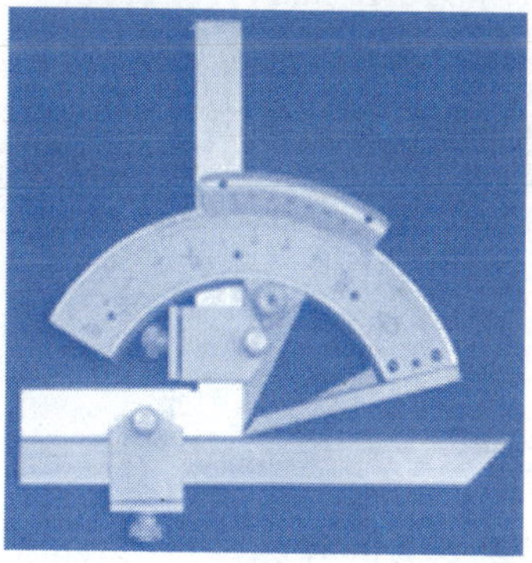

图 4-2　万能角度尺

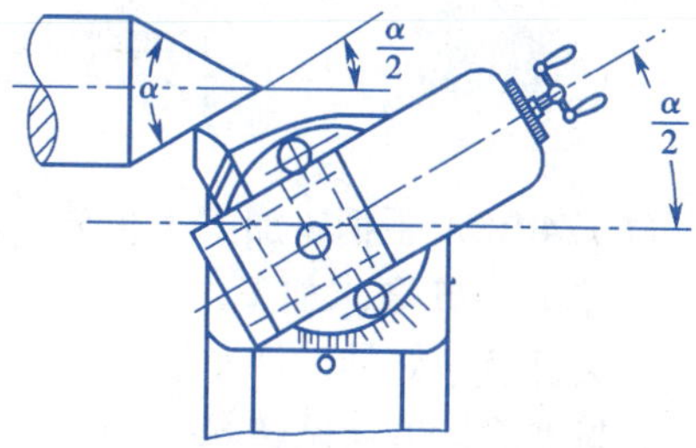

图 4-3　转动小滑板车圆锥面

1. 小滑板转动角度的计算

根据被加工零件给定的已知条件，可应用下面公式计算圆锥半角：

$$\tan\frac{\alpha}{2}=\frac{C}{2}=\frac{D-d}{2L}$$

式中　$\alpha/2$——圆锥半角，(°)；

C——锥度，(°)；

D——最大圆锥直径，mm；

d——最小圆锥直径，mm；

L——最大圆锥直径与最小圆锥直径之间的轴向距离，mm。

应用上面公式计算 $\alpha/2$，须查三角函数表，比较麻烦。如果 $\alpha/2<6°$，可以用乘以一个常数的近似方法来计算。即：

$$\frac{\alpha}{2}=\text{常数}\times\frac{D-d}{L}=28.7\times C。$$

2. 转动小滑板的方法

将小滑板下面转盘上的螺母松开，把转盘转至所需要的圆锥半角（$\alpha/2$）的刻度上，与基准零线对齐，然后固定转盘上的螺母（见图 4-3）。如角度不是整数，例如 $\alpha/2=5°42'$，可在 5.5°～6°之间估计，试切后逐步找正。

3. 车削前调整好小滑板镶条的松紧度

小滑板镶条调得过紧，手动进给时费力，移动不均匀；调得过松，造成小滑板间隙太大。两者均会使车出的锥面表面结构参数较大且工件母线不平直。

四、任务实施

（1）检查、调整和润滑机床

(2)正确选择切削用量,调整机床手柄位置。

(3)按工件要求刃磨和安装车刀。

(4)检查量具是否达到一定的精度要求。

(5)检查原材料是否符合加工的要求。

加工前要做好准备!

切削深度：2 mm

进 给 量 ：半精车为0.3 mm/r，精车为0.15 mm/r。

切削速度：车外圆为50~60 m/min（主轴转速约为700 r/min）；车圆锥面应小于5 m/min（加注煤油润滑）。

(6)Z4012A 手柄座加工工艺分以下几步：

①按图 3-25 要求加工；

②夹已经车好的工件左端 $\phi45$ 外圆,用铜皮保护好外圆表面；

③按逆时针方向调转 83°,车图 4-1 标注的 7°角,保证端面圆 $\phi15$ mm；

④按逆时针方向调转 20°,车削圆锥面,要经常测量保证 $\phi75$ 外圆长 3 mm；

⑤用角度尺检查测量圆锥角。

五、任务分配

Z4012A 台钻手柄座车圆锥面,每人 10 件,按图 4-1 要求加工。单件工时为 15 min。

六、任务检测

车圆锥面用 320°万能量角器测量。

七、任务评价

项目	分数	评分标准	检测结果	实得分数	综合分数	备注
$\phi75^{0}_{-0.1}$ mm	15	不合格不得分				
$\phi15$ mm	15					
7°	15					
20°	15					
3 mm	10					
表面抛光	10					
安全生产	20					
时间						

工学结合技能训练 1

一、任务单

任务图纸如图 4-4 所示。

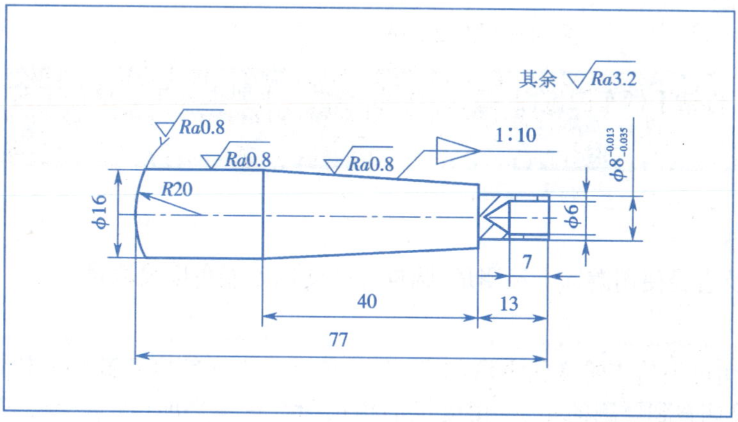

图 4-4　Z4012A 台钻手把

二、任务准备

机床：C616。

量具：0 ~ 150 mm 游标卡尺、0 ~ 25 mm 外径千分尺、0° ~ 320°万能角度尺。

刀具：YT15，90°、45°外圆车刀；A3 中心钻；φ6 钻头；YT15 切断刀；锉刀。

夹具：三爪卡盘、莫氏 4 号锥柄钻夹头。

其他工具：螺丝刀、活扳手、叉扳手、砂布。

三、任务实施

(1)检查、调整和润滑机床。

(2)正确选择切削用量，调整机床手柄位置。

切削深度：2 mm。

进 给 量 ：半精车为0.3 mm/r，精车为0.15 mm/r。

切削速度：车外圆为50~60 m/min（主轴转速约为700 r/min）,车圆锥面使用高速钢车刀应小于5 m/min（加注切削液）。

(3)按工件要求刃磨和安装车刀。

(4)Z4012A 台钻手把车工加工工艺有以下几步。

①下料：$\phi18\times850$，45 钢。

②夹外圆校正，齐端面打中心孔，粗精车 $\phi16$ mm 外圆，车 1∶10 锥度，车 $\phi8f8$ 外圆至尺寸，钻 $\phi6\ mm\times7\ mm$ 孔至尺寸。

③表面修光，表面结构 $R_a0.8\ \mu m$，单件按 77.5 mm 切断。

加工前要做好准备！

四、任务分配

Z4012A 台钻手柄车圆锥面，每人 10 件，按图 4-4 要求加工。单件工时为 10 min。

五、任务检测

工件长度及直径使用游标卡尺测量，圆锥部分使用万能角度尺测量。

用万能角度尺检查锥度的方法如下：对于角度零件或精度不高的圆锥表面，把角度尺调整到要测的角度，角度尺的角尺面与工件平面（通过中心）靠平，直尺与工件斜面接触，通过透光的大小来找正小滑板的角度，反复多次直至达到要求为止。

工学结合技能训练 2

一、任务单

任务图纸如图 4-5 所示。

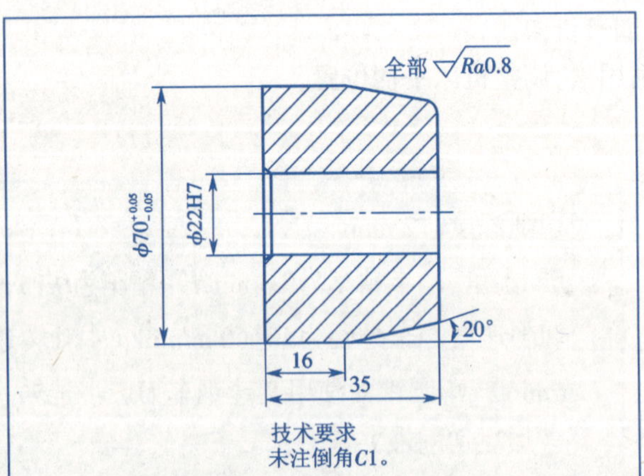

图 4-5　Z4012A 台钻轮毂

二、任务准备

机床：C616。

量具:0～150 mm 游标卡尺、50～75 mm 千分尺、0°～320°万能角度尺。

刀具:YG6,90°,45°外圆车刀。

夹具:三爪卡盘、专用心轴。

其他工具:螺丝刀、活扳手、叉扳手。

三、任务实施

(1)检查、调整和润滑机床。

(2)正确选择切削用量,调整机床手柄位置。

(3)按工件要求刃磨和安装车刀。

加工前要做好准备!

(4)Z4012A 台钻轮毂车工加工工艺有以下步骤。

切削深度:2 mm。

进 给 量 :半精车为0.3 mm/r,精车为0.15 mm/r。

切削速度:精车外圆和圆锥面应小于5 m/min。

(加注煤油润滑)

①接图 3-24 继续加工。

②夹 $\phi70^{+0.05}_{-0.05}$ mm 外圆,齐小端面保证总长 35 mm。

③工件上心轴,以内孔及大端面定位,精车 $\phi70^{+0.05}_{-0.05}$ mm。

④工件上心轴,以内孔及大端面定位,精车圆锥面,各外表面抛光 $R_a0.8$ μm。

四、任务分配

Z4012A 台钻轮毂车圆锥面,每人 10 件,按图 4-5 要求加工。单件工时为 10 min。

五、任务检测

工件长度及直径使用游标卡尺测量,圆锥部分使用万能角度尺测量。

六、任务评价

项　　目	分　　数	评分标准	检测结果	实得分数	综合分数	备　　注
$\phi 70^{+0.05}_{-0.05}$ mm	20	不合格不得分				
$R_a 0.8\ \mu m$	20					
16 mm	8					
35 mm	4					
20°	20					
倒角	8					
安全生产	20					

七、教学质量分析

容易产生的问题及解决的方法有以下几个。

①车刀必须对准工件旋转中心，避免产生双曲线（母线不直）误差。

②车圆锥体前对圆柱直径的要求是：一般应按圆锥体大端直径放余量 1 mm 左右。

③车刀刀刃要始终保持锋利，工件表面应一刀车出。

④应两手握小滑板手柄，均匀移动小滑板。

⑤小滑板不宜过松，以防工件表面车削痕迹粗细不一。

⑥防止扳手在扳小滑板紧固螺帽时打滑而撞伤手。

子任务二　偏移尾座车圆锥体

目标要求

1. 掌握用偏移尾座的方法车圆锥体；
2. 掌握尾座偏移量的计算；
3. 涂色检查锥体，使接触面在 60% 左右；
4. 第二次练习时，要求偏移尾座在 6 次左右把锥度调整正确。

一、任务单

任务图纸如图 4-6 所示。以此任务为例，用偏移尾座的方法进行圆锥体的车削。

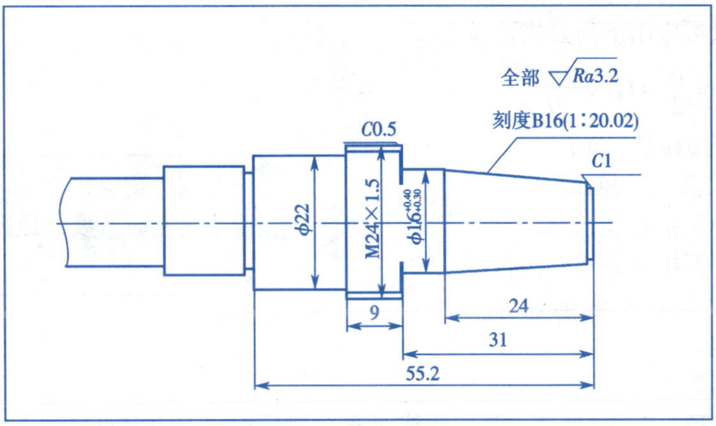

图 4-6　Z4012A 台钻主轴圆锥部分

二、任务准备

车床:C616。

刀具:YT15,90°外圆车刀。

量具:锥度量规(实物如图 4-7 所示)。

其他工具:螺丝刀、活扳手、叉扳手。

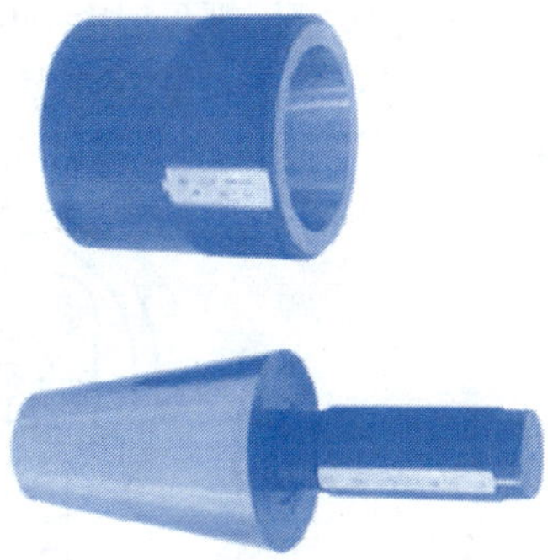

图 4-7　锥度量规

三、相关知识

车锥度小、锥形部分较长的圆锥面时,可以用偏移尾座的方法。将尾座上滑板横向偏移一个距离 s,使偏位后两顶尖连线与原来两顶尖相交一个 $\alpha/2$ 角度,如图 4-8 所示。尾座向里偏还是向外偏,取决于圆锥工件大小头在两顶尖间的加工位置。尾座偏移量与工件总长度有关。

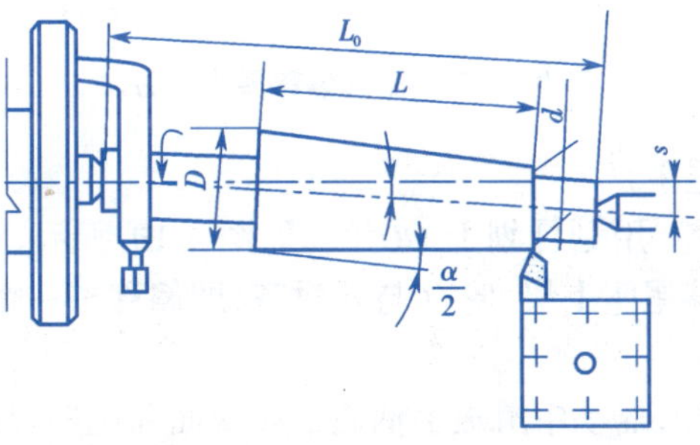

图 4-8　偏移尾座车圆锥体

1. 偏移尾座车圆锥体的特点

(1)适宜于加工锥度较小、精度不高、锥体较长的工件。(尾座偏移量不能过大)

(2)可以用纵向机动进给车削,因此工件表面质量较好。

(3)不能车圆锥孔及整锥体。

(4)因顶尖在中心孔中是歪斜的,接触不良,所以顶尖和中心孔磨损不均匀。

2. 尾座偏移量的计算

尾座偏移量可应用下列公式计算：

$$s = L_0 \tan \frac{\alpha}{2} = L_0 \times \frac{D-d}{2L} \quad 或 \quad s = \frac{C}{2} L_0$$

式中：s——尾座偏移量，mm；

D——最大圆锥直径，mm；

d——最小圆锥直径，mm；

L——工件圆锥部分长度，mm；

L_0——工件的总长度，mm；

C——锥度。

偏移尾座时务要计数准确！

3. 偏移尾座的方法

先把前后两顶尖对齐（尾座上下层零线对齐），然后根据 s 的大小采用下面几种方法来偏移尾座的上层。

1）应用尾座下层的刻度偏移

松开尾座紧固螺母，用六角扳手转动尾座上层两侧的螺钉，如图 4-9 所示。根据刻度值移动一个距离 s，然后拧紧尾座紧固螺母。

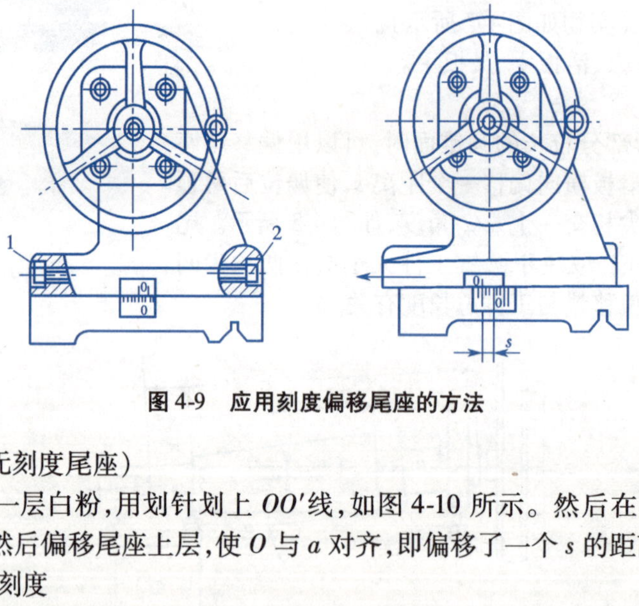

图 4-9 应用刻度偏移尾座的方法

2）用划线法（无刻度尾座）

在尾座后面涂一层白粉，用划针划上 OO' 线，如图 4-10 所示。然后在尾座下层画一条 a 线，使 Oa 等于 s。然后偏移尾座上层，使 O 与 a 对齐，即偏移了一个 s 的距离。

3）应用中滑板刻度

在刀架上夹持一根铜棒，摇动中滑板手柄使铜棒端面和尾座套筒接触，记下中滑板刻度对齐格数。这时根据偏移量 s 算出中滑板刻度应转过几格，接着按刻度格数使铜棒退出，然后偏移尾座的上层，使套筒接触铜棒为止，如图 4-11 所示。

4）应用百分表

把百分表固定在刀架上，使百分表头与尾座套筒接触，找正百分表零位，偏移尾座，当百分表指针转动一个 s 值时把尾座固定即可，如图 4-12 所示。

5）应用锥度量棒（或样件）

先把锥度量棒顶在两顶尖间，在刀架上装一百分表，使表头与量棒母线接触，再偏移尾座，

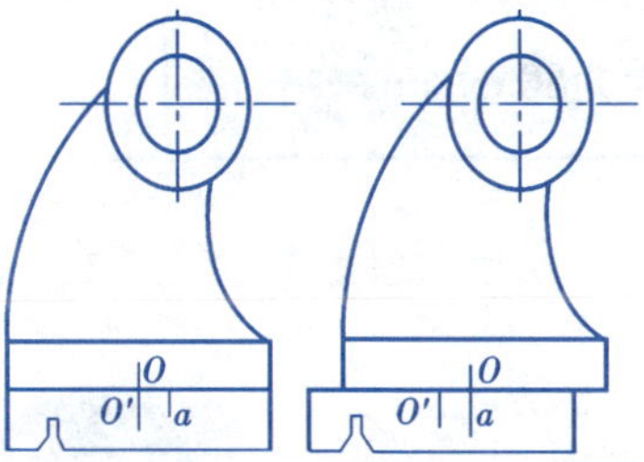

图 4-10　应用划线偏移尾座的方法

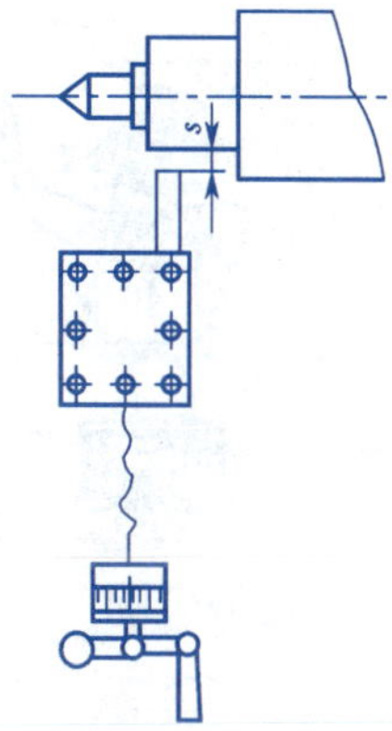

图 4-11　应用中滑板刻度偏移尾座的方法

然后纵向移动床鞍，观察百分表在两端的读数是否一致，如读数不一致，再偏移尾座直至两端读数一致为止，如图 4-13 所示。

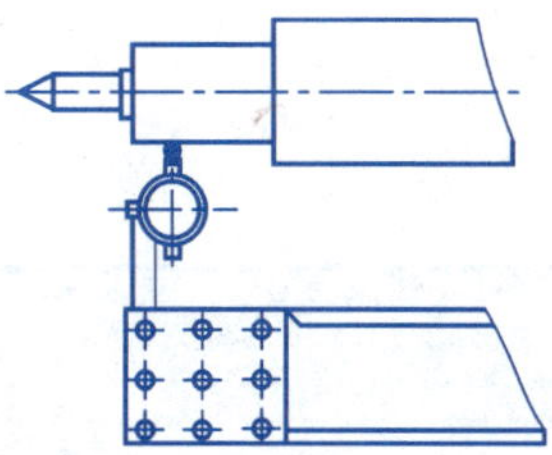

图 4-12　利用百分表偏移尾座

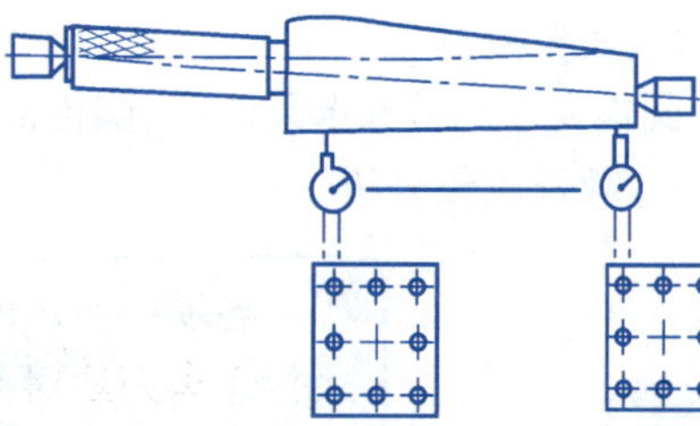

图 4-13　利用锥度量棒偏移尾座的方法

以上几种方法除应用锥度量棒外，均须经试切削后逐步找正。

4. 工件装夹

（1）把两顶尖间的距离调整到工件总长 L_0，尾座套筒在尾座内伸出量一般小于套筒总长的 1/2。

（2）两中心孔内须加润滑脂（黄油）。

（3）工件在两顶尖间的松紧程度，以手不用力能拨动工件（无轴向窜动）为宜。

5. 莫氏套规检查锥体

（1）在工件上涂色应薄而均匀，套规转动在半圈之内，根据与工件的摩擦痕迹仔细分析、思考尾座的偏移方向和偏移量的大小。要求套规和工件接触面在 60% 左右。

（2）根据套规的公差界限中心与被测工件端面距离，用计算比值公式来计算切削深度。要特别注意精车的最后一刀，往往由于切削深度没有掌握好，而车小锥体外径。

四、任务实施

（1）检查、调整和润滑机床。

（2）正确选择切削用量。调整机床手柄位置。

（3）按工件要求刃磨和安装车刀。

切削深度：1 mm。

进给量：半精车为0.3 mm/r，精车为0.15 mm/r。

切削速度：精车外圆和圆锥面为80 m/min。

五、任务分配

Z4012A 台钻主轴，每人 10 件，接图 1-52 按图 4-6 要求车削 1：20.02 圆锥。

单件工时为 10 min。

六、任务检测

圆锥大径用游标卡尺测量，圆锥部分用圆锥套规测量。

七、教学质量分析

容易产生的问题和解决的方法如下：

①车刀应对准工件中心，以防母线不直；

②粗车时，进刀不宜过深，应先找正锥度，以防工件车小而报废；

③随时注意两顶尖间松紧和前顶尖的磨损情况，以防工件飞出伤人；

④套规检查时涂色应薄而均匀，转动量一般在半圈之内，多则容易造成误判；

⑤偏移尾座时，应仔细、耐心，熟练掌握偏移方向；

⑥如果工件数量较多，其长度和中心孔的深浅、大小必须一致；

⑦精加工锥面时，切削深度和进给量都不能太大，否则影响锥面加工质量。

子任务三　车圆锥齿轮坯

目标要求

1. 了解锥齿轮的用途和加工技术要求；
2. 掌握车锥齿轮坯的方法；
3. 掌握应用万能角度尺的测量方法。

一、任务单

任务图纸如图 4-14 所示。以此任务为例,进行圆锥齿轮坯的车削。

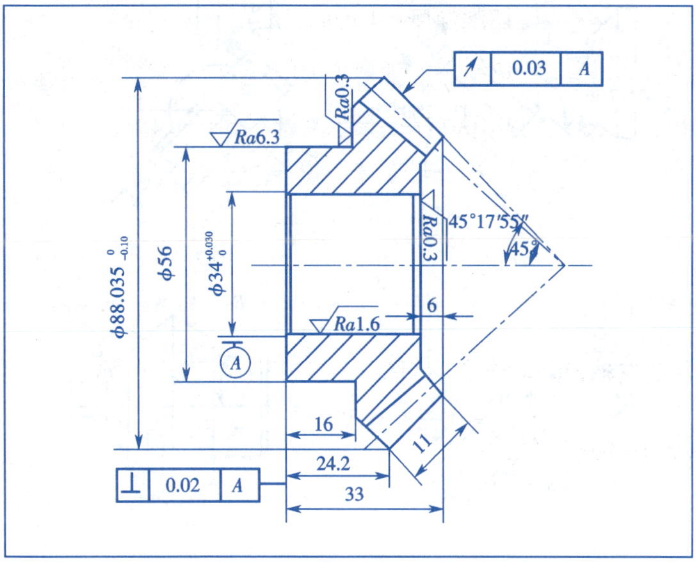

图 4-14 纸盒成型机伞齿轮坯

二、任务准备

机床:C616。

量具:0 ~ 150 mm 游标卡尺、25 ~ 50 mm 外径千分尺、ϕ34H7 塞规、万能角度尺。

刀具:YT15,90°、45°外圆车刀;YT15 内孔车刀。

夹具:三爪卡盘、圆柱心轴。

工具:螺丝刀、活扳手、17 ~ 19 mm 叉扳手、六角扳手。

三、相关知识

1. 圆锥齿轮的用途和技术要求

锥齿轮用于两相交轴的变速或变向传动。它是一种比较典型的圆锥工件,一般车锥齿毛坯时,要达到以下技术要求:

(1)锥齿轮内孔尺寸精度,一般要达到 IT7 级;

(2)锥齿轮内孔和基准平面应保证较高的垂直度(垂直度不大于 0.02 mm);

(3)圆锥面对内孔轴线的圆跳动量要在较小的范围(圆跳动不大于 0.03 mm)。

2. 车锥齿轮坯的方法

(1)先半精车锥齿轮的轴颈,并钻好孔(孔径一般比内径小 1 mm)。

(2)车圆锥齿轮外径,应是大端的直径。

(3)转动小滑板车削(图 4-15)。加工锥齿轮坯一般要转 3 个角度。由于圆锥的角度标注方法不同,小滑板不能直接按图样上所标注的角度去转动,必须要经过换算。换算原则是通过图样上所标注的角度,换算出圆锥母线与车床主轴轴线的夹角($\alpha/2$),也就是小滑板应该转过的角度。

①车齿面角。逆时针方向转过 45°17′50″,车至圆锥面的长度,如图 4-15(a)所示。用万能

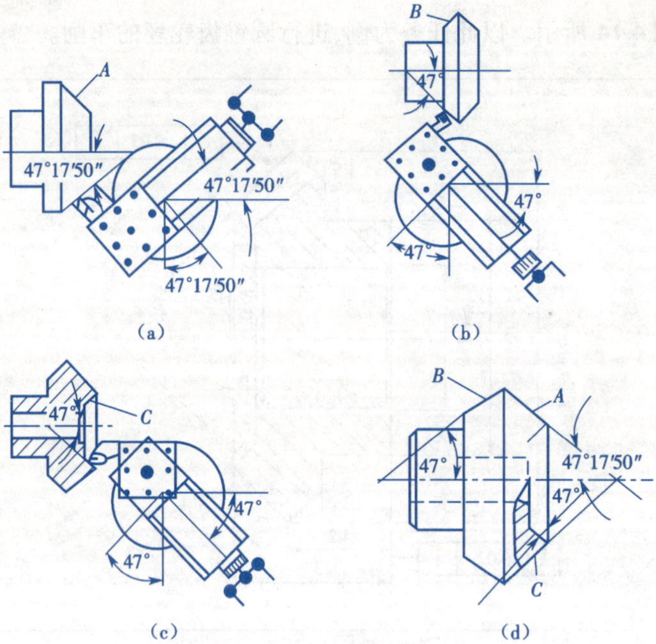

图 4-15　车锥齿轮坯示意

(a)车削齿面角;(b)车削齿背角 ;(c)车内斜面;(d)齿轮坯

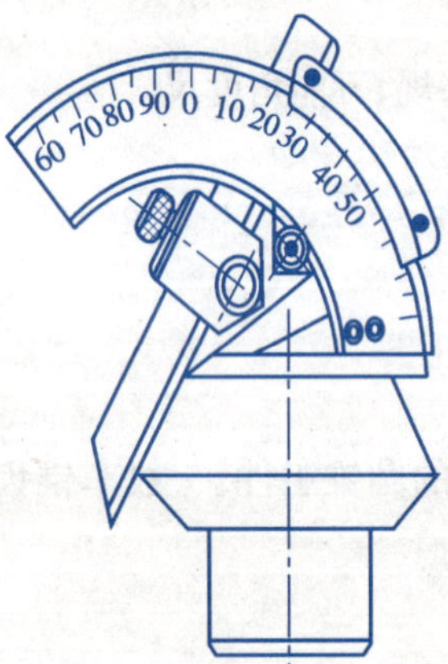

图 4-16　用万能角度尺测量角度

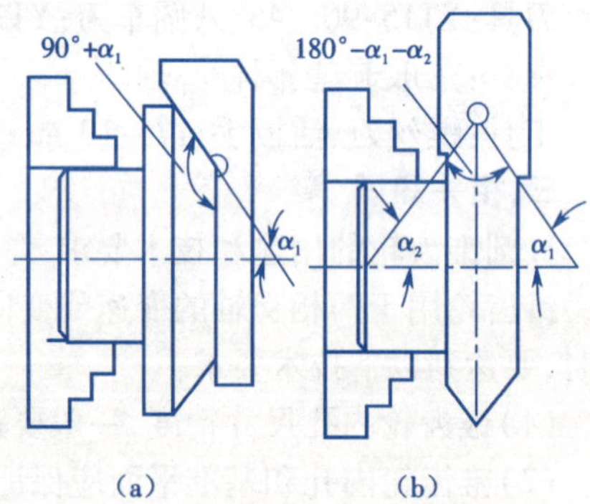

图 4-17　用样板测量锥齿轮角度

角度尺或样板测量,见图 4-16。此角在锥齿轮坯中是重要的一个半角,一定要测量正确,否则影响锥齿轮的精度。

②车削齿背角。小滑板应顺时针方向转过 47°车削,如图 4-15(b)所示。注意车到与齿轮锥面交点的外径上约留 0.1 mm 的宽度。如果图样上不注明齿背角度数,其数值为 90°减圆锥半角,即是小滑板顺时针方向要转的角度。用万能角度尺或样板测量,见图 4-16 和图 4-17。

齿轮圆锥面与背锥面之间的角度:$180° - 45°17'50'' - 47° = 87°42'10''$

③内斜面小滑板顺时针方向转 47°,注意车刀位置如图 4-15(c)所示。

(4)当齿轮的圆锥半角大于小滑板转盘上刻度值时用辅助刻线的方法。(一般小滑板转盘刻度自零位起左右各刻50°,如加工一圆锥半角为70°的工件,而刻度只有50°,这时可以用画辅助刻线的方法,就是先把小滑板转过50°(见图4-18(a)),然后在小滑板转盘对准中滑板零位线画一条辅助刻线,根据这条辅助刻线,小滑板再转过20°(见图4-18(b)),这样小滑板就转过70°了。

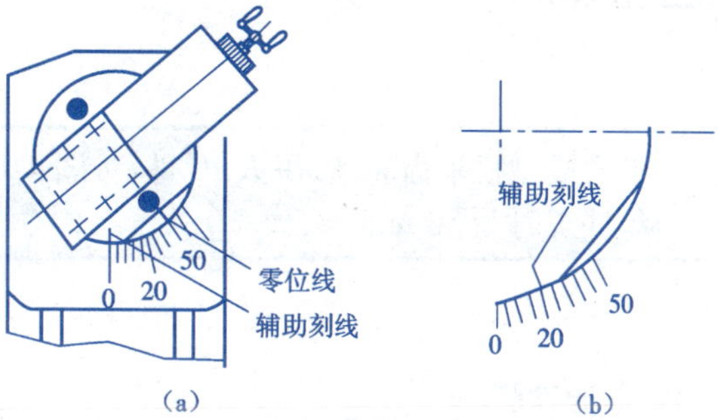

图4-18　用辅助刻线转动小滑板

(a)先转过50°;(b)用辅助线再转过20°度

圆锥小端面与圆锥面之间的夹角:90°+45°17′50“=135°17′50″

(5)车内孔,应达到图样要求(用塞规或内径千分表检查)。

(6)单件生产时,把工件全部精车好切割下来(要求反平面平直、光洁);数量较多或成批生产时,用心轴车反平面及精车轴颈,并去毛刺倒角。

四、任务实施

加工前要做好准备!

(1)检查、调整和润滑机床。

(2)正确选择切削用量,调整机床手柄位置。

切削深度:2 mm。

进给量:半精车为0.3 mm/r,精车为0.15 mm/r。

切削速度:精车外圆和圆锥面为80 m/min。

(3)按工件要求刃磨和安装车刀。

(4)认真检查核对量具的精度状况。

(5)纸盒成型机伞齿轮坯加工工艺有以下几步。

①下料:ϕ90 mm×40 mm。

②夹ϕ90 mm外圆,齐端面车ϕ58 mm外圆长16 mm。

③工件调头夹ϕ56 mm外圆,齐端面保证总长38 mm,车ϕ34H7内孔,车ϕ88.035外圆至尺寸。

④工件上心轴,车ϕ88.035外圆至尺寸,小滑板按顺时针方向转45°,车斜面保证24.2 mm长度,小滑板按逆时针方向调转45°17′50″车圆锥面,保证斜面长度20 mm。

⑤三爪卡盘夹ϕ56 mm外圆,车内斜面深6 mm,内孔倒角。

五、任务分配

纸盒成型机伞齿轮坯，每人 10 件，按图 4-14 加工。
单件工时为 50 min。

六、任务检测

用游标卡尺测量，圆锥部分用万能角度尺测量。

七、任务评价

项目	分数	评分标准	检测结果	实得分数	综合分数	备注
$\phi88.035^{0}_{-0.10}$ mm	13	不合格不得分				
$\phi34_{0}^{+0.03}$ mm	13					
$\phi56$ mm	5					
45°17′50″	8					
24.2 mm	3					
16 mm	3					
33 mm	3					
R_a1.6 μm	5					
垂直度 0.02 mm	6					
圆跳动 0.03 mm	6					
6 mm	3					
11 mm	3					
R_a6.3 μm	5					
倒角	4					
安全生产	20					

八、教学质量分析

圆锥面在车削过程中不同于一般的外圆或内孔，在进刀时切削深度往往需要经过计算才能得出可靠的数值。有时计算上存在误差；小拖板转动角度和床尾偏移量偏移不精确；或者是车刀、拖板、床尾没有固定好，在车削中移动而造成角度不准确；甚至因为工件的表面结构参数太大，而造成检验和测量的误差。

容易产生的问题和解决的方法如下：

①车齿面角和齿背角时，注意小滑板转动角度的方向；

②车齿面角和齿背角时，注意车刀主、副偏角的选择和车刀刀架装夹位置的确定；

③车锥面时，注意小滑板行程位置是否合理、安全；

④车锥齿轮坯过程中应用万能角度尺或角度样板检查和找正，否则容易造成工件报废。

车圆锥工件最重要的是车刀要严格对准工件中心。在加工圆锥时，如果刀尖上面的法线在工件的轴线以下，车出来的锥体是腰形，也就是中间凹；如果法线在工件周线以下，车出来的锥体是鼓形，也就是中间凸。这是通常所说的车圆锥所产生的双曲线误差。

圆锥工件在车削的时候要根据具体情况决定车削方法，有些较短且精度要求不高的工件还可以直接用成型刀车出，如图 4-19 所示。

成型刀车削工作原理实质上属于成型法，所以要求切削刃必须平直，切削刃与主轴轴线的夹角应等于工件圆锥半角 $\alpha/2$。同时要求车床有较好的刚性，否则易引起振动。当工件的圆锥斜面长度大于切削刃长度时，可以用多次接刀方法加工，但接刀处必须平整。

配合锥面一般精度要求较高，表面质量不高往往会造成废品，因此一定要注意。造成表面质量不高的原因是：切削用量选择不当；车刀磨损或刃磨角度不对；没有进行表面抛光或者抛光余量不够；用小拖板车削锥面时，手动走刀不均匀；另外机床的间隙大、工件刚性差也会影响工件的表面质量。

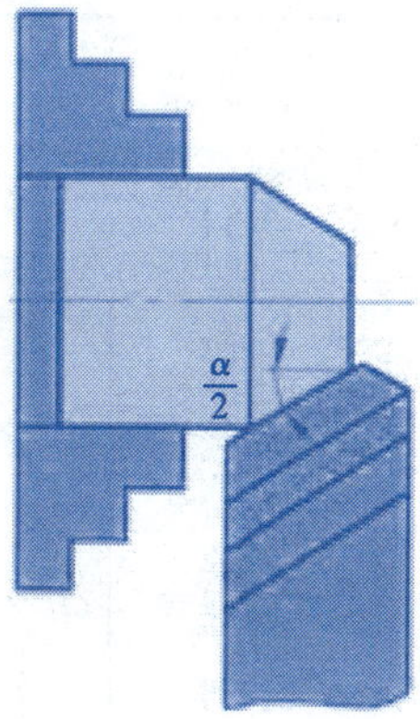

图 4-19　成型刀车削

任务五　车成型面和表面修饰

子任务一　滚花及滚花前的车削尺寸

目标要求

1. 了解滚花的种类及作用；
2. 掌握滚花前的车削尺寸；
3. 掌握滚花在工件上的挤压方法及挤压要求；
4. 能分析滚花时产生乱纹的原因及其防止方法。

一、任务单

任务图纸如图 5-1 所示。以此任务为例，进行滚花前的车削尺寸控制，再进行滚花。

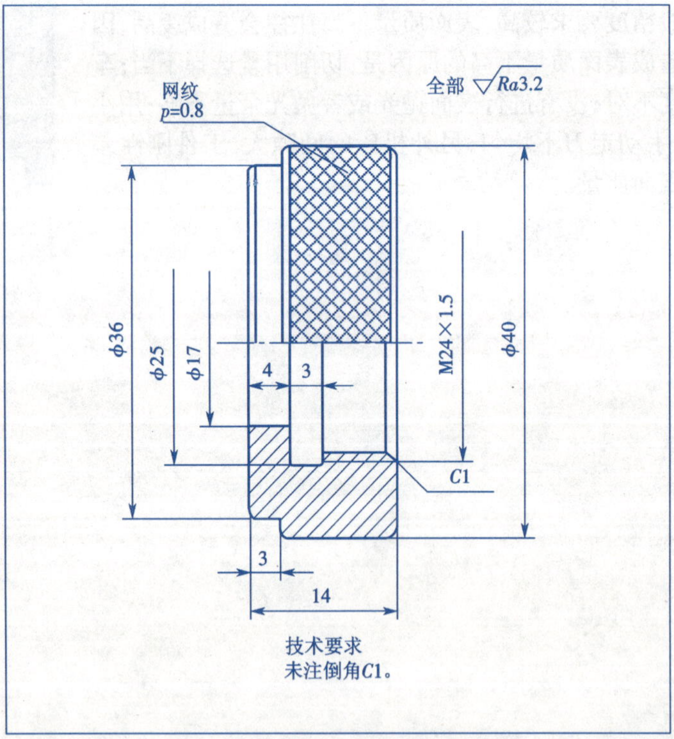

图 5-1　Z4012A 台钻滚花螺母

二、任务准备

材料：ϕ42 mm×405 mm，45 钢。

机床：CA6140、C616。

量具：0～150 mm 游标卡尺。

刀具：YT15，90°、45°外圆车刀；$p=0.8$ 网纹滚花刀；$\phi3$ 中心钻。

夹具：三爪卡盘、莫氏 4 号锥柄钻夹头、莫氏 4 号活顶尖。

其他工具：螺丝刀、活扳手、叉扳手。

三、相关知识

1. 滚花刀

滚花刀一般有单轮、双轮和六轮三种。单轮滚花刀通常是压直花纹和斜花纹用。双轮滚花刀和六轮滚花刀用于滚压网花纹。单轮、双轮滚花刀如图 5-2 和 5-3 所示。双轮滚花刀是由节距相同的一个左旋和一个右旋滚花刀组成的。六轮滚花刀以节距大小分为三组，安装在同一个特制的刀杆上，分粗、中、细三种，供操作者选用。

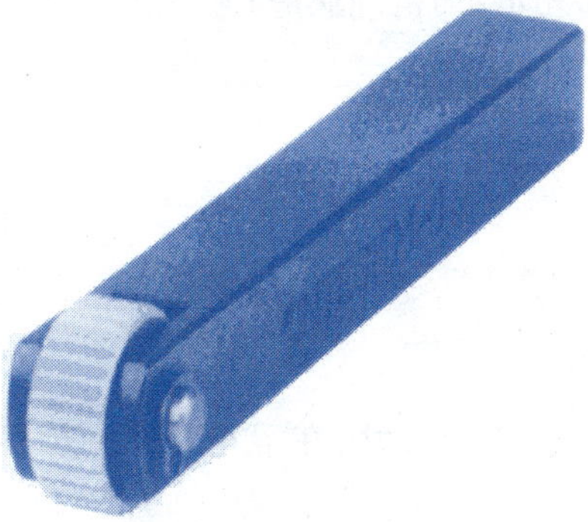

图 5-2　单轮直纹滚花刀

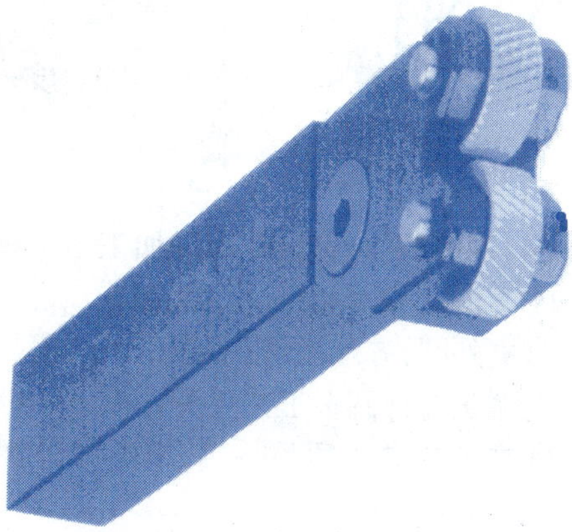

图 5-3　双轮网纹滚花刀

2. 滚花前的车削尺寸

由于滚花时工件表面产生塑性变形，所以在车削滚花外圆时，应根据工件材料的性质和滚花节距的大小，将滚花部位的外圆车削约$(0.25\sim0.5)p$，其中 p 为节距。

3. 滚花方法

滚花刀的装夹应与工件表面平行。开始滚压时，挤压力要大，使工件圆周上一开始就形成较深的花纹，这样就不容易产生乱纹。为了减少开始时径向压力，可用滚花刀宽度的二分之一或三分之一进行挤压，或把滚花刀尾部装得略向左偏一些，使滚花刀与工件表面产生一个很小的夹角，见图 5-4，这样滚花刀就容易切入工件表面。当停车检查花纹符合要求后，即可纵向机动进给，这样滚压一至二次就可完成。

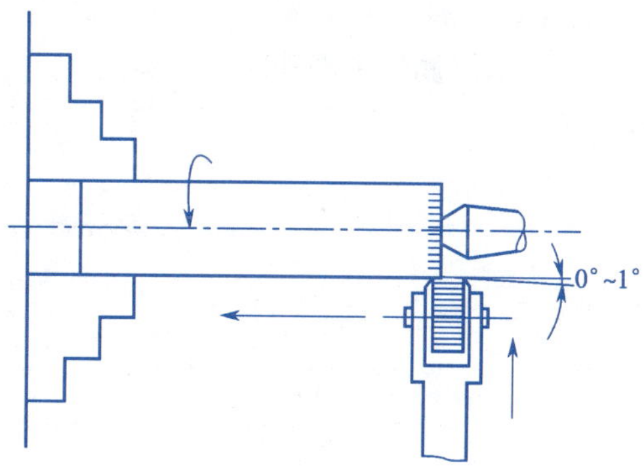

图 5-4　滚花刀的安装

滚花时，应取较慢的转速，并应浇注充分的切削液，以防滚轮发热损坏。

由于滚花时径向压力较大，所以工件装夹必须牢靠。尽管如此，滚花时出现工件移位现象仍是难免的。因此在车削带有滚花的工件时，通常采用先滚花，再找正工件，然后再精车的方法进行。

四、任务实施

(1)检查、调整和润滑机床。

(2)正确选择切削用量。调整机床手柄位置，选择合理的机床转速。

加工前要做好准备！

(3)按工件要求刃磨和安装车刀。

切削深度： 2 mm。

进 给 量：半精车为0.3mm/r，精车为0.15mm/r。

切削速度：滚花为5~10m/min(加机油润滑)。

(4)Z4012A 台钻滚花螺母加工工艺有以下几步。

①下料：$\phi42\times405$ mm，45 钢。

②夹外圆，齐端面，打中心孔。

③调头夹外圆车工艺夹头 $\phi40$ mm $\times 8$ mm。

④夹工艺夹头顶另一端，车滚花外圆至 $\phi40_{-0.40}^{-0.30}$ mm，滚花至尺寸，在滚花外圆上按单件15 mm切断。

五、任务分配

$\phi42\times405$ mm，45 钢每人 10 件，按图 5-1 要求加工。
使用车刀：YT15，90°、45°外圆车刀；$p=0.8$ 网纹滚花刀；$\phi3$ 中心钻。

六、任务检测

用游标卡尺测量工件外圆。

七、任务评价

项　目	分　数	评分标准	检测结果	实得分数	综合分数	备　注
ϕ36 mm	10	不合格 不得分				
ϕ40 mm	12					
ϕ25 mm	10					
ϕ17 mm	10					
14 mm	5					
3 mm	6					
3 mm	6					
4 mm	6					
滚花	15					
文明生产	20					
时间						

八、教学质量分析

容易产生的问题和解决的方法有以下几个。

①滚花时产生乱纹的原因如下：

a. 滚花开始时，滚花刀与工件接触面太大，使单位面积压力变小，易形成花纹微浅，出现乱纹；

b. 滚花刀转动不灵活，或滚刀槽被细屑堵塞，有碍滚花刀压入工件；

c. 转速过高，滚花刀与工件容易产生滑动；

d. 滚轮间隙太大，产生径向跳动与轴向窜动等。

②滚直花纹时，滚花刀的齿轮必须与工件轴心线平行，否则挤压的花纹不直。

③在滚花过程中，不能用手和棉纱去接触工件滚花表面，以防伤人。

④细长工件滚花时，要防止顶弯工件，薄壁工件要防止变形。

⑤压力过大、进给量过慢，压花表面往往会滚出台阶形凹坑。

子任务二　车成型面和表面修光

目标要求

1. 了解圆球的作用和加工圆球时的长度计算；
2. 掌握车圆球的步骤和方法；
3. 根据图样要求，用千分尺、半径规、样板和套规等对圆球进行测量检查；
4. 掌握简单的表面修光方法。

一、任务单

任务图纸如图 5-5 所示。以此任务为例，进行成型面的车削和表面的修光。

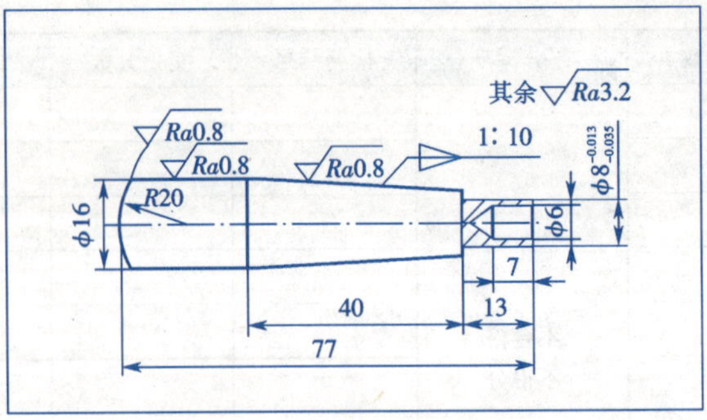

图 5-5　Z4012A 台钻手把

图 5-6　油光锉刀

二、任务准备

机床:C616。

量具:0～150 mm 游标卡尺、0～25 mm 外径千分尺。

刀具:YT15,90°、45°外圆车刀;A3 中心钻;ϕ6 钻头;YT15 切断刀;R20 圆弧刀;油光锉刀(实物见图 5-6)。

夹具:三爪卡盘、莫氏 4 号锥柄钻夹头。

其他工具:螺丝刀、活扳手、叉扳手、砂布。

三、相关知识

1. 成型面零件的加工方法

1)用样板刀车成型面

所谓样板刀,是指刀具切削部分的形状刃磨得和工件加工部分的形状相似,这样的刀具就叫做样板刀。

样板刀可按加工要求做成各种式样,见图 5-7。其加工精度主要靠刀具保证。由于切削时接触面较大,因此切削抗力也大,容易出现振动和工件移位。为此用样板刀切削速度应取小些,工件装夹必须牢固。

图 5-7　样板刀

2)用仿形法车成型面

在车床上用仿形法车成型面的方法很多,见图 5-8。其车削原理,基本上和仿形法车圆锥体的方法相似,事先做一个与工件形状相同的曲面仿形即可。当然也可用其他专用工具,如用蜗杆副传动车圆弧工具和旋风切削法车圆球等。

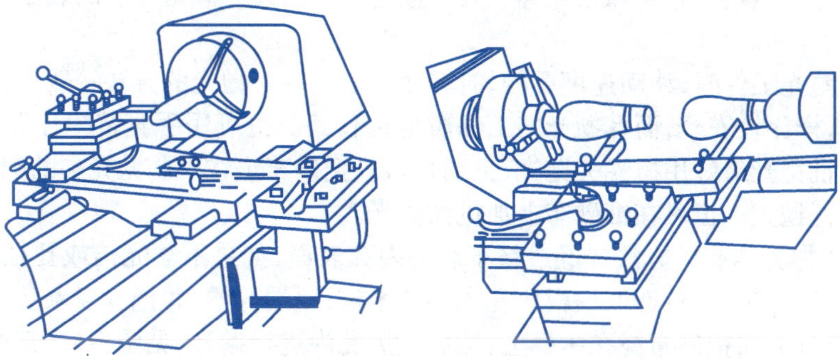

图 5-8　用仿形法车削成型面

3)修整

由于手动进给车削,工件表面往往留下高低不平的痕迹,因此必须用锉刀、砂布进行表面修光。

2. 表面修光

经过精车以后的工件表面,如果还不够光洁,可以用锉刀、砂布进行修整抛光。

1)锉刀修光

在车床上用锉刀修光外圆时,通常选用细纹板锉和特细纹板锉(油光锉)进行。其锉削余量一般在 0.03 mm 之内,这样才不易使工件锉扁。在锉削时,为了保证安全,最好用左手握柄,右手扶住锉刀前端锉削,见图 5-9,避免锉刀勾衣伤人。

图 5-9　在车床上锉削姿势

图 5-10　用砂布抛光工件

在车床上锉削时,推锉速度要慢(一般每分钟 40 次左右),压力要均匀,缓慢移动前进,否则会把工件锉扁或呈节状。

锉削时最好在锉齿面上涂一层粉笔末,以防锉屑滞塞在锉齿缝里,并要经常用铜丝刷清理锉齿缝;转速太低,容易把工件锉扁。

2)砂布抛光

工件经过锉削以后,其表面仍有细微痕迹,这时可用砂布抛光。

(1)砂布的型号和抛光方法。在车床上抛光用的砂布,一般用金刚砂制成。常用的型号有:零零号、零号、一号、一号半和二号等。其号数越小,砂布越细,抛光后的表面结构参数值越小。

使用砂布抛光工件时,移动速度要均匀,转速应取高些。抛光的方法一般是将砂布垫在锉刀下面进行,这样比较安全,而且抛光的工件质量也较好。也可用手直接捏住砂布进行抛光,见图5-10。成批抛光最好用抛光夹抛光,见图5-11。把砂布垫在木制抛光夹的圆弧中,再用手捏紧抛光夹进行抛光。也可在细砂布上加机油抛光。

(2)用砂布抛光内孔的方法。经过精车后的内孔表面,如果不够光洁或孔径偏小,可用砂布抛光或修整,其方法如下:选取一根比孔径小的木棒,一端开槽,并把撕成条状的砂布一头插进槽内,以顺时针方向把砂布绕在木棒上,然后放进孔内进行抛光,见图5-12,其抛光方法与外圆抛光相同;孔径大的工件也可用手捏住砂布抛光;小孔绝不能把砂布绕在手指上去抛光,以防发生事故。

图5-11　用抛光夹抛光工件

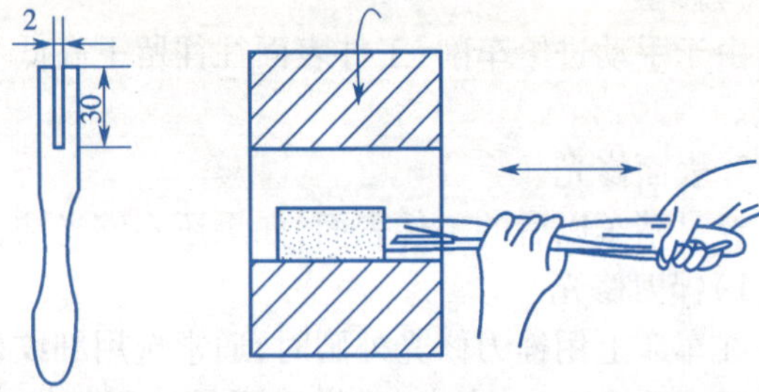

图5-12　用抛光棒抛光工件

用锉刀、砂布抛光要注意安全!

四、任务实施

加工前要做好准备!

(1)检查、调整和润滑机床。

(2)正确选择切削用量,调整机床手柄位置。

(3)按工件要求刃磨和安装车刀。

切削深度:2 mm。

进 给 量 :半精车为0.3 mm/r,精车为0.15 mm/r。

切削速度:锉削为300~400 r/min,抛光为500~700 r/min。

(4)Z4012A 台钻手把加工工艺有以下三个步骤:

①下料:45 钢,$\phi18$ mm×850 mm,一料 10 件;

②齐端面车 $\phi8_{-0.035}^{-0.013}$ mm,钻孔,车 $\phi16$ mm 外圆,车 1:10 圆锥部分;

③按 77.5 mm 长度切断,保证总长 77 mm,车 $R20$ 圆弧。

五、任务分配

$\phi42\times405$ mm,45 钢每人 10 件,按图 5-5 要求加工。

使用车刀:YT15,90°、45°外圆车刀;A3 中心钻;$\phi6$ 钻头;YT15 切断刀;$R20$ 圆弧刀。单件工时为 15 min。

六、任务检测

直径 $\phi8_{-0.035}^{-0.013}$ mm 用外径千分尺测量,其他部分用游标卡尺测量。

七、任务评价

<table>
<tr><th>项　目</th><th>分　数</th><th>评分标准</th><th>检测结果</th><th>实得分数</th><th>综合分数</th><th>备　注</th></tr>
<tr><td>$\phi8_{-0.035}^{-0.013}$ mm</td><td>15</td><td rowspan="11">不合格
不得分</td><td></td><td></td><td></td><td></td></tr>
<tr><td>$\phi16$ mm</td><td>8</td><td></td><td></td><td></td><td></td></tr>
<tr><td>$R20$ mm</td><td>10</td><td></td><td></td><td></td><td></td></tr>
<tr><td>$\phi6$ mm</td><td>5</td><td></td><td></td><td></td><td></td></tr>
<tr><td>13 mm</td><td>6</td><td></td><td></td><td></td><td></td></tr>
<tr><td>7 mm</td><td>6</td><td></td><td></td><td></td><td></td></tr>
<tr><td>40 mm</td><td>7</td><td></td><td></td><td></td><td></td></tr>
<tr><td>锥度 1:10</td><td>8</td><td></td><td></td><td></td><td></td></tr>
<tr><td>表面结构</td><td>10</td><td></td><td></td><td></td><td></td></tr>
<tr><td>77 mm</td><td>5</td><td></td><td></td><td></td><td></td></tr>
<tr><td>安全生产</td><td>20</td><td></td><td></td><td></td><td></td></tr>
<tr><td>时间</td><td colspan="6"></td></tr>
</table>

八、教学质量分析

(1)要培养目测球形的能力和双手协调控制进给动作的技能。

(2)用锉刀锉削弧形工件时,锉刀的运动要绕弧面进行,见图 5-13。

(3)锉削时,为了防止锉屑散落床面,影响床身导轨精度,应垫护床板或护床纸。

(4)锉削时,车工宜用左手捏锉刀柄进行锉削,这样比较安全。

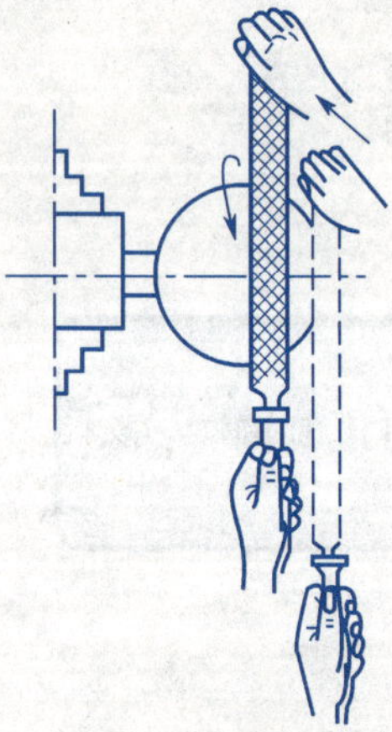

图 5-13　滚动锉削球面

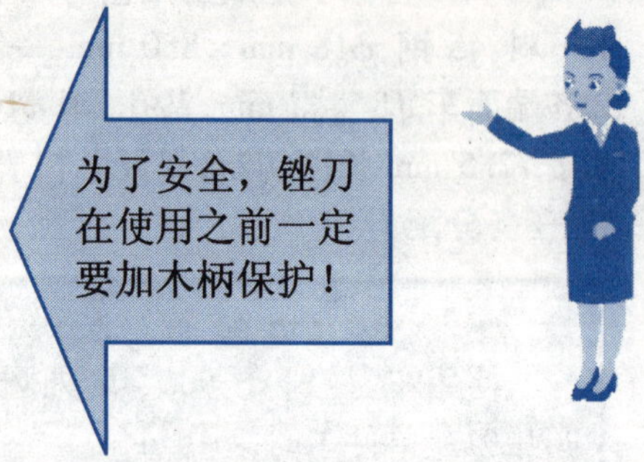

任务六　车三角形螺纹

子任务一　内、外三角形螺纹车刀的刃磨

目标要求

1. 了解三角形螺纹车刀的几何形状和角度要求；
2. 掌握三角形螺纹车刀的刃磨方法和刃磨要求；
3. 掌握用样板检查、修正刀尖角的方法；
4. 能够熟练掌握三角形螺纹车削的方法。

一、任务单

任务图纸如图6-1 和6-2 所示。以此任务为例，进行内、外三角形螺纹车刀的刃磨。

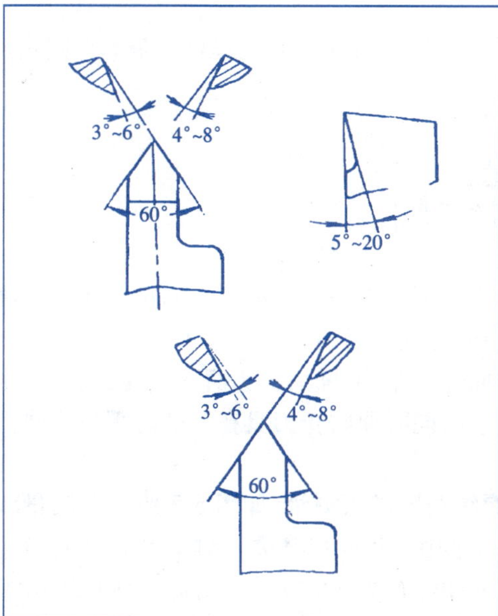

图6-1　三角形外螺纹车刀结构

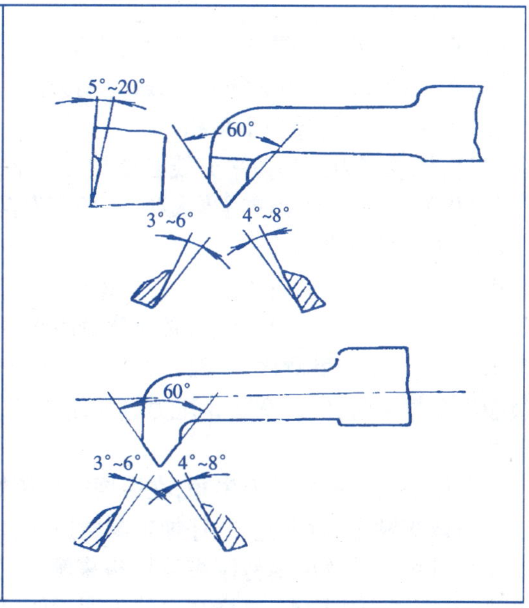

图6-2　三角形内螺纹车刀结构

二、任务准备

刀具：三角形外螺纹车刀、三角形内螺纹车刀。实物如图6-3 和6-4 所示。

量具：螺纹样板、0°～320°万能角度尺。

三、相关知识

要车好螺纹，必须正确刃磨螺纹车刀。螺纹车刀按加工性质属于成型刀具，其切削部分的

图 6-3　三角形外螺纹车刀实物

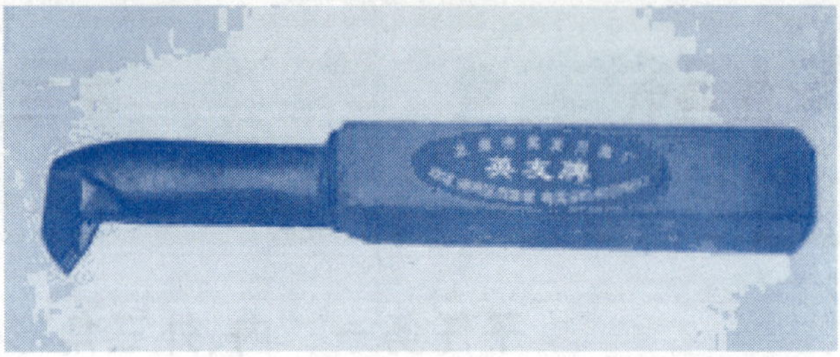

图 6-4　三角形内螺纹车刀实物

形状应当与螺纹牙形的轴向剖面形状相符合，即车刀的刀尖角应该等于牙型角。

1. 三角形螺纹车刀的几何角度

(1) 刀尖角应等于牙型角。车普通螺纹时为 60°，车英制螺纹时为 55°。

(2) 前角一般为 0° ~ 15°。因为螺纹车刀的纵向前角对牙型角有很大影响，所以精车时或精度要求高的螺纹，径向前角取得小些，约 0° ~ 15°。

(3) 后角一般为 5° ~ 10°。因受螺纹升角的影响，进刀方向一面的后角应磨得稍大些。但大直径、小螺距的三角螺纹，这种影响可忽略不计。

2. 三角形螺纹车刀的刃磨

1) 刃磨要求

(1) 根据粗、精车的要求，刃磨出合理的前、后角。粗车刀前角大、后角小，精车刀则相反。

(2) 车刀的左右刀刃必须是直线，无崩刃。

(3) 刀头不歪斜，牙型半角相等。

(4) 内螺纹车刀刀尖角平分线必须与刀杆垂直。

(5) 内螺纹车刀后角应适当大些，一般磨有两个后角。

2) 刀尖角的刃磨和检查

由于螺纹车刀刀尖角要求高、刀头体积又小，因此刃磨起来比一般车刀困难。在刃磨高速钢螺纹车刀时，若感到发热烫手，必须及时用水冷却，否则容易引起刀尖退火；刃磨硬质合金螺纹车刀时，应注意刃磨顺序，一般是先将刀头后刀面适当粗磨，随后再刃磨两侧面，以免产生刀尖爆裂。在精磨时，应注意防止压力过大而震碎刀片，同时要防止刀具在刃磨时骤冷骤热而损坏刀片。

为了保证磨出准确的刀尖角，在刃磨时可用螺纹角度样板测量，如图 6-5 所示。测量时把刀尖角与样板贴合，对准光源，仔细观察两边贴合的间隙，并进行修磨。对于具有纵向前角的螺纹车刀可用一定厚度的特制螺纹样板来测量刀尖角，如图 6-6 所示。测量时样板应与车刀底面平行，用透光法检查，这样量出的角度近似等于牙型角。

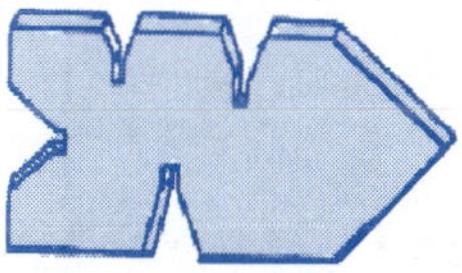

图 6-5　三角形螺纹样板

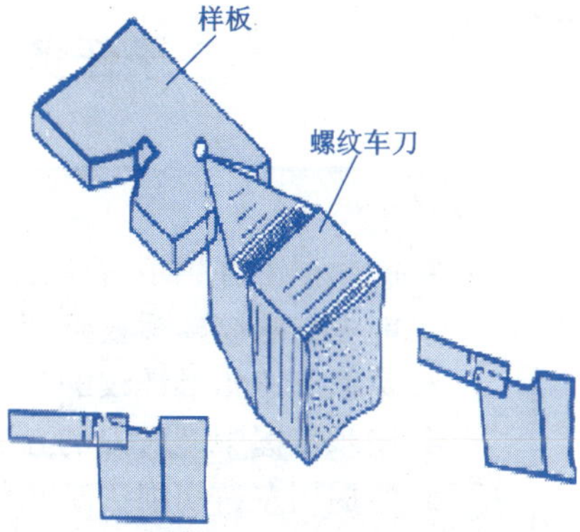

图 6-6　用特制样板测量修正法

四、任务实施

(1)学生初次刃磨时,每人准备一般碳钢材料练习刃磨外螺纹车刀。

(2)刃磨刀杆使用白色的氧化铝砂轮。

五、任务分配

5 mm × 10 mm × 20 mm 钢板,200 mm 长度普通碳钢或 45 钢,每人 3 件,按图 6-1 和 6-2 刃磨,可适当加水冷却。

六、任务检测

角度检查用角度尺或万能角度尺。

七、教学质量分析

容易产生的问题和解决的方法如下:

①磨刀时,人的站立位置要正确,特别在刃磨整体式内螺纹车刀内侧刀刃时,不小心就会使刀尖角磨歪;

②刃磨高速钢车刀时,磨刀时压力应小于一般车刀,并及时蘸水冷却,以免过热而失去刀刃硬度;

③粗磨时用样板检查刀尖角,若磨有纵向前角的螺纹车刀,粗磨后的刀尖角略大于牙型角,待磨好前后角再修正刀尖角;

④磨螺纹车刀的刀刃时,要略微移动,这样容易使刀刃平直;

⑤车刀刃磨时应注意安全。

子任务二　车三角形外螺纹

目标要求

1. 能根据工件螺距,查车床进给箱的铭牌表及调整手柄位置和挂轮;
2. 能根据螺纹样板正确装夹车刀;
3. 掌握车三角形螺纹的基本动作和方法;
4. 初步掌握中途对刀的方法;
5. 掌握用左右切削法车三角形螺纹的方法;
6. 掌握运用倒顺车车三角形螺纹的方法;
7. 掌握用螺纹环规检查三角形螺纹的方法;
8. 正确使用切削液,合理选择切削用量。

一、任务单

任务图纸如图 6-7 所示。以此任务为例,进行三角形外螺纹的车削。

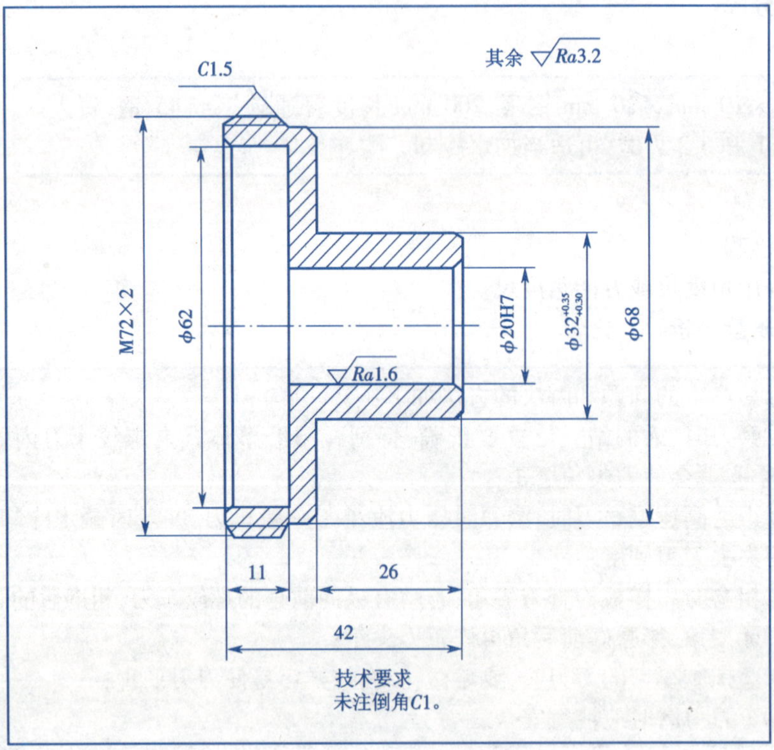

图 6-7　Z4014A 台钻弹簧盒

二、任务准备

机床:C616。

量具:0 ~ 150 mm 游标卡尺、25 ~ 50 mm 千分尺、ϕ20H7 塞规、M72 ×2 螺纹环规。

刀具：YG6，90°、45°外圆车刀；YG6，ϕ20 mm×45 mm、ϕ60 mm×11 mm 内孔车刀；ϕ18 钻头；YG6 硬质合金外三角螺纹车刀。

夹具：三爪卡盘、莫氏 4 号锥柄钻夹头、莫氏 2/4 变径套、专用心轴。

其他工具：螺丝刀、活扳手、叉扳手。

三、相关知识

三角形螺纹的特点：螺距小、一般螺纹长度较短。其基本要求是：螺纹轴向剖面牙型角必须正确、两侧面表面结构参数值小；中径尺寸符合精度要求；螺纹与工件轴线保持同轴。

1. 螺纹车刀的装夹

(1) 装夹车刀时，刀尖位置一般应对准工件中心(可根据尾座顶尖高度检查)。

(2) 车刀刀尖角的中心线必须与工件轴线垂直，装刀时可用样板来对刀，见图 6-8(a)。

(3) 刀头伸出不要过长，一般为 20～25 mm(约为刀杆厚度的 1.5 倍)。

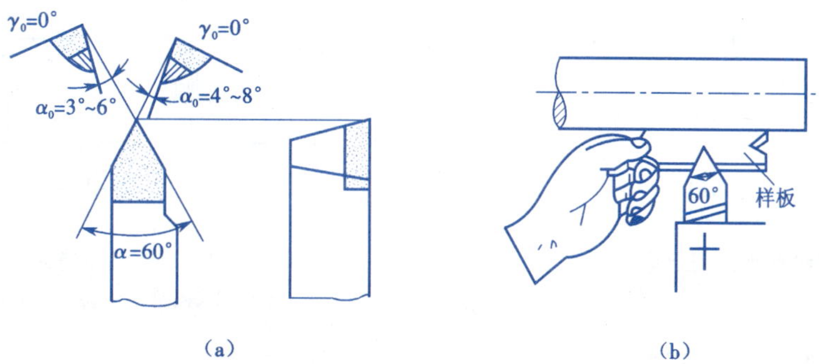

图 6-8 外螺纹车刀的位置

(a) 硬质合金螺纹车刀；(b) 用样板对刀安装车刀

2. 车螺纹时车床的调整

1) 变换手柄位置

一般按工件螺距在进给箱铭牌上找到交换齿轮的齿数和手柄位置，并把手柄拨到所需的位置上。

2) 调整交换齿轮

某些车床按铭牌表根据所具备的齿轮，需重新调整交换齿轮。其方法如下：

(1) 切断机床电源，车头变速手柄放在中间空挡位置；

(2) 识别有关齿轮齿数及上、中、下轴；

(3) 了解齿轮装拆的程序及单式、复式交换齿轮的组装方法。

在调整交换齿轮时，必须先把齿轮套筒和小轴擦干净，并使其相互间隙稍大，并涂上润滑油(有油杯的，应装满黄油，定期用手旋进)。套筒的长度要小于小轴台阶的长度，否则螺母压紧套筒后，中间轮就不能转动，开车时会损坏齿轮或扇形板。

交换齿轮啮合间隙的调整，是通过变动齿轮在交换齿轮架上的位置及交换齿轮架本身的位置来实现的，使各齿轮的啮合间隙保持在 0.1～0.15 mm；如果太紧，挂轮在转动时会产生很大的噪声并损坏齿轮。

3) 调整滑板间隙

调整中、小滑板镶条时，不能太紧，也不能太松。过紧，摇动滑板费力，操作不灵活；过松，车螺纹时容易产生“扎刀”。顺时针方向旋转小滑板手柄，消除小滑板丝杆与螺母的间隙。

3. 车螺纹时的动作练习

(1)选择主轴转速为200 r/min左右，开动车床，将主轴倒、顺转数次，然后合上开合螺母，检查丝杆与开合螺母的工作情况是否正常，若有跳动和自动抬闸现象，必须消除。

(2)空刀练习车螺纹的动作，选螺距2 mm，长度25 mm，转速165～200 r/min。开车练习开合螺母的分合动作，先退刀、后提开合螺母(间隔瞬时)，动作协调。

(3)在外圆上根据螺纹长度，用刀尖对准，开车并径向进给，使车刀与工件轻微接触，车出一条刻线作为螺纹终止退刀标记，如图6-9所示。并记住中滑板刻度盘读数，退刀。将床鞍摇至离工件端面8～10牙处，径向进给0.05 mm左右，调整刻度盘“0”位(以便车螺纹时掌握切削深度)，用钢尺或螺距规检查螺距(见图6-10)。

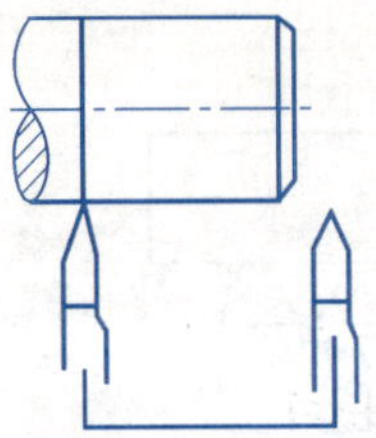

图6-9　螺纹终止退刀标记

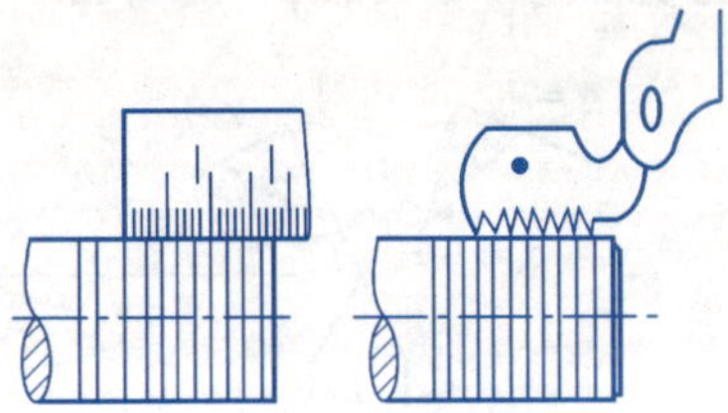

图6-10　检查螺距

(a)钢尺测量；(b)螺距规测量

4. 车无退刀槽的铸铁螺纹

1)车螺纹前工件的工艺要求

(1)螺纹大径一般应车得比基本尺寸小0.20～0.4 mm(约0.13P)。保证车好螺纹后牙顶处有0.125P的宽度。(P为工件螺距)

(2)在车螺纹前先用车刀在工件平面上倒角至略小于螺纹小径。

(3)铸铁(脆性材料)工件外圆表面结构参数值要小，以免车螺纹时牙尖崩裂。

2)车铸铁螺纹的车刀

一般选用YG6或YG8硬质合金螺纹车刀。

3)车削方法

一般用直进法车削(见图6-11)。车螺纹时，螺纹车刀刀尖及左右两侧刀刃都参加切削工作。每次切削由中滑板作径向进给，随着螺纹深度的加深，切削深度相应减小。这种切削方法操作简单，可以得到比较正确的牙型，适用于螺距小于2 mm和脆性材料的螺纹车削。

4)中途换刀的方法

中途换刀或车刀刃磨后须重新对刀。即车刀不切入工件而按下开合螺母，待车刀移到工件表面处，立即停车。摇动中、小滑板，使车刀刀尖对准螺旋槽，然后再开车，观察车刀刀尖是否在槽内，直至对准再开始车削。

5)车铸铁螺纹注意事项

(1)第一刀进刀要少，以后也不能太大，否则螺纹表面容易产生崩裂。

(2)车削时一般不使用切削液。

(3)切屑呈碎粒状，要防止飞入眼睛。

(4)为了保持刀尖和刀刃锋利，刀尖应稍倒圆，后角可磨得大些。

5. 车无退刀槽的钢件螺纹

图 6-12 所示为无退刀槽钢件螺纹。

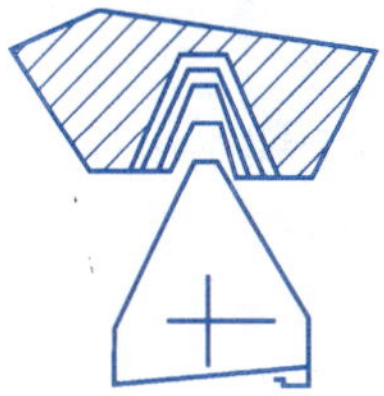

图 6-11　直进法车削

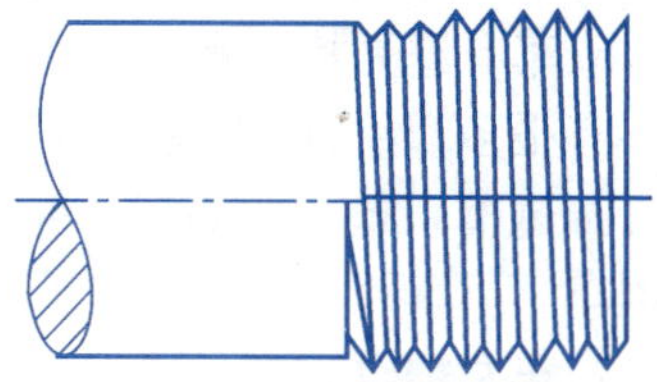

图 6-12　无退刀槽钢件螺纹

1）车钢件螺纹的车刀

一般选用高速钢螺纹车刀。为了排屑顺利，车刀磨有纵向前角。

2）车削方法

采用左右切削法或斜进法，如图 6-13 所示。车螺纹时，除了用中滑板刻度控制车刀的径向进给外，同时使用小滑板的刻度，使车刀左、右微量进给（图 6-13（a））。采用左右切削法时，要合理分配切削余量。粗车时亦可采用斜进法（图 6-13（b）），顺走刀方向偏移。一般每边留精车余量 0.2～0.3 mm。精车时，为了使螺纹两侧面都比较光洁，当一个侧面车光以后，再将车刀移到中间，把牙底部车光或用直进法，以保证牙底清晰。精车时采用低的切削速度（$v_c<5$ m/min）和浅的切削深度（$a_p<0.05$ mm）；粗车时 $v_c=10\sim15$ m/min，$a_p=0.15\sim0.3$ mm。

这种切削方法操作较复杂，偏移的进刀量要适当，否则会将螺纹车乱或牙顶车尖。它适用于低速切削螺距大于 2 mm 的塑性材料。由于车刀用单面切削，所以不容易产生扎刀现象。在车削过程中亦可用观察法控制左右微进给量。当排出的切屑很薄时（像锡箔一样，如图 6-14 所示），车出的螺纹表面结构参数值小。

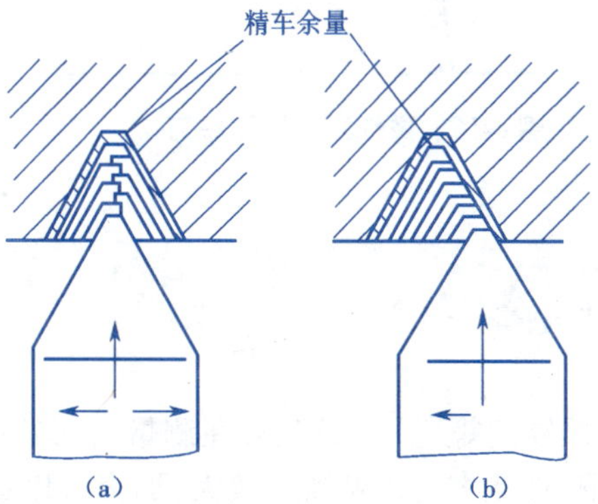

图 6-13　进给方法

（a）左右切削法；（b）斜进法

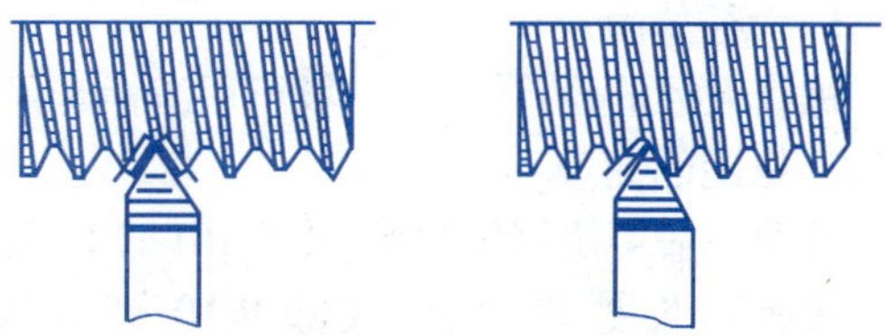

图 6-14　切屑排出情况

3）乱牙及其避免方法

在第一次进刀车削完毕以后，第二刀按下开合螺母时，车刀刀尖已不在第一刀的螺旋槽里，而是偏左或偏右，结果把螺纹车乱而报废，这种现象叫做乱牙。在加工前，应首先确定被加工螺纹的螺距是否乱牙。如果是乱牙的，采用开倒顺车法，即每车一刀后，立即将车刀径向退出，不提起开合螺母，开倒车使车刀纵向退回到第一刀开始切削的位置，然后中滑板进给，再开顺车走第二刀，这样来回反复，直到把螺纹车好为止。

4）切削液

车削时必须加切削液。粗车用水溶性切削液或机油，精车用乳化液。

6. 车有退刀槽的螺纹

有很多螺纹，由于技术和工艺上的要求，须切退刀槽。退刀槽直径应小于螺纹小径（便于螺母拧过槽），槽宽约等于2~3倍螺距。螺纹车刀移至退刀槽中即退刀，并提起开合螺母或开倒车。

7. 车左螺纹

（1）要正确刃磨左螺纹车刀，使右侧刀刃后角（进刀方向）稍大于左侧刀刃后角，左刀刃比右刀刃短一些，牙型半角仍相等，便于进刀时不碰伤左面肩部。左螺纹车刀也适用于右旋高台阶螺纹车削，如图6-15所示。

（2）拨动床头箱手柄，变换丝杆旋转方向；车刀由退刀槽处进给，向尾座方向进给车螺纹。

8. 低速车螺纹时切削用量的选择

低速车螺纹时，实际操作中一般都采用弹性刀杆（见图6-16）。这种刀杆的特点是：当切削力超过一定值时，车刀能自动让刀，使切屑保持适当的厚度，可避免扎刀现象。

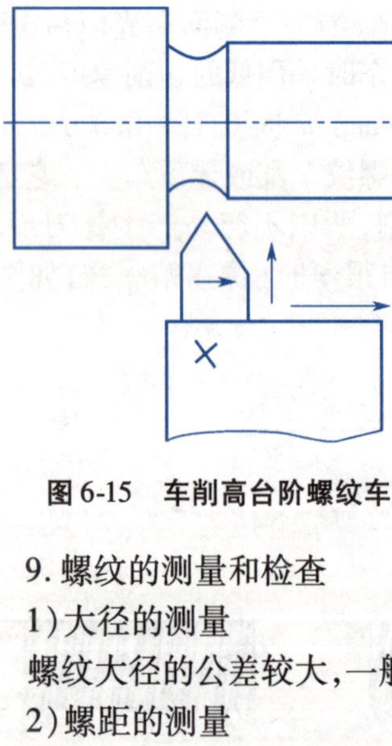

图6-15　车削高台阶螺纹车刀

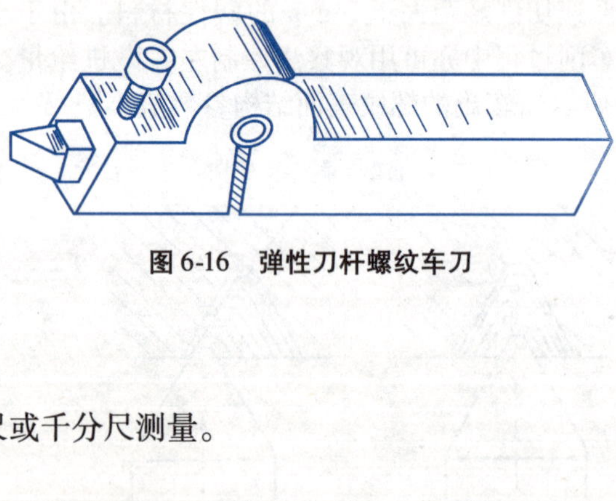

图6-16　弹性刀杆螺纹车刀

9. 螺纹的测量和检查

1）大径的测量

螺纹大径的公差较大，一般可用游标卡尺或千分尺测量。

2）螺距的测量

螺距一般可用钢尺测量（图6-10(a)），因为普通螺纹的螺距一般较小，在测量时，最好量10个螺距的长度，然后把长度除以10，就得出一个螺距的尺寸。如果螺距较大，那么可以量2~4个螺距的长度。细牙螺纹的螺距较小，用钢尺测量比较困难，这时可用螺距规来测量（图6-10(b)），测量时把钢片平行轴线方向嵌入牙型中，如果完全符合，则说明被测的螺距是正确的。

3）中径的测量

精度较高的三角形螺纹，可用螺纹千分尺测量，所测得的千分尺读数就是该螺纹的中径实际尺寸。

4)综合测量

用螺纹环规(实物见图6-17)综合检查三角形外螺纹。首先应对螺纹的直径、螺距、牙型和表面质量进行检查,然后再用螺纹环规测量外螺纹的尺寸精度。如果环规通端正好拧进去,而止端拧不进去,说明螺纹精度符合要求。对精度要求不高的螺纹也可用标准螺母检查(生产中常用),以拧上工件时是否顺利和松动的感觉来确定。检查有退刀槽的螺纹时,环规应通过退刀槽与台阶平面靠平。

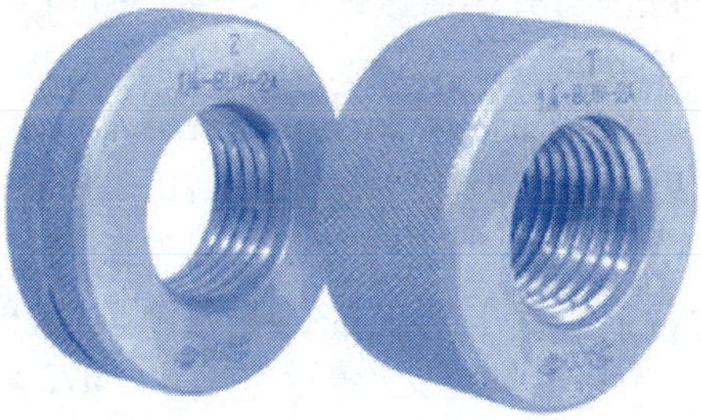

图6-17　螺纹环规

四、任务实施

(1)检查、调整和润滑机床。

(2)正确选择切削用量。调整机床手柄位置。

(3)按工件要求刃磨和安装车刀。

(4)正确地选择和使用各种量具。

切削深度:有计划切削,最后两次为0.02~0.05 mm。

进 给 量 :按螺距车削,P=2 mm。

切削速度:使用低速切削,最好留3~4次精车,切削速度小于5 m/min,加注煤油润滑。

(5)加工之前先练习各手柄的的动作,待熟练之后再车螺纹。

①车螺纹前要检查组装交换齿轮的间隙是否适当。把主轴变速手柄放在空挡位置,用手旋转主轴(正、反),检查是否有过重或空转量过大现象。

②由于初学车螺纹,操作不熟练,一般宜采用较低的切削速度。在练习操作过程中思想要集中。

③车螺纹时,开合螺母必须合到位,如感到未合好,应立即起闸,重新进行。

④车铸铁螺纹时,径向进刀不宜太大,否则会使螺纹牙尖爆裂,造成废品。在车削最后几刀时,可用较小的切削深度(每次0.02~0.05 mm)把螺纹车光。

⑤车无退刀槽的螺纹时,要特别注意螺纹的收尾在1/2圈左右。要达到这个要求,必须先退刀,后起开合螺母,且每次退刀要均匀一致,否则会撞掉刀尖。

⑥车螺纹始终保持刀刃锋利。如中途换刀或磨刀后,必须对刀以防破牙,并重新调整中滑

板刻度。

⑦粗车螺纹时,要留适当的精车余量。

⑧车削时应防止螺纹小径不清晰、侧面不光洁、牙型线不直等不良现象出现。

⑨使用环规检查时,不能用力过大或用扳手强拧,以免环规严重磨损或使工件发生移位。

(6)Z4012A 台钻弹簧盒车工加工艺有以下几步。

①夹 ϕ32js6 外圆处校正,齐端面车 M72 外圆至 ϕ74。

②加轴向定位挡铁夹 ϕ74 外圆,齐端面保证总长 42 mm,钻 ϕ20H7 内孔至 ϕ18 mm;粗车 ϕ32js6 外圆至 ϕ34 mm,长度 25 mm。

③掉头夹 ϕ32js6 外圆,车 ϕ62 mm 长度 11 mm 内孔至尺寸,倒角 C1。

④调头夹 ϕ74 外圆半精车 ϕ20H7 内孔留余量 0.1 ~ 0.2 mm,孔口倒角 C1,铰 ϕ20H7 内孔至尺寸,ϕ20H7 塞规检查。

⑤工件以 ϕ20H7 内孔定位上心轴半精车 ϕ32js6 外圆,留磨削余量 0.3 ~ 0.35 mm,精车 M72 × 2、ϕ68 mm 外圆,倒角。粗精车 M72 × 2 螺纹至尺寸, M72 × 2 螺纹环规检查。

五、任务分配

Z4012A 台钻弹簧盒铸件,每人 10 件,按图 6-7 要求加工。单件工时为 30 min。螺纹用环规测量。

六、任务检测

螺纹部分用螺纹环规测量,其他部分用游标卡尺测量。

七、任务评价

项　目	分　数	评分标准	检测结果	实得分数	综合分数	备　注
M72 × 2	18					
ϕ62 mm	10					
ϕ68 mm	10					
$\phi 32^{+0.35}_{+0.30}$ mm	8					
ϕ20H7 mm	8					
11 mm	5					
26 mm	5					
42 mm	5					
C1	5					
R_a1.6	6					
安全生产	20					

八、教学质量分析

(1)车削塑性材料(钢件)时产生扎刀的原因如下:

①车刀装夹低于工件轴线或车刀伸出过长;

续表

②车刀前角或后角太大，产生的径向切削力把车刀拉向切削表面，造成扎刀；

③采用直进法时进给量较大，使刀具接触面积大，排屑困难而造成扎刀；

④精车时由于采用润滑较差的乳化液，刀尖磨损严重，产生扎刀；

⑤主轴轴承及滑板和床鞍的间隙太大；

⑥开合螺母间隙太大或丝杠轴向窜动。

(2)车螺纹时应注意的安全技术问题有以下几个。

①调整交换齿轮时，必须切断电源，停车后进行。交换齿轮装好后要装上防护罩。

②车螺纹时是按螺距纵向进给，因此进给速度快。退刀和起开合螺母(或倒车)必须及时，动作协调，否则会使车刀与工件台阶或卡盘撞击而产生事故。

③倒顺车换向不能过快，否则机床将受到瞬时冲击，容易损坏机件。在卡盘与主轴连接处必须安装保险装置，以防因卡盘在反转时从主轴上脱落。

④车螺纹进刀时，必须注意中滑板手柄不要多摇一圈，否则会造成刀尖崩刃或工件损坏。

⑤开车时，不能用棉纱擦工件，否则会使棉纱卷入工件，或把手指也一起卷进而造成事故。

(3)车 Z4012A 台钻弹簧盒螺纹的进给量见表 6-1。

表 6-1　车台钻弹簧盒螺纹的进给量　　mm/r

第一次	0.4	第七次	0.05
第二次	0.3	第八次	0.03
第三次	0.1	第九次	0.03
第四次	0.05	第十次	0.02
第五次	0.05	第十一次	0.02
第六次	0.05		

(4)车削铸铁材料螺纹牙型易碎，最后几刀尽可能进刀小一点。

(5)车削中有时中途换刀或车刀刃磨后需要更换车刀重新对刀，即车刀不切入工件按下开合螺母开车，待车刀移到工件表面处缓慢停车(消除间隙)，摇动调整中、小滑板使车刀刀尖对准螺旋槽，注意观察车刀刀尖是否在槽内，直至对准再开始切削。

子任务三　在车床上套螺纹

目标要求

1. 掌握套螺纹的方法；
2. 合理选择套螺纹的切削速度及切削液；
3. 能分析套螺纹时产生废品的原因及防止方法。

一、任务单

任务图纸如图6-18所示。以此任务为例，在车床上套螺纹。

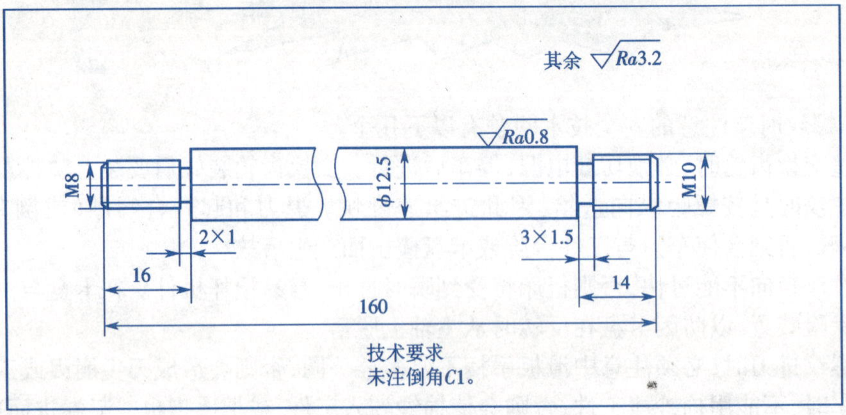

图6-18　Z4012A台钻手柄杆

二、任务准备

机床：C616。

量具：0～150 mm、0～200 mm游标卡尺，0～25 mm外径千分尺。

刀具：YT15，90°、45°外圆车刀；切断刀；切槽刀；M10板牙；M8板牙。

夹具：三爪卡盘。

其他工具：螺丝刀、活扳手、叉扳手、套螺纹专用工具。

三、相关知识

一般直径不大于M16或螺距小于2 mm的螺纹可用板牙直接套出来，直径大于M16的螺纹可粗车螺纹后再套螺纹。其切削效果以M8～M12最佳。由于板牙是一种成型、多刃的刀具，所以操作简单，生产效率高。

1. 圆板牙

圆板牙大多用高速钢制成。其两端的锥角是切削部分，因此正反都可使用。中间具有完整齿深的一段是校准部分，也是套螺纹时的导向部分。圆板牙实物如图6-19所示。

2. 用圆板牙套螺纹时应注意以下几点。

(1)先把工件外圆车至比螺纹大径的基本尺寸略小；再按螺距大小决定套螺纹前工件直径，其计算公式如下：

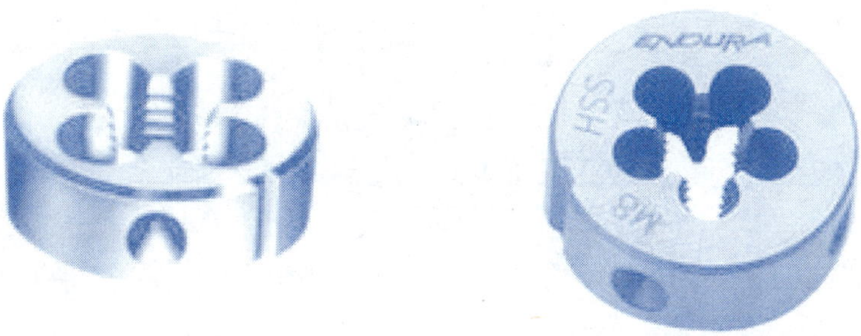

图 6-19　圆板牙

$$d_0 = d - (0.13 \sim 0.15)P$$

式中　d_0——圆柱直径,mm;

d——螺纹大径,mm;

P——螺距,mm。

(2)外圆车好后,工件的端面必须倒角。倒角要小于或等于 45°,倒角后的端面直径要小于螺纹小径,以使圆板牙容易切入工件。

(3)套螺纹前必须使尾座轴线与车床主轴轴线重合,水平方向的偏移量不得大于 0.05 mm。

(4)圆板牙装入套螺纹工具或尾座三爪自定心卡盘时,必须使其平面与主轴轴线垂直。

3. 套螺纹方法

(1)用套螺纹工具进行套螺纹(见图 6-20),把套螺纹工具体的锥柄部分装在尾座套筒锥孔内,圆板牙装入滑动套筒内,使螺钉对正板牙上的锥坑后拧紧。将尾座移到离工件一定距离处(约 20 mm)固定,转动尾座手轮,使圆板牙靠近工件平面,然后开动车床和冷却泵或加切削液。转动尾座手轮使圆板牙切入工件,这时停止手轮转动,由滑动套筒在工具体内自动轴向进给。当圆板牙进到所需要的距离时,立即停车,然后开倒车,使工件反转,退出板牙。销钉用来防止滑动套筒在切削时转动。

(2)在尾座上用 100 mm 以下的三爪自定心卡盘装夹圆板牙套螺纹方法与(1)中所述相同。但不能固定尾座,要调节好尾座与床鞍的距离,使其大于工件螺纹长度。小于 M6 的螺纹不宜用此法,因尾座的质量会使螺纹烂牙。

四、任务实施

(1)检查、调整和润滑机床。

(2)正确选择切削用量,调整机床手柄位置。

(3)按工件要求刃磨和安装车刀。

(4)套螺纹时切削速度的选择按以下标准。

钢件:$v_c = 3 \sim 4$ m/min。铸铁:$v_c = 2.5$ m/min。黄铜:$v_c = 6 \sim 9$ m/min。

(5)切削液的选用:切削钢件一般用硫化切削油或机油和乳化液;切削低碳钢或 40Cr 钢等韧性较大的材料时用工业润滑油或植物油;切削铸铁可加煤油或不加。

(6)Z4012A 台钻手柄杆车工加工工艺有以下几步。

①下料:$\phi 13$ mm × 850 mm,45 钢。

②夹外圆,单件按 160 mm 切断。

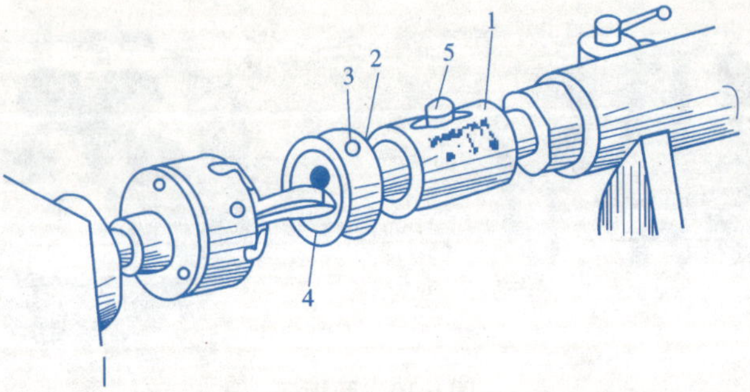

图 6-20　用板牙在车床上套螺纹

1—工具体;2—滑动套筒;3—螺钉;4—圆板牙;5—销钉

③夹外圆,车 M10 螺纹大径至 $\phi10^{-0.1}_{-0.2}$ mm × 14 mm,倒角 $C1$,切槽 3 mm×1.5 mm。

④调头夹外圆,车 M8 螺纹大径至 $\phi8^{-0.1}_{-0.2}$ mm ×16 mm,倒角 $C1$,切槽 2 mm×1 mm。

⑤夹外圆套 M10、M8 螺纹至尺寸。

加工前要做好准备!

切削深度：车外圆为2 mm。

进 给 量 ：0.3 mm/r。

切削速度：套螺纹小于5 m/min。（加注机油或植物油润滑）

⑥检查。

五、任务分配

ϕ13 mm×850 mm 的 45 钢每人 10 件,按图 6-18 要求加工。
使用车刀:YT15,90°、45°外圆车刀;切断刀;切槽刀;M10 板牙;M8 板牙。
单件工时为 15 mm。

六、任务评价

项　目	分数	评分标准	检测结果	实得分数	综合分数	备注
M10	20	不合格不得分				
M8	20					
16 mm	7					
160 mm	6					
14 mm	7					
2 mm×1 mm	4					
ϕ12.5	6					
3 mm×1.5 mm	4					
R_a0.8 μm	2					
倒角	4					
安全生产	20					

工学结合技能训练 1

一、任务单

任务图纸如图 6-21 所示。

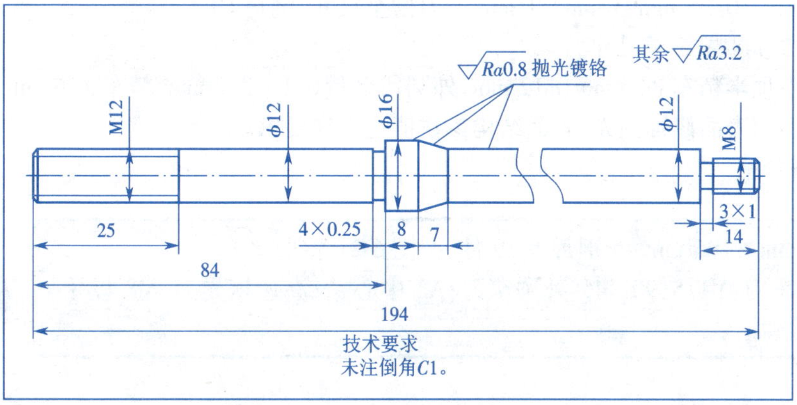

图 6-21　Z4012A 台钻锁紧手柄

二、任务准备

机床：C616。

量具：0～150 mm、0～200 mm 游标卡尺，0～25 mm 外径千分尺。

刀具：YT15，90°、45°外圆车刀；A3 中心钻；高速钢光刀；M8 板牙；M12 板牙。

夹具：三爪卡盘、莫氏 4 号锥柄钻夹头、莫氏 4 号活顶尖。

其他工具：螺丝刀、活扳手、叉扳手、套螺纹专用工具。

三、任务实施

(1)检查、调整和润滑机床。

(2)正确选择切削用量，调整机床手柄位置。

(3)按工件要求刃磨和安装车刀。

加工前要做好准备！

切削深度：车外圆为2 mm。

进 给 量 ：0.3 mm/r。

切削速度：套螺纹小于5 m/min。（加注机油或植物油润滑）

(4)Z4012A 台钻锁紧手柄加工工艺有以下几步。

①下料：ϕ18 mm × 196 mm 的 45 号钢。

②齐端面打中心孔。

③齐端面保证 194 mm 总长，打中心孔。

④一夹一顶粗车 ϕ12 mm 外圆，留余量 2 mm，保证另一端长度 100 mm。

⑤工件调头一夹一顶，粗精车 M12 螺纹大径至 $\phi 12^{-0.10}_{-0.20}$ mm × 84 mm。

⑥夹 ϕ12 mm 外圆，粗精车 M8 螺纹大径至 $\phi 8^{-0.10}_{-0.20}$ mm。

⑦切 4 mm × 0.25 mm、3 mm × 1 mm 退刀槽至尺寸，倒角 $C1$。

⑧套 M12、M8 螺纹至尺寸。

⑨一夹一顶半精车 ϕ16 mm、ϕ12 mm，外圆留余量 0.1 ~ 0.2 mm，精车 ϕ16 mm、ϕ12 mm 外圆、锥面至尺寸，表面修饰抛光，表面结构参数值达图样要求。

四、任务分配

ϕ18 mm × 196 mm 45 钢每人 10 件，按图 6-21 要求加工。

使用车刀：YT15，90°、45°外圆车刀；A3 中心钻；高速钢光刀，M8 板牙、M12 板牙。

五、任务评价

项　目	分　数	评分标准	检测结果	实得分数	综合分数	备　注
M12	15	不合格 不得分				
M8	15					
25 mm	3					
84 mm	4					
194 mm	4					
ϕ12	3					
4 mm×0.25 mm	4					
ϕ16 mm	3					
8 mm	4					
7 mm	4					
ϕ12 mm	3					
14 mm	4					
3 mm×1 mm	4					
表面结构	6					
倒角	4					
安全生产	20					

六、教学质量分析

(1)检查圆板牙的齿形是否损坏。

(2)装夹圆板牙不能歪斜。

(3)塑性材料套螺纹时应加注充足切削液。

(4)套螺纹的工件直径应偏小些,否则容易产生烂牙。

(5)用小三爪自定心卡盘装夹圆板牙时,夹紧力不能过大,以防圆板牙碎裂。

(6)套 M12 以上的螺纹时应把工件夹紧,套螺纹工具在尾座里装紧,以防套螺纹时切削力大引起工件移位,或套螺纹工具在尾座内打转。

(7)用圆板牙套螺纹,通常适用于公称直径小于 16 mm 或螺距小于 2 mm 的外螺纹。

(8)外圆车至尺寸后,端面倒角要小于或等于 45°,使圆板牙容易切入。

(9)套螺纹前必须找正尾座,使之与车床主轴轴线重合,水平方向的偏移量不得大于 0.05 mm。

子任务四　车三角形内螺纹

目标要求

1. 掌握用直进法车三角形内螺纹的方法；
2. 掌握三角形内螺纹车刀的刃磨方法；
3. 掌握赶刀法（借刀法）车三角形内螺纹的方法；
4. 掌握用螺纹塞规检查内螺纹的方法；
5. 掌握内螺纹车刀的修磨及对刀法；
6. 掌握车有退刀槽内螺纹的退刀方法；
7. 掌握对加工过程中出现的某些弊病，给予一定的分析判断并能提出解决问题的方法。

一、任务单

任务图纸如图 6-22 所示。

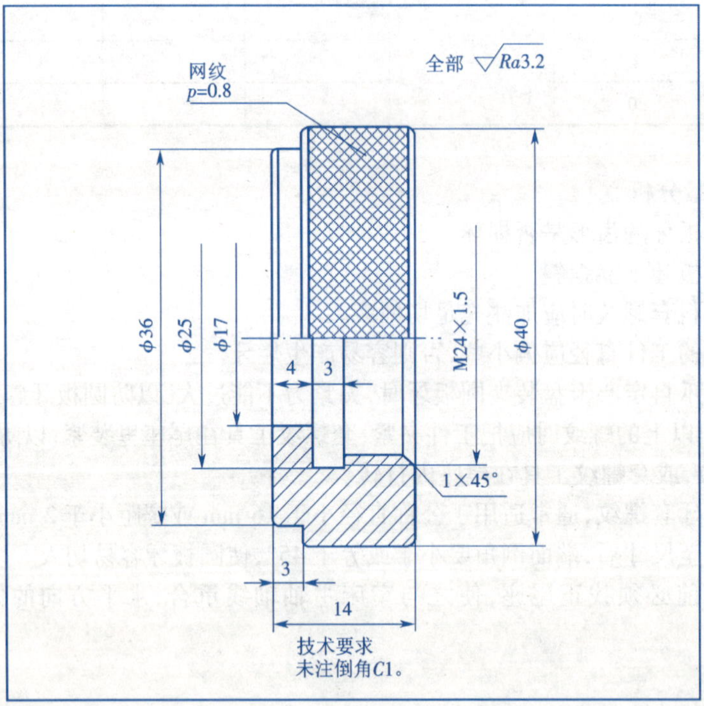

图 6-22　Z4012A 台钻滚花螺母

二、任务准备

机床：CA6140、C616。

量具：0 ~ 150 mm 游标卡尺、M24 × 1.5 mm 螺纹塞规。

刀具：YT15，90°、45°外圆车刀；切断刀；YT15，ϕ17 mm × 15 mm、ϕ22 mm × 15 mm 内孔车

刀；内沟槽刀；$\phi15$ mm 钻头；A3 中心钻；$p=0.8$ mm 网纹滚花刀；三角形内螺纹车刀（见图 6-23）。

夹具：台阶软卡爪、三爪卡盘、莫氏 4 号锥柄钻夹头、莫氏 4 号活顶尖。

其他工具：螺丝刀、活扳手、叉扳手。

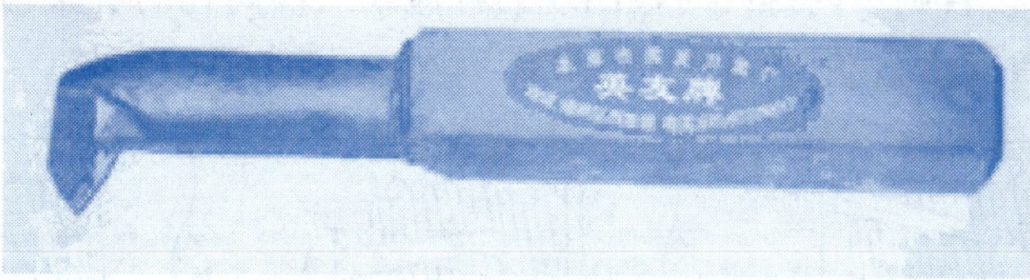

图 6-23 三角形内螺纹车刀

三、相关知识

常见的三角形内螺纹工件形状有三种，即通孔、不通孔和台阶孔，如图 6-24 所示，其中通孔内螺纹容易加工。在加工内螺纹时，由于车削的方法和工件形状不同，所选用的螺纹车刀也不同。工厂中最常用的几种内螺纹车刀见图 6-25。

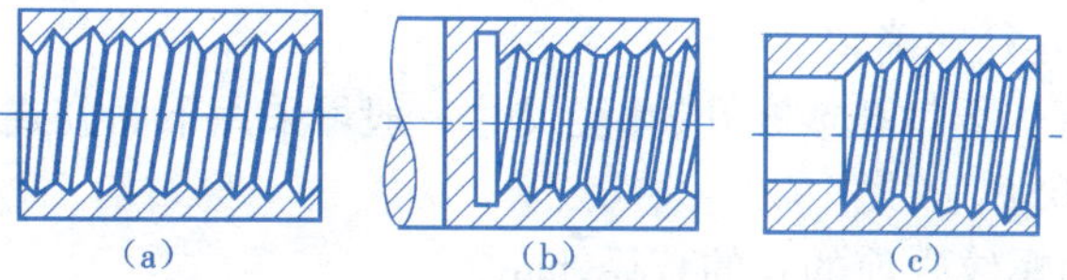

图 6-24 内螺纹工件形状

（a）通孔内螺纹；（b）不通孔内螺纹；（c）台阶内螺纹

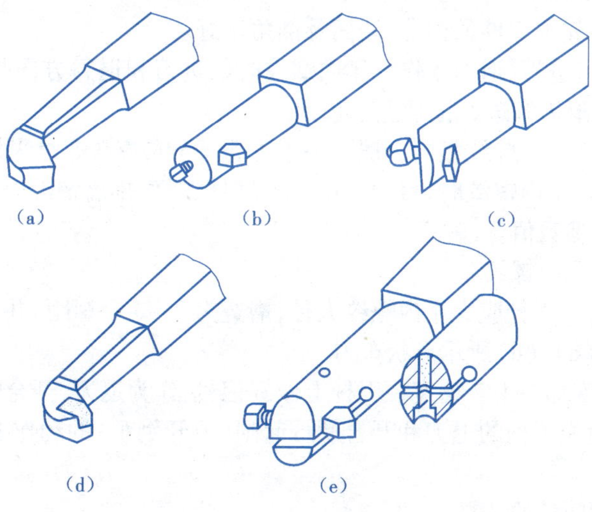

图 6-25 各种内螺纹车刀

1. 内螺纹车刀的选择和装夹

1）内螺纹车刀的选择

内螺纹车刀是根据它的车削方法和工件材料及形状来选择的。它的尺寸大小受到螺纹孔径尺寸限制。一般内螺纹车刀的刀头径向长度应比孔径小 3 ~ 5 mm,否则退刀时要碰伤牙顶,甚至不能车削。刀杆的大小在保证排屑的前提下要粗些。

2)车刀的刃磨和装夹

内螺纹车刀的刃磨方法与外螺纹车刀基本相同。但是刃磨刀尖角时,要特别注意它的平分线必须与刀杆垂直,否则车内螺纹时会出现刀杆碰伤工件内孔的现象,如图 6-26(a)、(b)所示。刀尖宽度应符合要求,一般为 0.1 × 螺距。

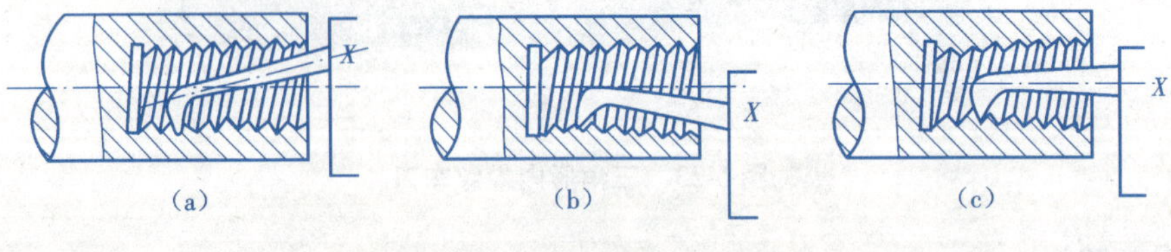

图 6-26　车刀刀尖角与刀杆位置关系

(a)偏左(不正确);(b)偏右(不正确);(c)垂直(正确)

在装刀时,必须严格按样板找正刀尖角(图 6-26(c)),否则车削后会出现倒牙现象。刀装好后,应在孔内摇动床鞍至终点检查是否碰撞。

2. 三角形内螺纹孔径的确定

在车内螺纹时,首先要钻孔或扩孔,孔径尺寸一般可采用下面公式计算:

$$D_{孔} \approx D - 1.05P$$

式中　$D_{孔}$——加工内螺纹之前的孔的直径,mm;

D——螺纹大径尺寸,mm;

P——工件螺距,mm。

3. 车通孔内螺纹的方法

(1)车内螺纹前,先把工件的内孔、端面及倒角车好。

(2)开车空刀练习进刀、退刀动作。车内螺纹时的进刀和退刀方向与车外螺纹相反,需在中滑板刻度圈上作好退刀和进刀记录。

(3)进刀切削方式与外螺纹相同。螺距小于 1.5 mm 或铸铁螺纹采用直进法;螺距大于 2 mm 采用左右切削法。车内螺纹时,目测困难,一般根据观察排屑情况进行左、右赶刀切削,并判断螺纹的表面结构参数值。

4. 车盲孔或台阶孔内螺纹

(1)车退刀槽时,其直径应大于内螺纹大径,槽宽为 2 ~ 3 个螺距,并与台阶平面切平。

(2)选择图 6-25(a)、(d)所示形状车刀。

(3)根据螺纹长度加上 1/2 槽宽在刀杆上做好记号,作为退刀、开合螺母起闸之用。

(4)车削时,中滑板手柄的退刀和开合螺母起闸(或开倒车)的动作要迅速、准确、协调,保证刀尖到槽中退刀。

5. 切削用量和切削液的选择

与车三角形外螺纹相同。

四、任务实施

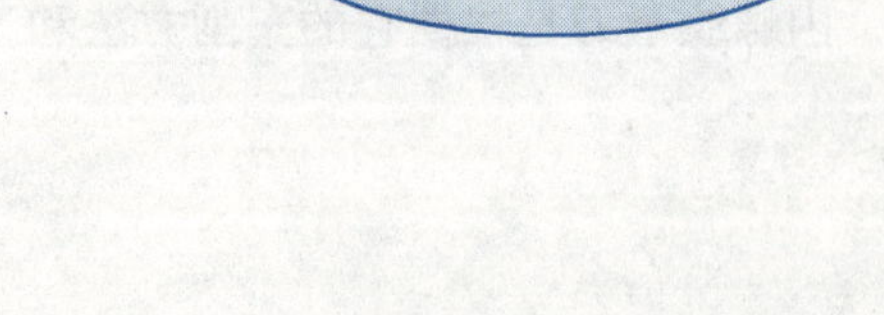

(1)检查、调整和润滑机床。

(2)正确选择切削用量,调整机床手柄位置。

切削深度：车外圆为2 mm。

进 给 量 ：0.3 mm/r。

切削速度：车螺纹挖空刀为10~15 m/min。

使用刀具：高速钢车刀。

(3)按工件要求刃磨和安装车刀。

(4)Z4012A 台钻滚花螺母加工工艺有以下几步。

①下料：ϕ42 ×405 mm 的 45 号钢。

②夹外圆，齐端面，打中心孔。

③调头，夹外圆，车工艺夹头 ϕ40 mm ×8 mm。

④夹工艺夹头顶另一端，车滚花外圆至 $\phi40_{-0.40}^{-0.30}$ mm，滚花至尺寸，在滚花外圆上单件 15 mm切断。

⑤铜皮夹滚花外圆，钻 ϕ15 孔。

⑥上台阶软爪夹滚花外圆，端面靠平，车 ϕ17 mm 内孔至尺寸，车 M24 ×1.5 内螺纹小径至 $\phi22.5^{+0.15}$ mm，倒角 $C1$。切内沟槽至尺寸，车 M24 ×1.5 内螺纹至尺寸。用 M24 ×1.5 螺纹塞规检查。

⑦调头夹滚花外圆，端面靠平，齐端面保证总长 14 mm，车 ϕ35 mm ×3 mm 外圆至尺寸。各部倒角去锐边毛刺。

车削内螺纹时车刀在孔的内部，在外部难以观察，要根据大滑板的刻度控制螺纹的深度，掌握不好车刀就会撞到工件的端面，甚至会造成设备事故，加工之前要特别小心反复验证大滑板的刻度，以防发生意外。

五、任务分配

ϕ42 mm ×405 mm 的 45 号钢每人 10 件，按图 6-22 要求加工。

使用车刀：YT15，90°、45°外圆车刀、切断刀、YT15 内孔车刀 ϕ17 mm ×15 mm、ϕ22 mm ×15 mm、内沟槽刀、ϕ15 钻头、A3 中心钻、p =0.8 网纹滚花刀。

六、任务检测

外圆内孔用游标卡尺测量，螺纹用螺纹塞规测量。

七、任务评价

项　目	分　数	评分标准	检测结果	实得分数	综合分数	备　注
网纹 $p=0.8$ mm	20	不合格 不得分				
M24×1.5 8	15					
ϕ36 mm	5					
ϕ25 mm	5					
ϕ17 mm	5					
4 mm	4					
3 mm	4					
3 mm	4					
14 mm	4					
1×45°	4					
ϕ40 mm	4					
倒角	6					
安全生产	20					

八、教学质量分析

(1)内螺纹车刀的两刀刃要刃磨平直,否则会使车出的螺纹牙型侧面不直,影响螺纹精度。

(2)车刀的刀头不能太窄,否则螺纹已车到规定深度,而中径尚未达到要求的尺寸。

(3)车刀刃磨不正确或刀装歪斜,会使车出的内螺纹一面可用塞规拧进,另一面则拧不进或配合过松。

(4)车刀刀尖要对准工件中心。车刀装得过高,车削时引起振动,使工件表面产生鱼鳞斑现象;车刀装得过低,刀头下部会与工件发生摩擦,车刀切不进去。

(5)内螺纹车刀刀杆不能太细,否则由于切削力的作用,会引起振颤和变形,出现"扎刀"、"啃刀"、"让刀"及振纹等现象,或发出不正常声音。

(6)小滑板宜调整得紧一些,以防车削时车刀移位产生乱扣。

(7)加工盲孔内螺纹,可以在刀杆上做记号或用薄铁皮作标记,也可用床鞍刻度盘的刻线等来控制退刀,避免碰撞工件而报废。

(8)赶刀量不宜过多,以防精车时没有余量。

(9)车内螺纹时,如发现车刀有碰撞现象,应及时对刀,以防因车刀移位而损坏牙形。

(10)精车螺纹刀要保持锋利,否则容易产生"让刀"。

(11)对因"让刀"现象产生的螺纹锥形误差(检查时,只能在进口处拧进几个牙),不能盲目地加大切削,这时必须使车刀在原来的切削深度位置反复车削,直至全部拧进。

(12)用螺纹塞规检查,应通端全部拧进,且感觉松紧适当,而止端拧不进。检查不通孔螺纹,通端拧进的长度应达到图样要求的长度。

(13)车内螺纹过程中,工件旋转时,不可用手摸,更不可用棉纱去擦,以免造成事故。

加工之前千万要看好图样，熟悉工艺文件作好加工准备！

子任务五　在车床上攻螺纹

目标要求

1. 学会合理选择丝锥；
2. 了解攻螺纹时孔径的计算方法；
3. 掌握攻螺纹的方法；
4. 合理选择攻螺纹时的切削速度及切削液；
5. 了解攻螺纹时可能产生的问题及防止方法。

一、任务单

任务图纸如图 6-27 所示。以此任务为例，在车床上攻螺纹。

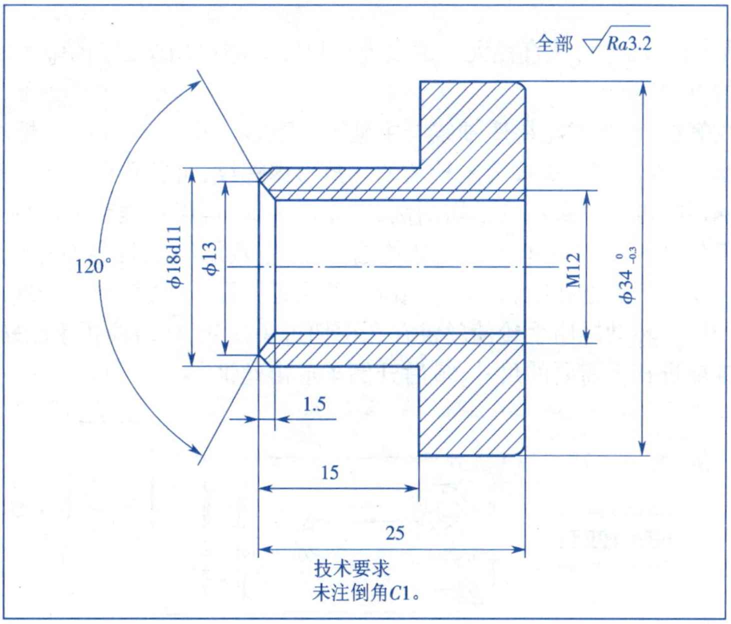

图 6-27　Z4012A 台钻螺帽

二、任务准备

机床：C616。

量具：0 ~ 150 mm 游标卡尺、0 ~ 25 mm 千分尺。

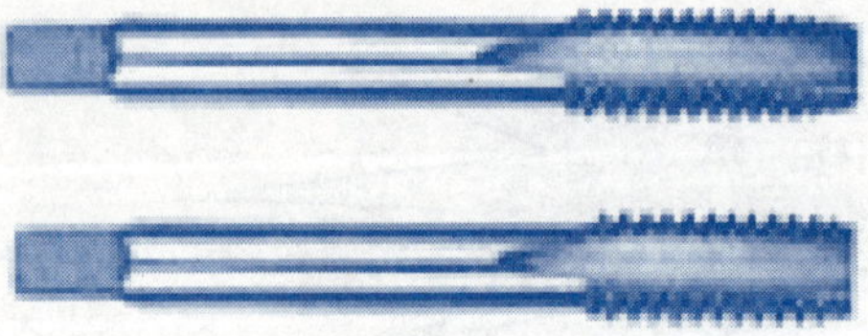

图 6-28　丝锥

刀具：YT15，90°、45°外圆车刀；$\phi10.3$ 钻头，M12 丝锥（如图 6-28 所示）；A3 中心钻；切断刀。

夹具：三爪卡盘、莫氏 4 号锥柄钻夹头、自制螺纹心轴。

其他工具：螺丝刀、活扳手、叉扳手。

三、相关知识

1. 攻螺纹前的工艺要求

1）攻螺纹前孔径的确定

攻螺纹时的孔径必须比螺纹小径的基本尺寸稍大，这样能减小切削抗力和避免丝锥断裂。普通螺纹攻螺纹前的钻孔直径可按下列近似公式计算：

$D_{孔} \approx D - P$（加工钢件及塑性材料）

$D_{孔} \approx D - 1.05P$（加工铸铁及脆性材料）

式中　$D_{孔}$——攻螺纹前的钻孔直径，mm；

D——内螺纹大径，mm；

P——螺距，mm。

2）攻制盲孔螺纹的钻孔深度计算

攻不通孔螺纹时，由于切削刃部分不能攻制出完整的螺纹，所以钻孔深度要等于需要的螺纹深度加丝锥切削刃的长度（约为螺纹大径的 0.7 倍），即

钻孔深度≈需要的螺纹深度 $+0.7D$

3）孔口倒角

用 60°锪钻在孔口倒角，其直径大于螺纹大径尺寸。亦可用车刀倒角。

2. 攻螺纹的方法

在车床上攻螺纹，要先找正尾座轴线与主轴轴线重合。小于 M16 的内螺纹，钻孔、倒角后直接用丝锥攻出，一次成型。如攻螺距较大的三角形内螺纹，可钻孔后先用内螺纹车刀粗车螺纹，再用丝锥攻螺纹；也可以采用分锥切削法，即先用头锥、再用二锥和三锥分三次切削。

用攻螺纹工具（图 6-29）在车床上攻螺纹的方法：把攻螺纹工具装在尾座锥孔内，同时把机用丝锥装进攻螺纹工具方孔中，移动尾座向工件靠近并固定，根据螺纹长度在攻螺纹工具上作好标记，然后开车，转动尾座手轮使丝锥在孔中切进头几牙，然后停止手轮转动，让攻螺纹工具自动跟随丝锥前进直至需要的尺寸，最后开倒车退出丝锥。

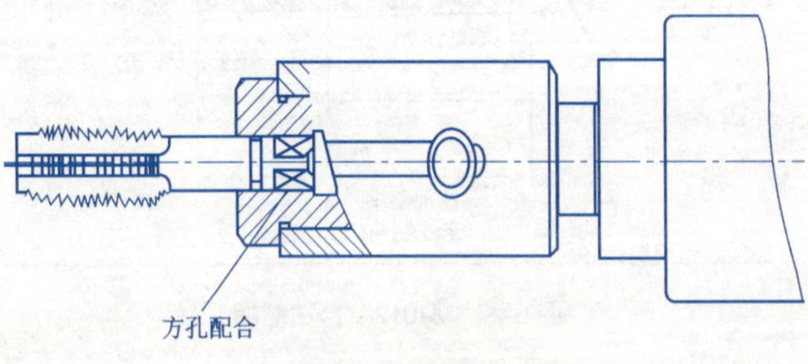

图 6-29　车床攻螺纹工具

3. 攻螺纹时切削速度的选择

钢件:3 ~ 15 m/min。铸铁、青铜:6 ~ 24 m/min。

4. 切削液的使用

切削液的使用与套螺纹相同。

四、任务实施

(1)检查、调整和润滑机床。

(2)正确选择切削用量,调整机床手柄位置。

(3)按工件要求刃磨和安装车刀。

加工前要做好准备!

切削深度: 车外圆为 2 mm。

进 给 量 : 0.3 mm/r。

切削速度:攻螺纹时切削速度为2~3 m/min。(使用机油或植物油润滑)

(4)Z4012A 台钻螺帽车削加工工艺有以下几步。

①下料:$\phi36$ mm × 150 mm 的 45 钢。

②夹外圆,齐端面,粗车 $\phi34^{0}_{-0.3}$ mm、$\phi18$d11,外圆留余量 2 mm。$\phi18$d11 外圆长度车至 14.5 mm,总长按 25.5 mm 切断。

③夹 $\phi18$d11 外圆,齐端面,保证总长 25 mm,钻 M12 螺纹小径至 $\phi10.3^{+0.10}$ mm。

④夹 $\phi18$d11 外圆,攻 M12 螺纹至尺寸。

⑤以 M12 螺纹定位,上螺纹心轴,精车外圆 $\phi34^{0}_{-0.3}$ mm、$\phi18$d11 至尺寸,$\phi18$d11 外圆长度 15 mm。

⑥以 M12 螺纹定位,上螺纹心轴,孔口外圆倒角。

五、任务分配

$\phi36$ mm × 150 mm 的 45 号钢每人 10 件,按 6-27 要求加工。

使用车刀:YT15,90°、45°外圆车刀,$\phi10.3$ 钻头,M12 丝锥,A3 中心钻,切断刀。

六、任务检测

用游标卡尺测量,内螺纹用螺纹塞规测量。

七、任务评价

项　目	分数	评分标准	检测结果	实得分数	综合分数	备注
120°	15	不合格不得分				
ϕ18d11	10					
ϕ13 mm	10					
1.5 mm	7					
15 mm	8					
25 mm	8					
M12	10					
$\phi 34^{0}_{-0.3}$ mm	8					
倒角	4					
安全生产	20					

八、教学质量分析

(1)选用丝锥时,要检查丝锥牙齿是否损坏。

(2)攻盲孔螺纹时,必须在攻螺纹工具(或尾座套筒)上标记螺纹长度尺寸,以防折断丝锥。

(3)在用一套丝锥攻螺纹时,一定要按顺序使用。在换用下一个丝锥前必须清除孔中切屑,在攻盲孔螺纹时,这一点尤其重要。

(4)最好采用有浮动装置的攻螺纹工具。

(5)丝锥折断的原因如下:

①攻螺纹前的底孔直径太小,造成丝锥切削阻力大;

②丝锥轴线与工件孔径轴线不同轴,造成切削阻力不均匀,单边受力太大;

③工件材料硬而黏,且没有很好的润滑;

④在盲孔中攻螺纹时,由于未测量孔的深度,或未在尾座套筒上做记号,以致丝锥碰着孔底面造成折断。

(6)折断丝锥取出的方法如下:

①当孔外有折断丝锥的露出部分,可用尖嘴钳夹住伸出部分反拧出来,或用冲子反方向冲出来;

②当丝锥折断部分在孔内时,可用三根钢丝插入丝锥槽中反向旋转取出;

③用上述两种方法均难取出丝锥时,可以用气焊的方法,在折断的丝锥上堆焊一个弯曲成90°的杆,然后转动弯杆拧出。

工学结合技能训练 2

一、任务单

任务图纸如图 6-30 所示。

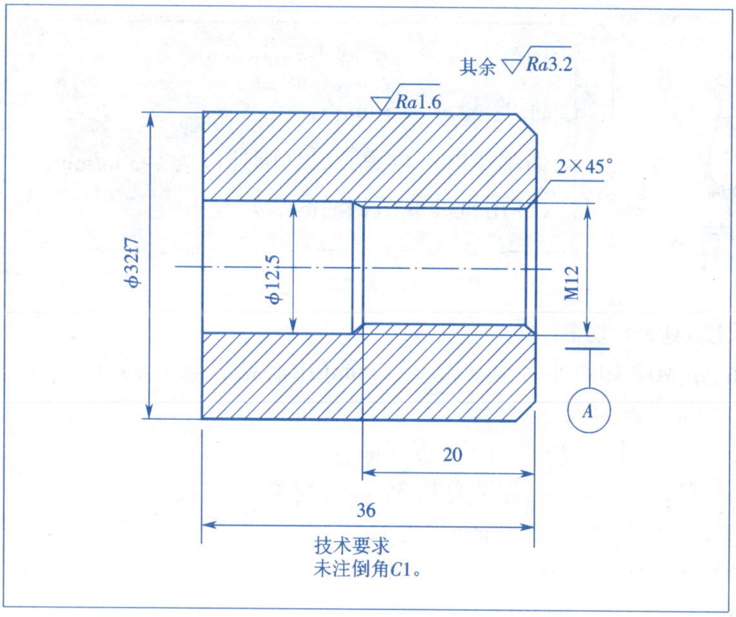

图 6-30　Z4012A 台钻右夹紧块

二、任务准备

机床：C616。

量具：0～150 mm 游标卡尺、25～50 mm 千分尺。

刀具：YT15 90°、45°外圆车刀；切断刀；φ10.3、φ12 钻头；M12 丝锥；A3 中心钻。

夹具：三爪卡盘、莫氏 4 号锥柄钻夹头、莫氏 4 号活顶尖。

其他工具：螺丝刀、活扳手、叉扳手。

三、相关知识

螺纹在攻制前孔口要倒角，钻孔或扩孔至最大尺寸后，在孔口倒角，直径应大于螺纹大径。螺纹在攻制之前要把机床尾座锥孔和专用攻丝工具的锥柄擦干净，以免攻丝工具安装不牢固，在尾座套筒内转动打滑擦伤尾座锥孔。

车削盲孔螺纹时，由于丝锥前端的切削刃不能攻制出完整的牙形，所以钻孔深度要大于规定的孔的深度，约等于螺纹的有效长度加上螺纹公称直径的 0.7 倍。

四、任务实施

(1) 检查、调整和润滑机床。

(2) 正确选择切削用量，调整机床手柄位置。

(3) 按工件要求刃磨和安装车刀。

(4) 检查安装丝锥的夹紧装置是否牢固可靠。

(5) Z4012A 台钻右夹紧块加工工艺有以下几步。

加工前要做好准备！

①下料：φ35 mm×430 mm 的 45 钢。

②夹外圆，齐端面，打中心孔。

③一夹一顶半精车 φ32f7 外圆，留磨削余量 0.30～0.40 mm，夹持端留 80 mm 不车。

④夹已车外圆，接刀车另一端 φ32f7 外圆，留磨削余量 0.30～0.40 mm。

切削深度：车外圆为2 mm。

进 给 量 ：0.3 mm/r。

切削速度：攻螺纹时切削速度为2~3 m/min。
（使用机油或植物油润滑）

⑤按单件长度 80 mm 切断。
⑥齐两端面，钻 M12 螺纹小径至 $\phi10.3^{0.10}$ mm（中心钻引导），倒角。
⑦使用无心磨磨外圆至尺寸。
⑧铜皮夹 $\phi32f7$ 外圆，按 36.5 mm 长度切断，
⑨铜皮夹 $\phi32f7$ 外圆，齐端面保证总长 36 mm，倒角。
⑩铜皮夹 $\phi32f7$ 外圆，扩 $\phi12.5$ mm 孔至尺寸。
⑪铜皮夹 $\phi32f7$ 外圆，攻 M12 螺纹至尺寸。

五、任务分配

$\phi35$ mm×430 mm 的 45 钢每人 10 件，按图 6-29 要求加工。

使用车刀：YT15，90°、45°外圆车刀、切断刀、$\phi10.3$、$\phi12$ 钻头、M12 丝锥、A3 中心钻。

六、任务检测

用游标卡尺测量，内螺纹用螺纹塞规测量。

七、任务评价

项　目	分数	评分标准	检测结果	实得分数	综合分数	备注
$\phi32f7$	15	不合格不得分				
36 mm	10					
20 mm	10					
$\phi12.5$ mm	15					
2×45°	4					
M12	20					
表面结构 $R_a1.6$ μm	2					
倒角	4					
安全生产	20					

子任务六　高速车三角形外螺纹

目标要求

1. 掌握硬质合金三角形螺纹车刀的角度及刃磨要求；
2. 掌握高速车三角形螺纹的方法及安全技术；
3. 能较合理地选择切削用量。

一、任务单

任务图纸如图 6-31 所示。以此任务为例，进行三角形外螺纹的高速车削。

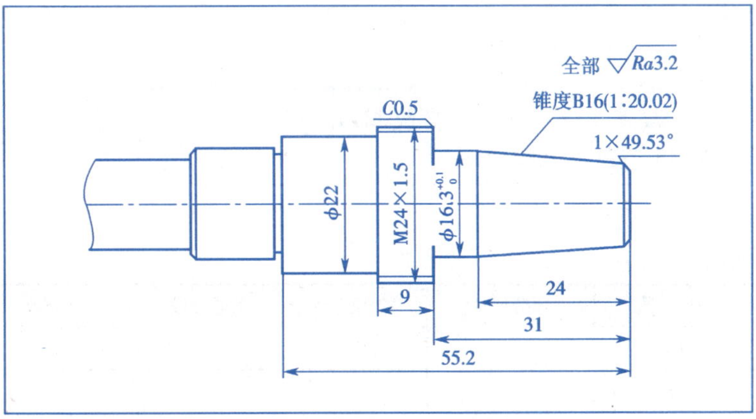

图 6-31　Z4012A 台钻主轴

二、任务准备

机床：C616 车床。

刀具：YT15 三角形外螺纹车刀。

其他工具：螺丝刀、活扳手、叉扳手、莫氏 4 号活顶尖。

三、相关知识

工厂中普遍采用硬质合金螺纹车刀高速车钢件螺纹，其切削速度比用高速钢车刀高 15 ~ 20 倍，而且进刀次数可减少 2/3 以上，生产效率可大大提高，并且螺纹两侧表面质量好。

1. 车刀的选择与装夹

1）车刀的选择

通常选用镶有 YT15 刀片的硬质合金螺纹车刀，其刀尖角应小于螺纹牙型角 30′ ~ 1°；后角一般 3° ~ 6°，车刀前刀面和后刀面要经过精细研磨。

2）车刀的装夹

除要符合螺纹车刀的装刀要求外，为了防止振动和“扎刀”，刀尖应略高于工件中心，一般高 0. 1 ~ 0. 3 mm。

2. 机床的调整和动作练习

（1）调整床鞍和中、小滑板，使之无松动现象，小滑板应紧一些。

(2)开合螺母要灵活。

(3)机床无显著振动,并具有较高的转速和足够功率。

(4)车削之前作空刀练习,$n=200\sim500$ r/min。要求进刀、退刀、提起开合螺母动作迅速、准确、协调。

3. 高速车螺纹

1)进刀方式

车削时只能用直进法。

2)切削用量的选择

切削速度一般取 50 ~ 100 m/min;切削深度在开始时大些(大部分余量在第一、第二刀车去),以后逐渐减少,但最后一刀应不小于 0.1 mm,一般高速切削螺距为 1.5 ~ 3 mm、材料为中碳钢的螺纹时,只需 3 ~ 7 次进刀即可完成。切削过程中一般不需加切削液。

四、任务分配

按图 6-31 要求高速车削三角形外螺纹 M24 × 1.5。
使用车刀:YT15 三角形外螺纹车刀。

五、任务评价

项　目	分　数	评分标准	检测结果	实得分数	综合分数	备　注
M24 × 1.5	15	不合格 不得分				
锥度 B16(1:20.02)	12					
ϕ22 mm	8					
9 mm	6					
C0.5	7					
55.2 mm	6					
31 mm	6					
24 mm	6					
1 × 49.53°	7					
$\phi16.3_{0}^{+0.1}$ mm	7					
安全生产	20					

六、教学质量分析

(1)高速车螺纹前,要先作空刀练习,转速可以逐步提高,要有一个适应过程。

(2)高速车螺纹时,由于工件材料受车刀挤压使外径胀大,因此,工件外径应比螺纹大径的基本尺寸小 0.2 ~ 0.4 mm。

(3)车削时切削力较大,必须将工件夹紧,同时小滑板应紧一些,否则容易移位产生破牙。

(4)发现刀尖处有“刀瘤”时要及时清除。

(5)一旦刀尖“扎入”工件引起崩刃或螺纹侧面产生伤痕,应停止高速切削,清除嵌入工件的硬质合金碎粒,然后用高速钢螺纹车刀低速修整有伤痕的侧面。

(6)用螺纹环规检查前,应修去牙顶毛刺。

(7)高速切削螺纹时切屑流出很快,而且多数是整条锋利的带状切屑,不能用手去拉,应待停车后清除此种切屑。

(8)因高速车螺纹时操作比较紧张,加工时必须思想集中、胆大心细、眼准手快。特别是在进刀时,要注意中滑板不要多摇一圈,否则会造成刀尖崩刃、工件顶弯或工件飞出等事故。

高速切削要遵守操作规程,注意安全,特别进刀或是退刀动作要敏捷、熟练!

子任务七　高速车三角形内螺纹

目标要求

1. 掌握硬质合金三角形内螺纹车刀的角度和刃磨要求;
2. 掌握高速车三角形内螺纹的方法及安全技术;
3. 合理地选择切削用量。

一、任务单

任务图纸如图6-32所示。以此任务为例,进行三角形内螺纹的高速车削。

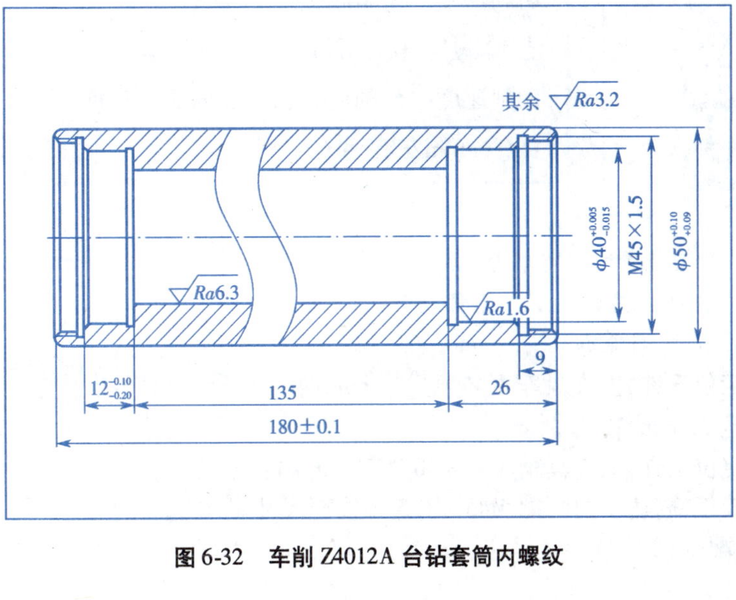

图6-32　车削Z4012A台钻套筒内螺纹

二、任务准备

机床:CA6140。

量具:0~150 mm游标卡尺、25~50 mm外径千分尺、$\phi40^{+0.005}_{-0.015}$ mm塞片、M45×1.5螺纹塞规、百分表、磁力表座、35~50内径百分表。

刀具:YT15,90°、45°外圆车刀;YT15,ϕ38 mm×30 mm内孔车刀;YT30,ϕ40 mm×30 mm内孔车刀;YT15内沟槽切槽刀;YT15三角形内螺纹车刀。

夹具:三爪卡盘、专用夹具。

其他工具:螺丝刀、活扳手、叉扳手、六角扳手。

三、相关知识

高速车三角形内螺纹,一般适宜于孔径在 27 mm 以上通孔螺纹。若内孔太小,则刀杆细且不能承受大的切削力,排屑也困难。

1. 车刀的选择与装夹

内螺纹车刀的几何角度与外螺纹车刀相同。车刀装夹时刀尖必须对准工件中心,刀杆伸出长度稍大于螺纹长度。

2. 车床的调整和动作练习

车床的调整要求与高速车外螺纹相同。进行动作练习时,进刀、退刀方向与车外螺纹相反,并要控制退刀量,防止刀杆与孔壁相撞。

3. 高速车内螺纹方法

其进刀方法和切削深度分配原则与车外螺纹相同。

四、任务实施

(1)检查、调整和润滑机床

(2)正确选择切削用量,调整机床手柄位置。

切削深度:精车内孔为0.2 mm。

进 给 量 :0.15 mm/r。

切削速度:车削内孔为80 m/min;车削螺纹为600 m/min左右。

(3)按工件要求刃磨和安装车刀。

(4)Z4012A 台钻套筒车加工工艺有以下几步。

加工前要做好准备!

①接图 3-37 磨外圆至 $\phi50^{+0.09}_{+0.10}$ mm 后加工。

②以外圆定位工件,上夹具车两 $\phi40^{+0.005}_{-0.015}$ mm 内孔内端面尺寸至 26 mm、$12^{-0.10}_{-0.20}$ mm。

③以外圆定位工件,上夹具精车两 $\phi40^{+0.005}_{-0.015}$ mm 内孔至尺寸。

④夹外圆校正,高速车削两端 M45 ×1.5 螺纹至尺寸。

五、任务分配

Z4012A 台钻套筒磨工磨完以后,按图 6-32 要求加工。
每人 10 件,单件工时为 20 min。

六、任务评价

项　目	分　数	评分标准	检测结果	实得分数	综合分数	备　注
$12^{-0.10}_{-0.20}$ mm	6	不合格 不得分				
135 mm	5					
180 ±0.1 mm	5					
26 mm	6					
9 mm	6					
$\phi40^{+0.005}_{-0.015}$ mm	14					
$\phi50^{+0.10}_{+0.09}$ mm	14					
M45 ×1.5	20					
表面 R_a6.3 μm	2					
表面 R_a1.6 μm	2					
文明生产	20					

七、教学质量分析

(1)刀杆不宜伸出过长,以防振动,影响螺纹质量。

(2)内螺纹车刀的刀杆因受孔径和长度的影响,其切削用量应略低于高速车削外螺纹。

(3)用螺纹塞规检查前应修去内孔毛刺。

(4)用砂布修去内孔毛刺时,取较低转速,加少许机油,缓慢进行。

(5)在开车时严禁用棉纱接触螺纹表面。

(6)内螺纹在加工时要多观察车刀的变化情况。要反复空走几刀,确定好大滑板的停止刻度,以免车刀撞到工件端面,造成意外的情况发生。初学者更应该反复练习。

(7)内孔螺纹车刀在刃磨的时候要使用样板对照磨刀,而且要做到刀尖角的平分线与内螺纹车刀的刀杆垂直,避免车刀在安装时出现角度误差,车刀在安装时尽量做到车刀的刀杆与进给方向平行。

任务七　车削梯形螺纹

子任务一　内外梯形螺纹车刀的刃磨

目标要求

1. 了解梯形螺纹车刀的几何形状和角度要求；
2. 掌握梯形螺纹车刀的刃磨方法和刃磨要求；
3. 掌握用样板检查,并修整刀尖角的方法；
4. 掌握梯形螺纹各部分相关尺寸的计算知识；
5. 合理掌握梯形螺纹车刀的几何形状。

一、任务单

任务图纸如图 7-1 所示。以此任务为例,进行内外梯形螺纹车刀的刃磨。

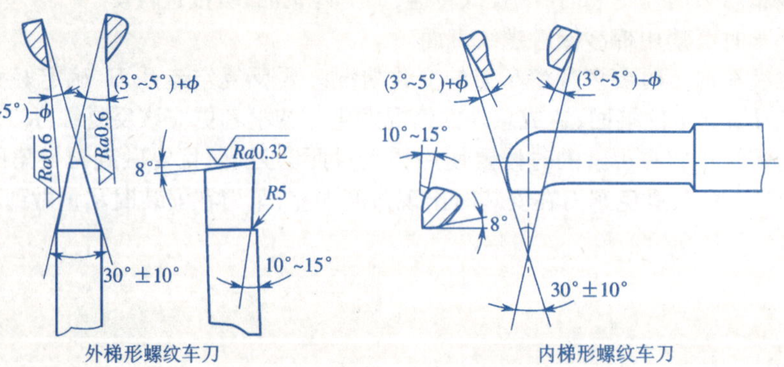

图 7-1　梯形螺纹车刀刃磨

二、任务准备

量具:梯形螺纹车刀样板。

刀具:梯形螺纹车刀。

三、相关知识

梯形螺纹有米制和英制两类,米制牙型角为 30°,英制为 29°,一般常用的是米制梯形螺纹。梯形螺纹车刀分粗车刀和精车刀两种。

1. 梯形螺纹车刀的角度(如图 7-1 所示)

1）两刃夹角

两刃夹角，粗车刀应小于螺纹牙型角，精车刀应等于螺纹牙型角。

2）刀头宽度

刀头宽度，粗车刀的刀头宽度应为1/3螺距，精车刀的刀头宽度应等于牙底槽宽减0.05 mm。

3）纵向前角

纵向前角，粗车刀一般为15°左右；精车刀为了保证牙型角正确，一般等于0°，但实际生产时取5°～10°。

4）纵向后角

纵向后角一般为6°～8°。

5）两侧刀刃后角

两侧刀刃后角，车右旋螺纹时 $\alpha_L=(3°\sim5°)+$螺纹升角，$\alpha_R=(3°\sim5°)-$螺纹升角

2. 梯形螺纹车刀的刃磨要求

（1）用样板（图7-2）校对刃磨两切削刃夹角。

（2）有纵向前角的两刃夹角应进行修正。

（3）车刀刃口要光滑、平直、无爆口（虚刃），两侧副切削刃必须对称，刀头不歪斜。

（4）用油石研磨掉各切削刃的毛刺。

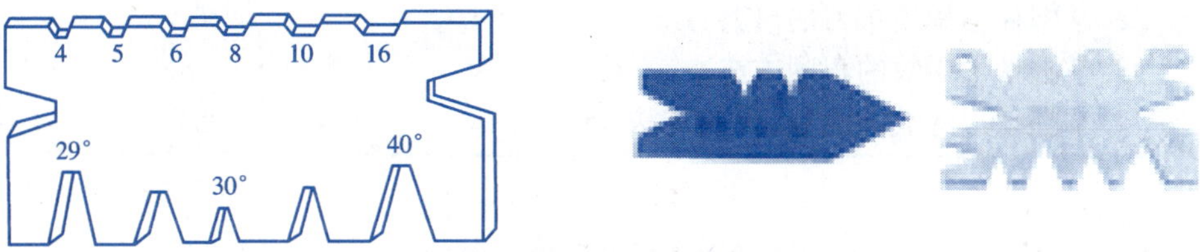

图7-2　梯形螺纹车刀样板

四、任务实施

学生初次练习先用普通碳钢刃磨练习，待刃磨手法稳定再刃磨高速钢车刀。

五、任务分配

普通碳钢或45号钢8 mm×10 mm×20 mm钢板，200 mm长度，每人3件，按图7-1要求刃磨，可适当加水冷却。

六、教学质量分析

容易产生的问题及解决的方法。

①因梯形螺纹车刀的宽度直接决定螺纹槽宽尺寸，所以精磨梯形螺纹车刀时，要特别注意刀头宽度。刃磨过程中，应不断测量。

②刃磨两侧副后角时，要考虑螺纹的左、右旋向和螺纹升角的大小，然后确定两侧后角的增减。

③内螺纹车刀的刀尖角的角平分线应和刀杆垂直。

④刃磨高速钢车刀时，应随时放入水中冷却，以防退火失去车刀硬度。

子任务二　车梯形螺纹

目标要求

1. 了解梯形螺纹的作用和技术要求；
2. 掌握梯形螺纹车刀的修磨；
3. 掌握梯形螺纹的车削方法；
4. 掌握梯形螺纹的测量、检查方法。

一、任务单

任务图纸如图 7-3 所示。以此任务为例，进行梯形螺纹的车削。

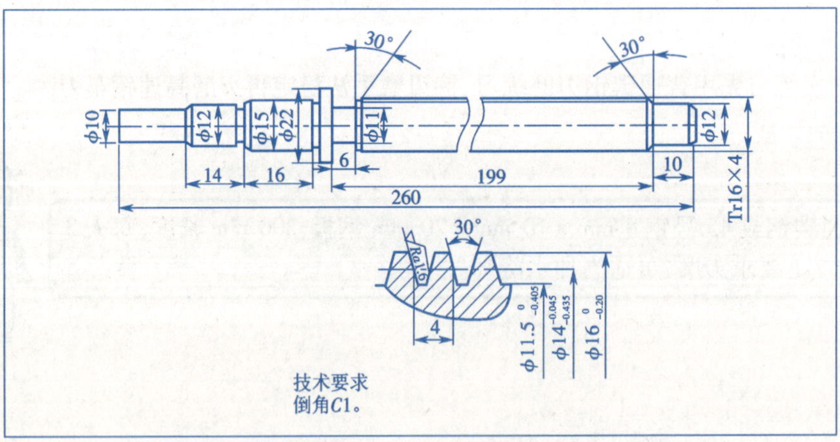

图 7-3　Z4012A 台钻丝杠的车削

二、任务准备

机床：C616。

量具：0 ~ 150 mm 游标卡尺，0 ~ 25 mm 外径千分尺，0 ~ 25 mm 钢尺，Tr16 × 4 螺纹环规，螺

纹对刀样板。

刀具:YT15,90°、45°外圆车刀;YT15 外切槽刀;高速钢梯形螺纹粗、精车刀;A2 中心钻。

夹具:三爪卡盘、前顶尖、莫氏 4 号锥柄钻夹头、莫氏 4 号活顶尖、弹簧刀杆。

其他工具:螺丝刀、活扳手、叉扳手、六角扳手。

材料:ϕ24 mm×263 mm,45 钢。

三、相关知识

1. 梯形螺纹的一般技术要求

(1)螺纹中径必须与基准轴颈同轴,其大径尺寸应小于基本尺寸。

(2)车梯形螺纹必须保证中径尺寸公差(梯形螺纹以中径配合定心)。

(3)螺纹的牙型角要正确。

(4)螺纹两侧面表面结构参数值较小。

2. 梯形螺纹车刀的选择和装夹

(1)车刀的选择。通常采用低速切削,一般选用高速钢材料。

(2)刀头的角平分线要垂直于工件轴线。用样板找正装夹,以免产生螺纹半角误差,如图 7-4 所示。

3. 工件的装夹

一般采用两顶尖或一夹一顶装夹。粗车较大螺距时,可采用四爪单动卡盘一夹一顶,以保证装夹牢固;同时使工件的一个台阶靠住卡爪平面(或用轴向撞头限位),固定工件的轴向位置,以防止因切削力过大,使工件移位而车坏螺纹。

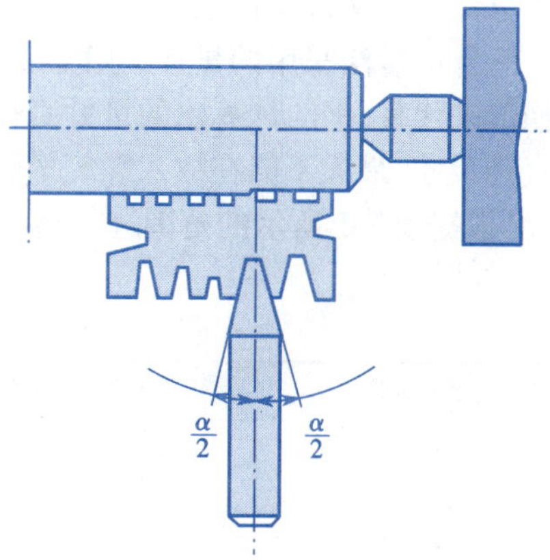

图 7-4　梯形螺纹车刀的装夹

4. 车床的选择和调整

(1)挑选精度较高、磨损较少的机床。

(2)正确调整机床各处间隙,对床鞍,中、小滑板的配合部分进行检查和调整,注意控制机床主轴的轴向窜动、径向圆跳动以及丝杆轴向窜动。

(3)选用磨损较少的交换齿轮。

5. 梯形螺纹的车削方法

(1)螺距小于 4 mm 和精度要求不高的工件,可用一把梯形螺纹车刀,并用少量的左右进给车削的方法车削。

(2)螺距大于 4 mm 和精度要求高的梯形螺纹,一般采用分刀车削的方法。

①粗车、半精车梯形螺纹时,螺纹大径留 0.3 mm 余量,且倒角与端面成 15°。

②选用刀头宽度稍小于槽底宽的车槽刀(图 7-5(a)、(b)),粗车螺纹(每边留 0.25~0.35 mm 的余量)。

③用梯形螺纹车刀采用左右切削法车削梯形螺纹两侧面,每边留 0.1~0.2 mm 的精车余量(见图 7-5(c)),并车准螺纹小径尺寸。

④精车大径至图样要求(一般小于螺纹基本尺寸)。

⑤选用精车梯形车刀,采用左右切削法完成螺纹加工(见图 7-5(d))。

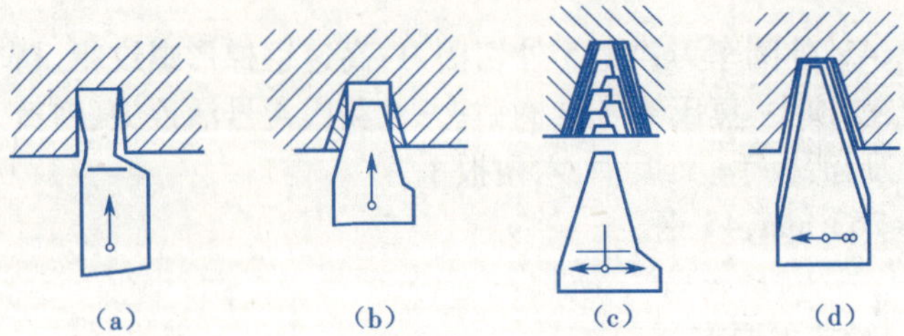

图 7-5　梯形螺纹的车削方法

(a)切槽;(b)车两侧面;(c)左右移动;(d)精车两侧面

6. 梯形螺纹的测量方法

1)综合测量法

用标准螺纹环规综合测量。

2)三针测量法

三针测量法是测量外螺纹中径的一种比较精密的方法。适用于测量一些精度要求较高,螺纹升角小于4°的螺纹工件。测量时把三根直径相等的量针放置在螺纹相对应的螺旋槽中,用千分尺量出两边量针顶点之间的距离 M,如图 7-6 所示。

三针测量法采用的量针一般是专门制造的。在实际应用中,有时也用优质钢丝或新钻头的柄部来代替,但与计算出的量针直径尺寸往往不相符合,这就需要认真选择:代用钢丝或柄部直径尺寸,最大不能在放入螺旋槽时被顶在螺纹牙尖上;最小不能在放入螺旋糟时和牙底相碰,可根据表 7-1 所示的范围进行选择。

表 7-1　三针测量法的量针直径范围

螺纹牙型角 α	钢丝或钻头最大直径	钢丝或钻头最小直径
30°	$0.656P$	$0.487P$
40°	$0.779P$	$0.513P$

三针测量法 M 值及钢针直径的计算公式如表 7-2 所示。

表 7-2　三针测量法 M 值及钢针直径计算公式

螺纹牙型角 α	M 值计算公式	钢针直径 d_D
30°	$M=d_2+4.864d_D-1.866P$	$d_D=0.518P$
40°(蜗杆)	$M=d_1+3.924d_D-4.316m_x$	$d_D=1.672m_x$

3)单针测量法

单针测量法的特点是只需使用一根量针(图 7-7),放置在螺旋槽中,用千分尺量出螺纹一侧大径与另侧量针顶点之间的距离 A。

四、任务实施

(1)梯形螺纹用螺纹环规测量,其他部分用游标卡尺测量。

(2)调整机床各手柄的位置,润滑机床,选择正确的切削用量和合理的机床转速。

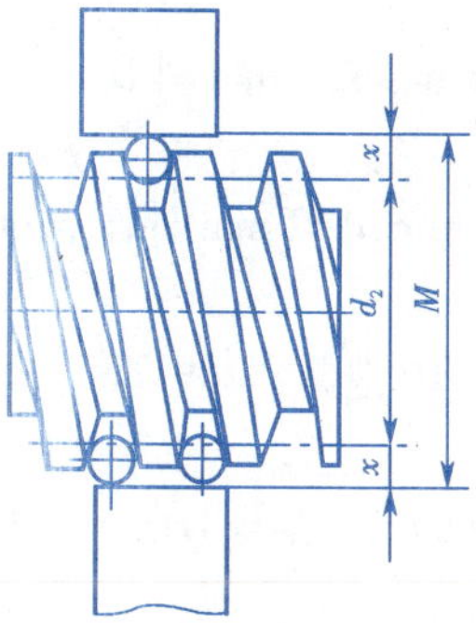

图 7-6 三针测量法

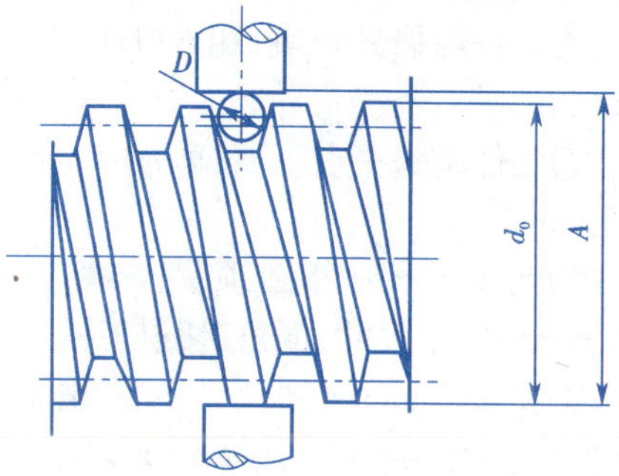

图 7-7 单针测量法

切削深度：车外圆为2 mm。

进 给 量 ：0.3 mm/r。

切削速度：50~60 m/min（主轴转速为700~800 r/min）。

(3)在车削梯形螺纹之前要进行计算。首先计算出牙型高度,根据牙型高度分配每一次进给的切削深度。在切削时还要正确地刃磨车刀。粗车刀刃磨角度略小于30°,刀头的宽度比螺纹槽底小0.5 mm,以便留出精车余量。在车削时第一次切削深度0.6 mm,第二次进刀0.4 mm,第三次进刀0.2 mm,第四次进刀0.2 mm,当车完四次以后牙型高度为1.4 mm。这时候要使用小滑板左右移动,每次移动0.1 ~0.15 mm(根据车削情况决定),把小滑板重新移动到螺纹槽的中间,再重新进行直切,和第一次粗车一样,但可以使用较大的切削深度。当深度达到牙型所要求的高度时,再更换精车刀。精车刀必须严格等于30°,而且在车刀安装时要使用样板对刀,使车刀角度的中心线与工件轴线垂直。精车刀只使用两侧的切削刃切削,第一次使用一侧,把螺纹一侧车好后再车另一侧。车削中应即时进行测量以防车小螺纹中径。

要精心操作车削螺纹！

(4)Z4012A 台钻丝杆车削加工工艺有以下几步。

①下料:ϕ24 mm×263 mm 的45 号钢。

②夹外圆,齐端面,打中心孔。

③调头夹外圆，齐端面保证总长 260 mm，打中心孔。

④夹一端顶另一端，粗车 Tr16×4 螺纹外圆至 ϕ18 mm×207 mm、ϕ22 mm 外圆至 ϕ23 mm。

⑤工件调头一夹一顶，车 ϕ10 mm、ϕ12 mm 、ϕ15 mm 外圆至 ϕ18 mm，ϕ22 mm 外圆长度车至 7 mm。

⑥夹 ϕ15 mm 外圆顶另一端，半精车 Tr16×4 螺纹外圆至 $\phi 16^{+0.50}_{+0.40}$ ×209 mm，精车 ϕ12 mm外圆至尺寸，倒角，切退刀槽。

⑦夹 ϕ15 mm 外圆顶另一端，精车 Tr16×4 螺纹外圆至 $\phi 16^{0}_{-0.2}$ mm，粗精车 Tr16×4 螺纹至尺寸，去锐边毛刺。用 Tr16×4 螺纹环规测量。

⑧顶两中心孔，半精车 ϕ15 mm 外圆至 $\phi 15^{+0.40}_{+0.35}$mm、ϕ12 外圆至 $\phi 12^{+0.40}_{+0.35}$，ϕ22 外圆长度车至 3 mm，精车 ϕ10 mm 外圆至尺寸，倒角，去锐边毛刺，切退刀槽。

五、任务分配

ϕ24×263 mm，45 钢每人 10 件，按图 7-3 要求加工。使用车刀：YT15，90°外圆车刀，45°外圆车刀，外切槽刀。

六、任务评价

项　目	分　数	评分标准	检测结果	实得分数	综合分数	备　注
$\phi 16^{0}_{-0.2}$ mm	12	不合格 不得分				
中径	30					
螺纹小径	10					
6 mm	5					
209 mm	5					
10 mm	6					
ϕ12 mm	6					
ϕ11 mm	6					
安全生产	20					
时间						

七、教学质量分析

(1)外圆表面是否有锥度，认真分析其中的原因。

容易产生的问题和解决的方法如下：

①梯形螺纹车刀两侧副切削刃应平直，否则工件牙型角不正，精车时刀刃应保持锋利，要求螺纹两侧面表面结构参数值小；

②调整小滑板的松紧，以防车削时车刀移位；

③对分夹头应夹紧工件，否则车梯形螺纹时工件容易产生移位而损坏；

④车梯形螺纹中途重复装工件时，应注意保持拨杆原位，以防乱牙；

⑤工件在精车前，最好重新修正顶尖孔，以保证同轴度；

⑥在外圆上去毛刺时，最好重新修正顶尖孔，以保证同轴度；

⑦不准在开车时用棉纱揩擦工件，以防出事故；

⑧车削时，为了防止因溜板箱手轮回转时的不平衡，使床鞍移动时产生窜动，可在手轮上装平衡块，最好采用手轮脱离装置。

(2)车刀在安装时应使刀尖对准工件中心，以防止牙型角发生变化；采用弹簧刀杆时，其刀尖应略高于工件回转中心 0.2 mm 左右，以补偿弹簧刀杆的弹性变形量。

(3)螺纹牙顶的毛刺要及时修掉，以便准确地测量。

车刀在刃磨时要做到以下几点：

①刃磨两侧后角时，要注意螺纹的左右旋向，然后根据螺纹升角的大小决定两侧后角的数值；

②车刀的刀尖角平分线最好与刀杆平行；

③刃磨高速钢车刀时应随时放入水中冷却；

④刀尖横刃的宽度应小于螺纹槽底宽度。

子任务三　车梯形内螺纹

目标要求

1. 了解孔径和刀头宽度的计算方法；
2. 掌握梯形内螺纹车刀的刃磨和装夹要求；
3. 能较好地掌握车削台阶工件时保证尺寸的方法。

一、任务单

任务图纸如图 7-8 所示。以此任务为例，进行梯形内螺纹的车削。

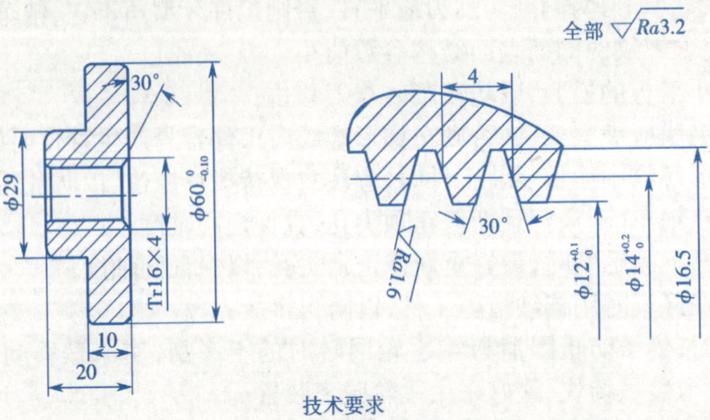

图 7-8　Z4012A 台钻升降螺母

二、任务准备

机床:C616。

量具:0 ~ 150 mm 游标卡尺、Tr16 ×4 螺纹塞规。

刀具:YG6,90°、45°外圆车刀;ϕ12 钻头;Tr16 ×4 内螺纹车刀。

夹具:三爪卡盘、莫氏 4 号锥柄钻夹头。

其他工具:螺丝刀、活扳手、叉扳手。

三、相关知识

1. 梯形内螺纹孔径和刀头宽度的计算

(1)梯形螺纹孔径的计算,一般采用公式 $D_1 = d - P$,其孔径公差可查梯形螺纹有关公差表。

(2)梯形内螺纹车刀刀头宽度的计算:刀头宽度比外梯形螺纹牙顶宽 f 稍大一些,亦可为 $0.366P_0^{+0.03\sim0.05}$。

2. 车刀和刀杆的选择及装夹

(1)刀杆尺寸根据工件内孔尺寸选择。孔径较小采用整体式内螺纹车刀;一般采用刀杆式,能承受切削力。其几何角度、刀具材料与梯形外螺纹车刀相同。梯形内螺纹车刀一般磨有前角(车铸铁梯形内螺纹车刀除外),通过计算来修正刀尖角。

(2)梯形内螺纹车刀的装夹基本上跟车三角形内螺纹时相同。车制对配的螺母时,为保证车出的螺母与螺杆牙型角一致,采用专用样板(图 7-9),要以样板的基准面靠近工件的外圆表面来找对车刀的正确位置。

3. 梯形内螺纹的车削方法

梯形内螺纹的车削方法基本与车三角形内螺纹相同。车梯形内螺纹时,进刀深度不易掌握,可先根据图样要求,车准螺纹内径尺寸,然后在端面上车出一个轴向深 1 ~2 mm、孔径等于螺纹基本尺寸(大径)的内台阶,作为对刀基准,如图 7-10 所示。粗车时,保证车刀刀尖和对刀基准有 0.10 ~0.15 mm 的间隙;精车时使刀尖逐渐与对刀基准接触。调整中滑板刻度值至零位，再以零位刻度值为基准，不进刀车削 2 ~3 次，以消除刀杆的弹性变形，保证螺母的精度要求。

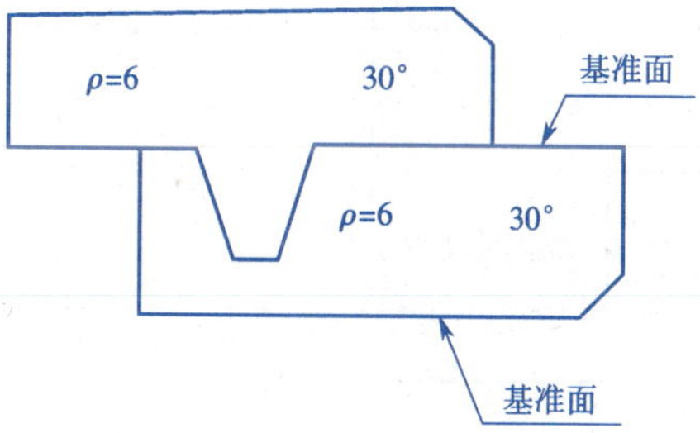

图 7-9　梯形螺纹专用样板

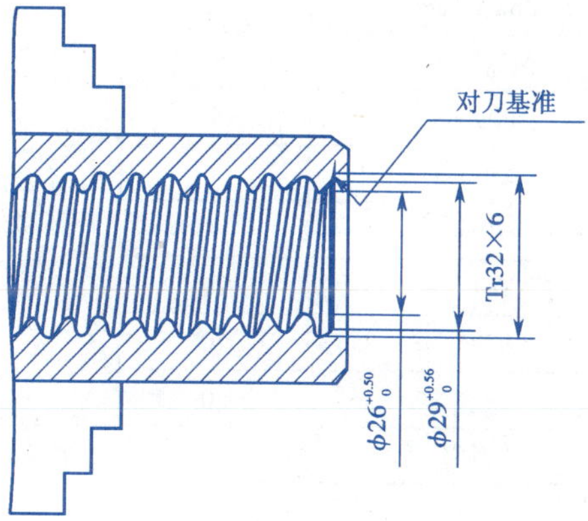

图 7-10　车梯形螺母

四、任务实施

(1) 检查、调整和润滑机床

(2) 正确选择切削用量，调整机床手柄位置。

(3) 按工件要求刃磨和安装车刀。

(4) 认真检查核对量具的精度状况。

(5) Z4012A 台钻升降螺母车削加工工艺有以下几步。

①夹 $\phi60^{0}_{-0.10}$ 外圆（夹持长度约 7 mm）校正，齐端面，车 $\phi29$ mm、$\phi60^{0}_{-0.10}$ mm 外圆至尺寸。

②夹 $\phi29$ 外圆，车 $\phi60^{0}_{-0.10}$ mm 大端面，保证总长 20 mm。

③钻 Tr16 ×4 内螺纹孔至 $\phi12^{+0.1}_{0}$ mm，孔口倒角，车 Tr16 ×4 内螺纹至尺寸。使用 Tr16 ×4 螺纹塞规检查。

五、任务分配

铸铁件每人 10 件，按图 7-8 要求加工。
精车螺纹加注煤油润滑。

六、任务检测

首件交实训指导教师检查后才允许批量加工。

七、任务评价

项目	分数	评分标准	检测结果	实得分数	综合分数	备注
$\phi60^{0}_{-0.1}$ mm	12	不合格不得分				
$\phi12_{0}^{+0.1}$ mm	12					
$\phi29$ mm	8					
20 mm	9					
10 mm	9					
Tr16 ×4	20					
表面结构	10					
安全生产	20					
时间						

八、教学质量分析

容易产生的问题及解决的方法如下：

①刃磨时刀刃要直，装刀角度要正；

②尽可能利用刻度盘控制退刀，以防刀杆与孔壁相碰；

③车铸铁梯形内螺纹时，容易产生螺纹型面碎裂，用直进法车削，切削深度不能太大；

④作为对刀基准的台阶，在内螺纹车好后，可利用倒内孔角去除，如长度允许可把台阶车去再倒角。

1. 切削用量的选择

内螺纹车削中合理选择切削用量，是多快好省完成车削的一个重要因素。

(1)根据不同的加工步骤选择不同的车削用量。粗车时，为了尽快把工件上多余的部分切除，可选择较大的切削用量；精车时，为了保证螺纹精度和表面质量，必须选择较小的切削用量。如选用刀头宽度稍小于槽底宽的切槽刀粗车时，每边留 0.25 ~0.35 mm 的余量；用梯形螺纹车刀采用左右切削法车梯形螺纹两侧面时，每边留 0.1 ~0.2 mm 的精车余量。

(2)根据不同的工件材料选择不同的切削用量。车削脆性材料（铸铁、铸铜等）螺纹工件时，脆性材料所含杂质、气孔较多，对车刀切削不利；切削速度过高会加剧刀具的磨损，切削深度过大会使螺纹牙尖爆裂。车塑性材料螺纹工件时，可相应选择较大的切削深度，但要防止“扎刀”现象。

(3)根据不同的切削方法选择不同的切削用量。采用直进法切削螺纹工件时，车削横截面积较大，车刀受力和受热情况比较严重，宜选择较小的切削用量；采用左右切削法时，车削横截面积较小，车刀受力和受热情况得到改善，宜选择较大的切削用量。

2. 螺纹车削中途对刀问题

在加工中往往可能因失误引起崩刀尖的情况，或者是刀具磨损、粗精车刀的更换，特别是刚实习车螺纹时，发生这类情况较多，因此就得学会中途对刀的方法，以便继续完成工件加工。第一刀时，必然会产生乱扣或烂牙现象，如果不注意会把螺纹车乱而报废工件。具体做法是使车刀不切入工件而按下开合螺母，使主轴正转，待车刀移到工件表面处，立即停车（不能反车），摇动中、小滑板，使车刀刀尖对准螺旋槽后，再开车，观察车刀刀尖是否在槽内，直至对准再开始车削。

练习螺纹车削时只要通过对以上几个方面知识的认真学习与不断实践，就不难车出质量符合要求的螺纹。

任务八　车蜗杆和多线螺纹

子任务一　车蜗杆

目标要求

1. 了解蜗杆的一般技术要求；
2. 掌握蜗杆有关车削的计算方法和齿厚测量法；
3. 掌握蜗杆车刀的刃磨和装夹方法；
4. 掌握蜗杆的车削方法。

一、任务单

任务图纸如图 8-1 所示。以此任务为例，进行蜗杆的车削。

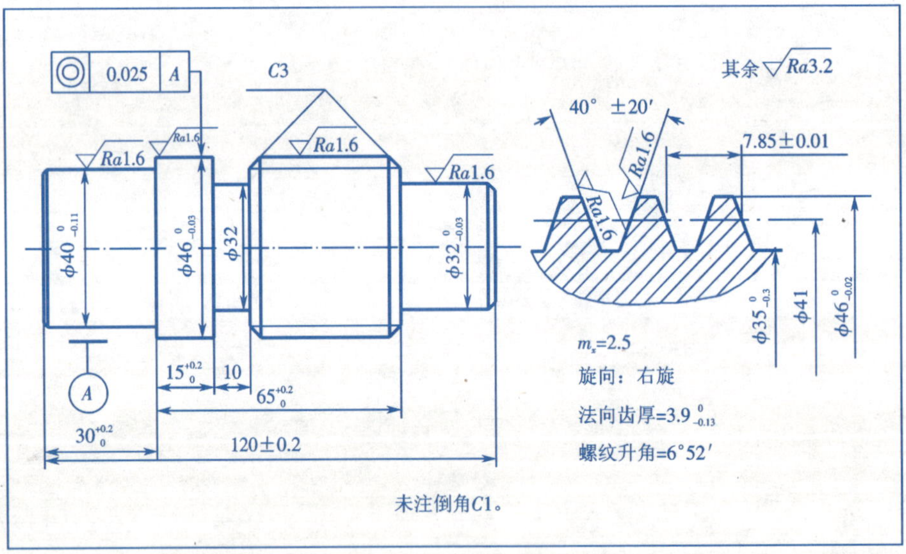

图 8-1　蜗杆的车削

二、任务准备

机床：CA6140。

量具：0～150 mm 游标卡尺、25～50 mm 千分尺、齿厚游标卡尺（图 8-2）。

刀具：YT15，90°、45°外圆车刀；高速钢蜗杆粗车刀；高速钢蜗杆精车刀；$\phi3$ 中心钻；切槽刀。

夹具：三爪卡盘、莫氏 5 号锥柄钻夹头、莫氏 5 号活顶尖。

其他工具：螺丝刀、活扳手、叉扳手、弹簧刀杆。

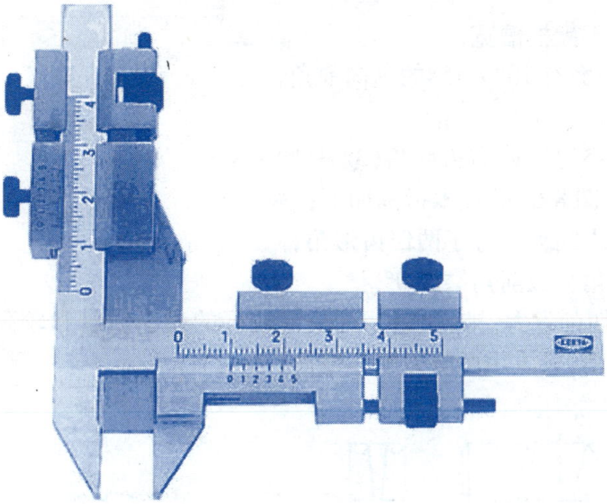

图 8-2　齿厚游标卡尺

三、相关知识

蜗杆的齿形与梯形螺纹相似。由于蜗杆的齿形较深，切削面积大，因此车削时比一般梯形螺纹更困难些。蜗杆实物见图 8-3。

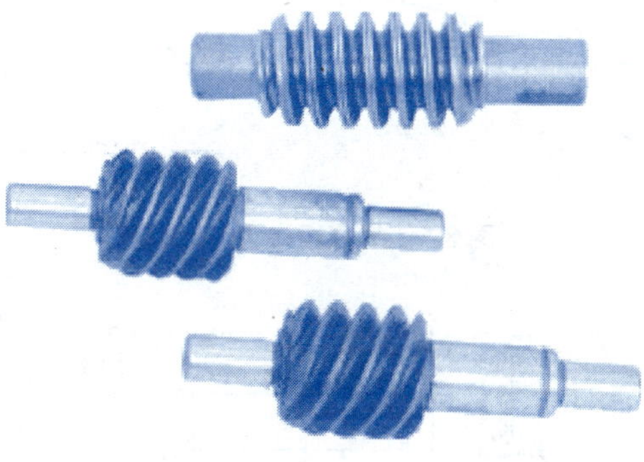

图 8-3　蜗杆

1. 蜗杆的一般技术要求

(1)蜗杆的周节必须等于蜗轮周节。

(2)蜗杆分度圆上的法向齿厚公差或轴向齿厚公差要符合标准要求。

(3)蜗杆分度圆径向跳动量不得大于允许范围。

2. 米制蜗杆车削时的有关尺寸计算

周节：$P=\pi m_x$。

全齿高：$h=2.2m_x$。

齿顶圆直径：$d_a=d_1+2m_x$。

齿顶宽：$f=0.843m_x$。

齿根槽宽：$w=0.697m_x$。

3. 蜗杆的车削方法

1)蜗杆车刀

一般选用高速钢材料车刀，在刃磨时，其顺走刀方向一面的后角必须相应加上导程角 γ。由于蜗杆的导程角较大，车削时使前角、后角发生很大的变化，切削很不顺利，如果采用可调节的刀杆(图 8-4)进行粗加工就可避免上述现象的发生。

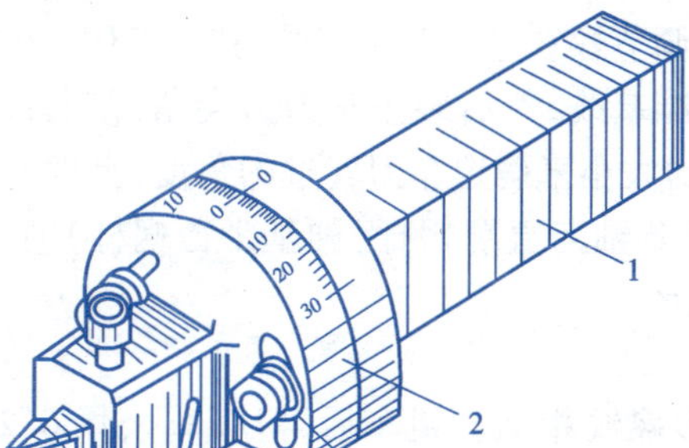

图 8-4　可按导程角调节的刀杆

1—刀杆；2—可调节装刀部分；3—压紧螺钉

(1)蜗杆粗车刀(图 8-5)的技术指标如下：

①车刀左右刀刃之间的夹角要小于两倍齿形

角的两倍；

②刀头宽度应小于齿根槽宽；

③切削钢料时，应磨有 10° ~15°的纵向前角；

④径向后角 6° ~8°；

⑤左刃后角(3° ~5°) +γ，右刃后角(3° ~5°) -γ。

(2)蜗杆精车刀(图 8-6)的技术指标如下：

①车刀左右刀刃之间夹角等于两倍齿形角；

②为了保证齿形角一般前角磨成0°。

图 8-5 这种车刀切削省力，排屑顺利，可获得较好的表面质量和较高的齿形精度；但车刀前端刀刃不能进行切削，只能用两侧刃精车侧面。

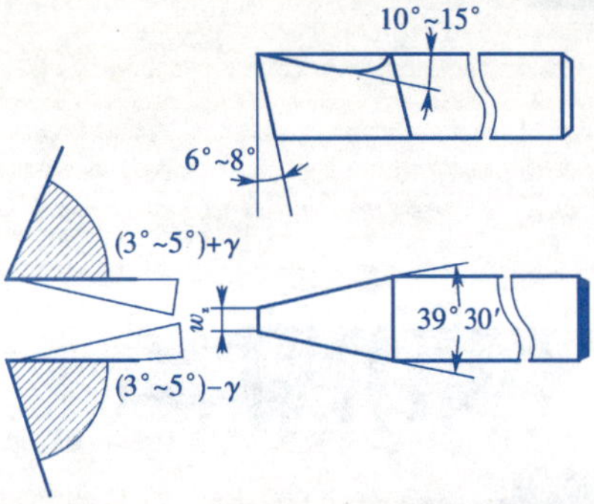

图 8-5　蜗杆粗车刀

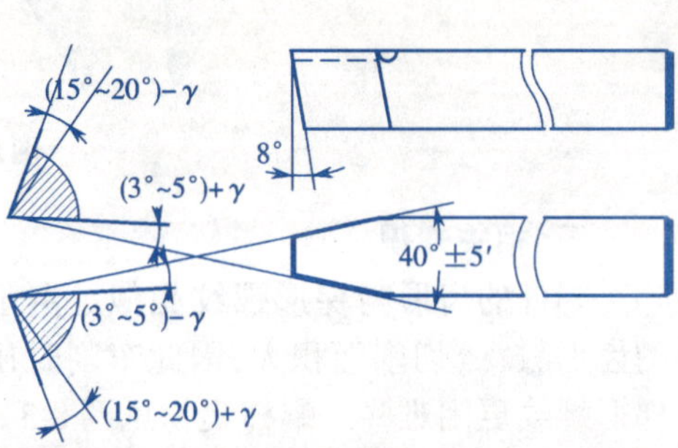

图 8-6　蜗杆精车刀

2)车刀的装夹

在装夹车刀时，如果使用一般的角度样板来装正模数较大的蜗杆车刀，比较困难，容易把车刀装歪。通常采用万能角度尺来找正车刀刀尖角位置，如图 8-7 所示。将万能角度尺的一边靠住工件外圆，观察万能角度尺的另一边和车刀刃口的间隙。如有偏差时，可转动刀架或重新装夹车刀来调整刀尖角的位置。

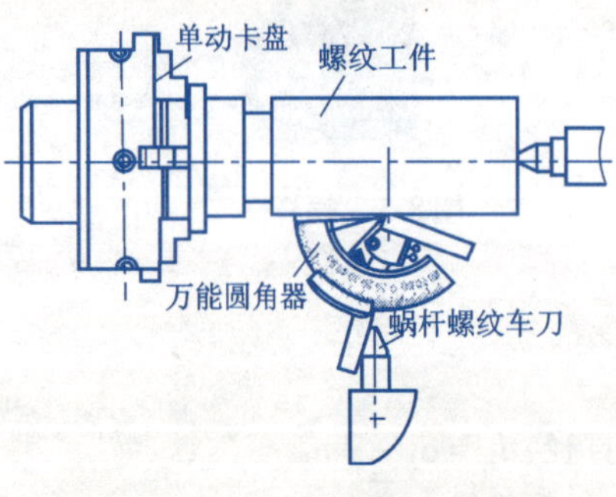

图 8-7　用万能角度尺装正车刀

采用可调节螺纹升角的车刀装刀时，刀体上的零位刻度线对准基线，然后装正车刀刀尖角，使其高于车床主轴轴线 0.5 mm 左右并紧固；再根据螺纹升角的大小来确定车刀转过的角度(此时刃磨车刀时顺走刀方向的后角就不要再加螺纹升角)。精车轴向直廓蜗杆(阿基米德蜗杆)时，刀头仍要水平装夹，以保证蜗杆在轴向剖面内的直线齿形。

3)车削方法

采用开倒、顺车切削。蜗杆的车削方法与车梯形螺纹相似。粗车后，留精车余量 0.2 ~0.4 mm。由于蜗杆的螺距大，齿形深，切削面积大，因此精车时，采用均匀的单面车削。如果切削深度过深，会发生“啃刀”现象。所以在车削过程中，应观察切屑情况，控制切削用量，防止“扎刀”。最后再用刀尖角略小于齿形角的车刀，精车蜗杆底径，把齿形修整清晰，以便保证蜗杆齿形面的表面质量和精度要求。

4. 蜗杆的测量方法

(1)用三针和单针测量,方法与测量梯形螺纹相同。

(2)齿厚测量法(公法线测量)是用齿厚游标卡尺测量蜗杆分度圆直径法向齿厚的方法,如图 8-8 所示。此法适用于精度要求不高的蜗杆。齿厚游标卡尺由互相垂直的齿高卡尺与齿厚卡尺组成。测量时将齿高卡尺读数调整到等于齿顶高(蜗杆齿顶高等于模数 m_x),法向卡入齿廓,亦使齿轮卡尺和蜗杆轴线大致相交成一个导程角的角度。作少量转动,此时的最小读数,即是蜗杆分度圆直径处的法向齿厚 s_n,但图样上一般注明的是轴向齿厚,所以必须进行换算。

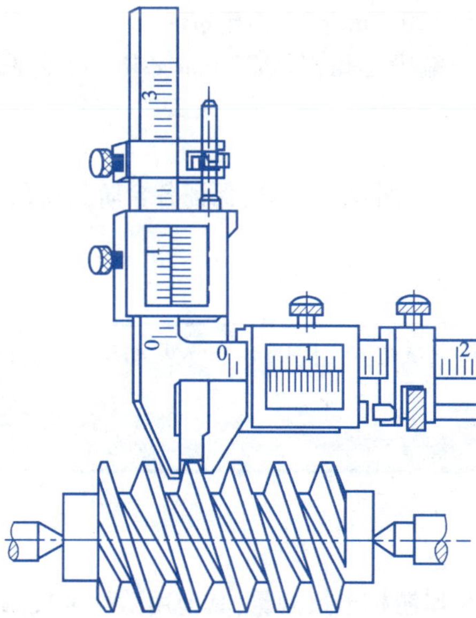

图 8-8　用齿厚游标卡尺测量

四、任务实施

(1)检查、调整和润滑机床。

(2)正确选择切削用量,调整机床手柄位置。

(3)按工件要求刃磨和安装车刀。

加工前要做好准备!

切削深度:总深度等于蜗杆的齿形高度。

蜗杆周节:$P=\pi m_x=7.85$ mm。

切削速度:粗车为5~10 m/min;精车小于5 m/min。

(4)蜗杆在车削之前要根据所要车削蜗杆的周节进行计算。首先计算出齿形高度,根据齿形高度分配每一次进给的切削深度。在切削前还要正确地刃磨车刀,必须分粗车刀和精车刀。粗车刀在刃磨时角度可略小于 40°,刀头的宽度比螺纹槽底小 0.5 mm,以便留出精车余量。在车削时第一次进刀切削深度 1 mm,第二次进刀 0.6 mm,第三次进刀 0.4 mm。当车完三次以后要使用小滑板左右移动,每次移动 0.1 ~0.15 mm(根据车削中的情况决定),把小滑板重新移动到螺纹槽的中间，再重新进行直切，与第一次粗车一样，可以使用较大的切削深度，当深度达到齿形所要求的高度时，再更换精车刀，精车刀角度必须严格等于40°，而且在车刀安装时要使用样板对刀，使车刀角度的中心线与工件轴线垂直。精车刀只使用两侧的切削刃切削，第一次使用一侧，把螺纹一侧车好然后再车另一侧。加工中应即时测量以防蜗杆齿厚减小。

（5）在车削之前要熟悉图样，拟定好加工工艺步骤。

（6）蜗杆加工工艺步骤如下：

①齐端面打中心孔 $\phi3$，车 $\phi45$ mm × 20 mm 夹头；

②工件调头，齐端面保证总长 120 mm，打中心孔 $\phi3$；

③夹已车好的工艺夹头，顶一端中心孔，车 $\phi32$ mm、$\phi46$ mm 外圆，切底径 $\phi32$ mm 宽 10 mm 退刀槽至尺寸；

④车蜗杆至尺寸；

⑤工件调头，车 $\phi40$ mm、$\phi46$ mm 外圆至尺寸，保证各台阶长度尺寸。

五、任务分配

$\phi50$ mm × 125 mm 的 45 钢每人 2 件，按图 8-1 要求加工。蜗杆精加工使用植物油冷却润滑。

单件工时为 240 min。

六、任务检测

外径用千分尺测量，螺纹用齿厚游标卡尺测量，其他用游标卡尺测量。

七、任务评价

项　目	分　数	评分标准	检测结果	实得分数	综合分数	备　注
$\phi40^{0}_{-0.11}$ mm	8					
$\phi46^{0}_{-0.02}$ mm	8					
$\phi46^{0}_{-0.03}$ mm	8					
$\phi32^{0}_{-0.03}$ mm	6					
$\phi32$ mm	4					
$\phi35^{0}_{-0.3}$ mm	5					
120 ± 0.2 mm	4	不合格不得分				
$15_{0}^{+0.2}$ mm	5					
$30_{0}^{+0.2}$ mm	4					
$15_{0}^{+0.2}$ mm	5					
10 mm	4					
$3.9^{0}_{-0.13}$ mm	15					
倒角	4					
安全生产	20					

八、教学质量分析

容易产生的问题和解决的方法有以下几方面。

①车单线蜗杆时,应先验证周节(螺距)。

②由于蜗杆的螺纹升角较大,车刀的两侧副后角应适当增减。精车刀的刃磨要求是:两侧刀刃平直、表面结构参数值小。

③对分夹头应夹紧工件,否则车螺纹时容易移位,损坏工件。

④粗车时应调整床鞍同床身导轨之间的配合间隙,使其紧一些,以增大移动时的摩擦力,减少床鞍窜动的可能性。但这个间隙也不能调得太紧,以用手能平稳摇动床鞍为宜。

⑤加工模数较大的蜗杆,粗车时为了提高工件的装夹刚度,使它能够承受粗车时较大的切削力,应尽量缩短工件的长度。最好把工件的一端夹在单动卡盘内,另一端用顶尖支顶。精车时,应注意工件的同轴度,工件要以两顶尖孔定位装夹,以保证加工精度。

⑥精车时,保证蜗杆的精度和较小表面结构参数值的主要措施是:大前角、薄切屑、低速、刀刃平直以及充分加注切削液。为了减少切屑瘤的影响,有时可能采用"晃车"切削,即开车一瞬间就停车,利用主轴转动惯性,但不停住,然后再反复开车、停车。

(1)蜗杆在加工和使用中,对精度的要求较高。在加工中不但要保证每一个尺寸的精度,而且还要保证各个部位之间的其他技术要求,同时保证蜗杆部分的同轴度,所以必须在两顶尖之间进行加工。

(2)蜗杆的角度要求也是非常严格的。角度精度不够,与蜗轮的配合精度不高,就会影响使用寿命。车削时要磨好车刀,有时加工模数大的蜗杆,甚至使用两把粗车刀。

(3)精车时要特别刃磨好车刀,车刀两侧的后角是不一样的,要考虑螺纹升角。

(4)在车削蜗杆的过程中要经常清除切屑,避免给测量造成影响。

(5)在车削蜗杆时要注意安全。工件转动时,不要用棉纱擦工件上的切屑,以免发生安全事故。

子任务二　车多线螺纹

目标要求

1. 了解多线螺纹的技术要求;
2. 掌握多线螺纹的分线盒车削方法;
3. 能分析废品产生的原因以及防止方法。

一、任务单

任务图纸如图8-9所示。以此任务为例,进行多线螺纹的车削。

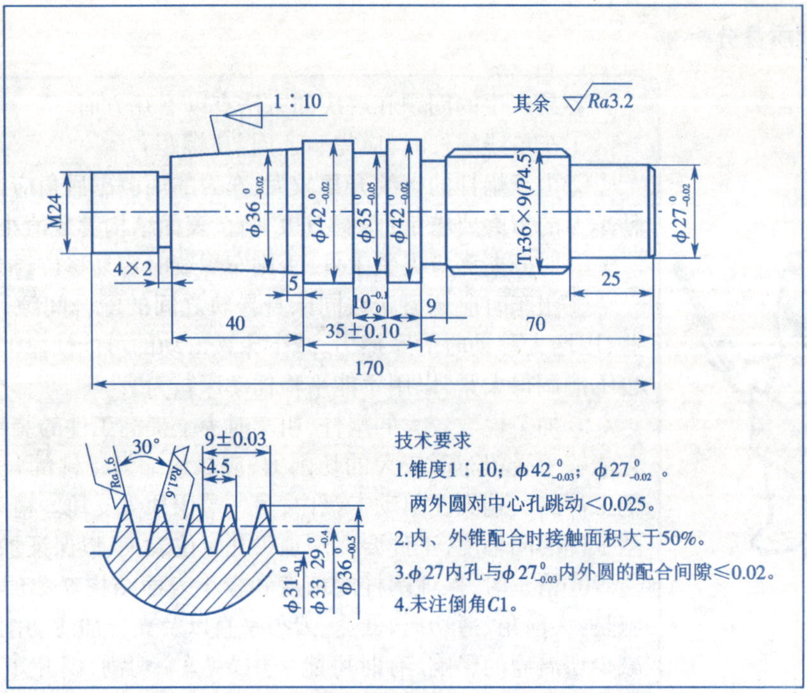

图 8-9　双线螺杆的车削

二、任务准备

机床：CA6140。

量具：0 ~ 150 mm 游标卡尺、25 ~ 50 mm 千分尺、公法线千分尺（图 8-10），ϕ2.5 钻头 3 只、0 ~ 10 mm 百分表、M24 螺纹环规。

刀具：YT15，90°、45°外圆车刀；高速钢梯形螺纹车刀；高速钢梯形螺纹精车刀；ϕ3 中心钻；切槽刀；高速钢三角螺纹车刀。

夹具：三爪卡盘、莫氏 5 号锥柄钻夹头、莫氏 5 号活顶尖。

其他工具：螺丝刀、活扳手、叉扳手、弹簧刀杆、磁力表座。

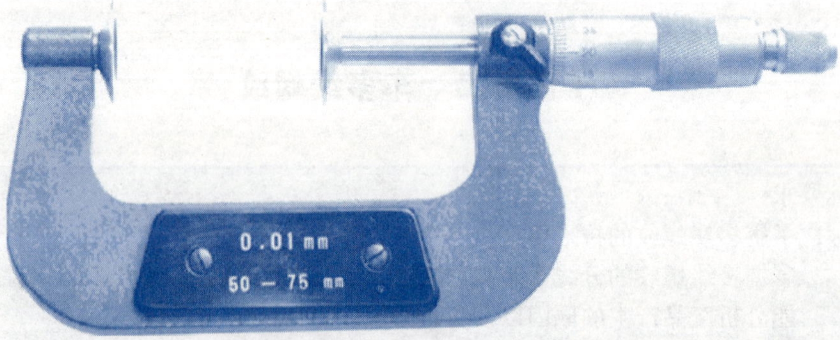

图 8-10　公法线千分尺

三、相关知识

1. 多线螺纹的技术条件

(1)多线螺纹的螺距必须相等。

(2)多线螺纹每条螺纹的牙型角、中径处螺距要相等。

车削多线螺纹时,主要解决螺纹分线方法和车削步骤的协调问题。多线螺纹的导程 L 与螺距 P 的关系为:$L=nP$。

2. 车多线螺纹的分线方法

1)轴向分线法

(1)用小滑板刻度确定移动量。在车好一条螺旋槽后,利用小滑板刻度使车刀移动一个螺距,再车相邻的一条螺旋槽,从而达到分线的目的。

(2)用百分表确定小滑板的移动量(见图 8-11)。根据百分表上的读数值来确定小滑板的移动量,此法适用于分线精度要求较高的单件生产。但由于百分表的移动距离较小,加工螺距较大或线数较多的多线螺纹时,可能使分线产生困难。

(3)用百分表和量块确定小滑板的移动量(见图 8-12)。用这种方法分线的精度较高,也适宜加工导程较大的多线螺纹,在车削过程中应经常找正百分表的零位。

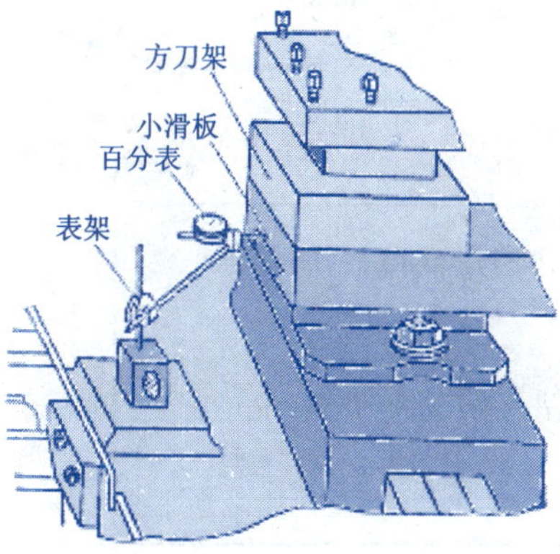

图 8-11　利用百分表进行分线

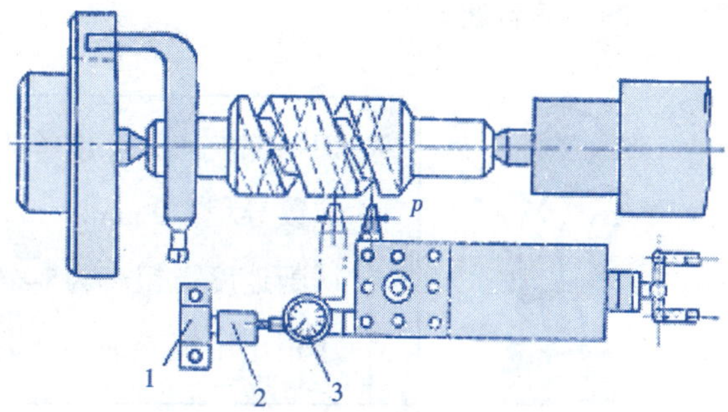

图 8-12　用百分表、量块进行分线

1—挡铁;2—量块;3—百分表

2)圆周分线法

(1)利用三爪自定心、四爪单动卡盘分线。当工件采用两顶尖,并用三爪自定心或四爪单动卡盘代替拨盘时,可利用卡爪对二、三、四线的多线螺纹进行分线。车好一条螺旋槽后,只需松开顶尖,把工件连同鸡心夹头转过一个角度,由卡盘上的另一只卡爪拨动,再顶好后顶尖,即可车削另一条螺旋槽。这种分线方法比较简单,但精度较差。

(2)利用交换齿轮分线。当车床主轴交换齿轮(即 Z_1)齿数是螺纹线数的整数倍时,可以利用主轴交换齿轮进行分线(见图 8-13)。分线时,应注意开合螺母不能提起,齿轮必须向一个方向转动。

3. 车削多线螺纹的方法

采用直进法或左、右切削法车削多线螺纹时,绝不可将一条螺旋槽车好后,再车另一条螺旋槽。图 8-14 所示为双线梯形螺纹车削顺序。

(1)粗车第一条螺旋槽,记住中、小滑板的刻度值。

（2）进行分线，粗车第二条、第三条……螺旋槽。如用轴向分线法，中滑板刻度值应与车第一条螺旋槽时相同；如用圆周分线法，中、小滑板的刻度值应与车第一条螺旋槽时相同。

（3）采用左、右切削法加工多线螺纹时，为了保证多线螺纹的螺距精度，车削每一条螺旋槽时的车刀轴向移动量（借刀量）必须相等。

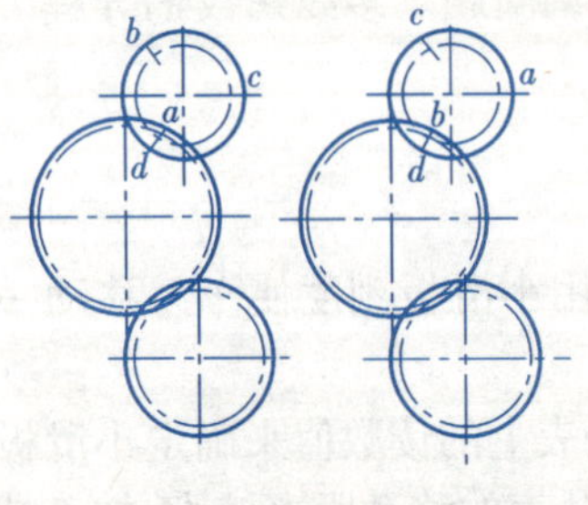

图 8-13　利用主轴交换齿轮进行分线

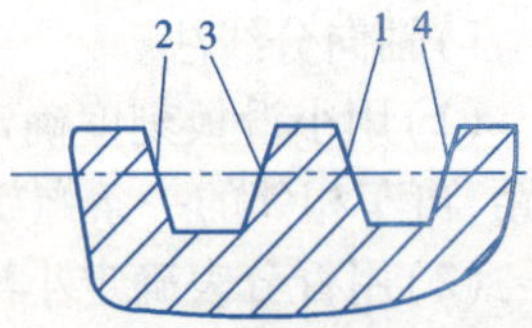

图 8-14　双线梯形螺纹车削顺序

（4）按上述方法精车各条螺旋槽。

四、任务实施

（1）检查、调整和润滑机床。

（2）正确选择切削用量，调整机床手柄位置，选择合理的机床转速。

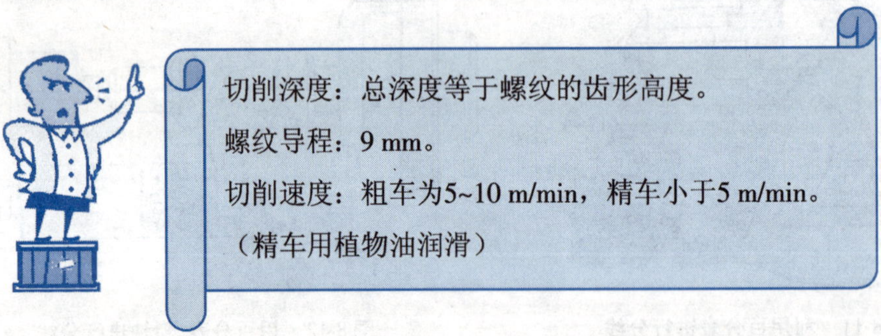

（3）按工件要求刃磨和安装车刀。

（4）双头螺杆加工工艺步骤如下：

①齐端面打中心孔，调头齐总长打中心孔；

②夹一端顶另一端车外圆 $\phi 38$ mm 长 70 mm，车 $\phi 27^{0}_{-0.02}$ mm 外圆长 25 mm；

③工件调头，夹 $\phi 27^{0}_{-0.02}$ mm 外圆顶另一端，车 $\phi 42^{0}_{-0.02}$ mm 外圆至 $\phi 43$ mm，车圆锥大端外圆至 $\phi 38$ mm，保证 $\phi 42^{0}_{-0.02}$ mm 外圆长 35 mm，车 M24 螺纹大径至尺寸；

④工件调头夹 $\phi 38$ mm 外圆顶车梯形螺纹外圆至尺寸，车 $\phi 42^{0}_{-0.02}$ mm 外圆至尺寸，切空刀槽至尺寸，车 Tr36 ×9（*P*4.5）双线梯形螺纹至尺寸，车 $\phi 27^{0}_{-0.02}$ mm 外圆至尺寸；

⑤工件调头，夹 $\phi 27^{0}_{-0.02}$ 外圆车圆锥大端 $\phi 36^{0}_{-0.02}$ 至尺寸，车圆锥至尺寸，车空刀槽，车 M24 三角形螺纹，各部分按要求倒角。

五、任务分配

ϕ45 mm×172mm 的 45 钢每人 2 件，按图 8-9 要求加工。
定额工时：300 min。

六、任务检测

用游标卡尺测量工件外圆。

七、任务评价

项　目	分　数	评分标准	检测结果	实得分数	综合分数	备　注
$\phi36^{0}_{-0.02}$ mm	4					
$\phi42^{0}_{-0.02}$ mm	7					
$\phi35^{0}_{-0.05}$ mm	6					
$\phi36^{0}_{-0.15}$ mm	3					
$\phi22^{0}_{-0.02}$ mm	8					
M24	8					
4 mm×2 mm	2					
170 mm	2					
40 mm	2					
70 mm	2					
35±0.10 mm	3					
$10^{+0.2}_{0}$ mm	3	不合格不得分				
9±0.03 mm	4					
5 mm	2					
6 mm	2					
4.5 mm	3					
25 mm	2					
1:10	5					
30°	2					
倒角 $C1$	2					
R_a1.6 μm	5					
9 mm	3					
安全生产	20					
时间						

八、教学质量分析

(1)多线螺纹导程大，走刀速度快，车削时要防止车刀、刀架、滑板碰撞卡盘和尾座。
(2)由于多线螺纹的螺纹升角大，车刀的两侧后角要相应增减。
(3)用移动小滑板分头时的注意事项有以下几方面。
①先检查小滑板行程量是否满足分线要求。
②小滑板移动方向必须与机床床身导轨平行，否则会造成分线误差。找正的方法是利用

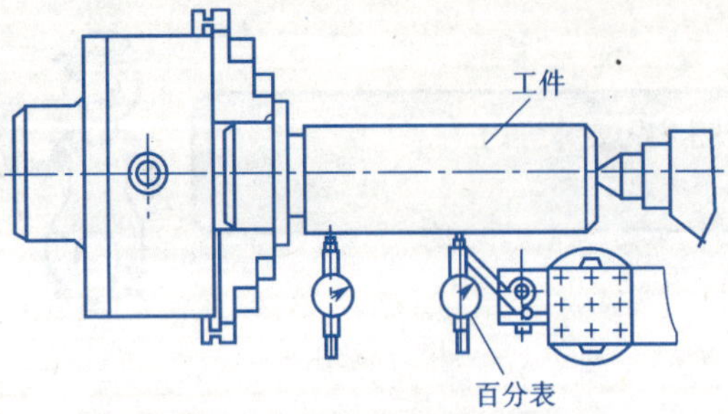

图 8-15　小滑板导轨校直方法

已车好的螺纹大径(其锥度应在 0.02 mm/100 mm 以内),找正小滑板导轨的有效行程对床身导轨平行度误差。如图 8-15 所示,百分表表架安放在刀架上,百分表触头在水平方向与工件外径接触,手摇小滑板误差不超过 0.02 mm/100 mm。若有偏差,松开转盘前后螺钉,进行微调直至符合要求。

③在每次分线时,小滑板手柄转动方向要相同,否则会由于丝杆与螺母之间的间隙而产生误差。在采用左、右切削法时,必须先车每个牙型的左侧面,再车牙型的右侧面(外螺纹)。

④在采用直进法车削小螺距多线螺纹工件时,应注意调整小滑板的间隙,不能太松,以防止切削时移位,影响分线精度。

(4)用百分表读数分线时,百分表的测量杆应平行于工件轴线,否则也会产生误差。加工中如有冲击和碰撞现象,都会影响分线精度。

(5)精车时要多次循环分线,第二次或第三次循环分线时,不准用小滑板赶刀(借刀),只能在牙型面上单面车削,以矫正赶刀或粗车时所产生的误差。经过循环车削,既能消除分线或赶刀所产生的误差,又能提高螺纹的精度和减小表面结构参数值。

(6)多线螺纹分线不正确的原因如下:

①小滑板移动距离不正确;

②车刀修磨后,未检查对准原来的轴向位置,或随便赶刀,使轴向位置移动;

③工件未夹紧,切削力过大而造成工件微量移动,也会使分线不正确。

子任务三　车多线蜗杆

目标要求

1. 了解多线蜗杆(线数 $z \leqslant 3$,模数 $m_x \leqslant 4$)的结构特点;
2. 掌握多线蜗杆的分线方法(单件生产)和车削方法;
3. 掌握多线蜗杆的检测方法。

一、任务单

任务图纸如图 8-16 所示。以此任务为例,进行多线蜗杆的车削。

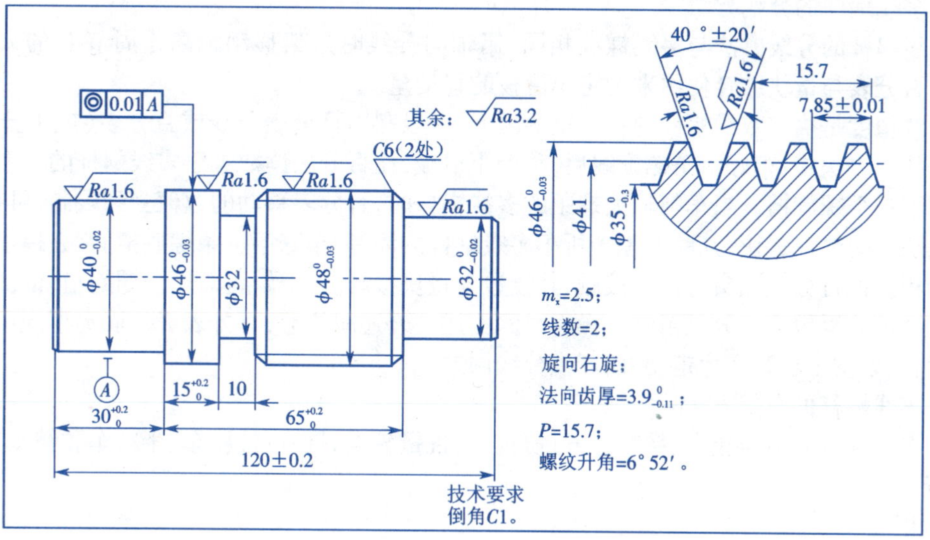

图 8-16　双线蜗杆的车削

二、任务准备

机床：CA6140。

量具：0～150 mm 游标卡尺、25～50 mm 千分尺、齿厚游标卡尺。

刀具：YT15，90°、45°外圆车刀；高速钢蜗杆粗车刀；高速钢蜗杆精车刀；$\phi3$ 中心钻；切槽刀。

夹具：三爪卡盘、莫氏 5 号锥柄钻夹头、莫氏 5 号活顶尖。

其他工具：螺丝刀、活扳手、叉扳手、弹簧刀杆。

三、相关知识

1. 多线蜗杆的结构特点

在外圆柱面上有两条以上螺旋槽的蜗杆，称为多线蜗杆，多线蜗杆传动广泛用于轴线交叉的减速传动中。

由于多线蜗杆导程大、齿形深、切削面积大、导程角也大，因此增加了切削难度。

导程与周节（螺距）的关系如下：

$$L = nP$$

$$P = \pi m_x$$

式中　L——蜗杆导程，mm；

n——蜗杆线数；

P——蜗杆周节，mm；

m_x——蜗杆模数。

导程角 γ 的计算：

$$\tan\gamma = \frac{L}{\pi d_1}$$

式中　d_1——分度圆直径，mm。

2. 多线蜗杆的分线方法

多线蜗杆的分线方法与多线螺纹相同，用轴向分线时刀架移动距离是周节 P 的大小，一般要将百分表与量块结合使用来确定小滑板的移动量。

分线精度是决定双线蜗杆的一个重要因素，可以利用百分表分线或百分表（或千分表）和量块分线。方法是：车好一条螺旋线后，移动小滑板，使百分表读数等于多线蜗杆的一个周节，再车削下一个螺旋槽。当车削较大螺距的多线蜗杆时，百分表移动的数值受到限制，可在百分表与挡块之间垫一量块，其厚度等于所车多线蜗杆的周节，车好第一条螺旋槽后，去掉量块，移动小滑板。把百分表测头与挡块接触，其读数与量块接触时一样，再车下一螺旋槽，依次分线。这种方法可获得较高的分线精度。操作时除上述之外还应注意：百分表必须固定牢固可靠，并经常找正，以防工作时产生走动，而产生分线误差。

3. 多线蜗杆的车削方法

车多线蜗杆一般应粗车、精车分开进行。当批量较大时还可按粗车、半精车和精车三道工序进行。

1）粗车

粗车方法同多线螺纹。

2）半精车

在加工批量较大时使用，为精车提供良好的坯件，留有较小的余量，故须保证一定的分度均匀性和正确的牙型角，其表面结构参数 $R_a12.5 \sim 6.3$ μm，底径车至零件要求尺寸，牙槽左右侧面留较小的精车余量（每面为 0.15 ~ 0.20 mm）。

3）精车

精车的切削速度和切削深度比半精车时要小，这时只精车牙槽左、右两侧面，不车底径。现以图 8-17 所示的双线蜗杆为例说明精车方法。设双线蜗杆的两条螺旋槽为 A 和 B，槽 A 的两侧为 A' 和 A''，槽 B 的两侧为 B' 和 B''，采用轴向分线法，先精车牙槽 A 的侧面 A' 和 A''，需用单针测量法来控制槽 A 在分度圆上的宽度 a，然后分头，精车槽 B 的侧面 B' 和 B'' 时，此时用单针测量法来控制槽 B 在分度圆上的宽度 a'，同时又要用齿厚游标卡尺控制齿厚 b 和 b'，使 $a = a'$，$b = b'$，这样精车双线蜗杆只分线一次即可精车好螺旋槽 A 和 B。

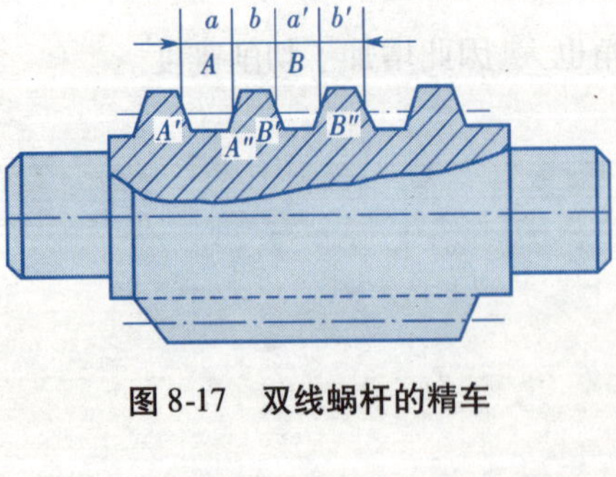

图 8-17　双线蜗杆的精车

4. 多线蜗杆的测量方法

1）齿厚测量法

图 8-7 所示为用齿厚游标卡尺测量蜗杆螺纹的法向齿厚。

2）单针测量法

由于多线蜗杆的导程比较大，又是逐个面车削加工，因此在车削过程中一般都采用单针测量法。

有时生产上会遇到蜗杆的精度要求高，而图样上标的是齿厚偏差，为提高测量精度，可将齿厚换算成量针测量距偏差，用三针法或单针法测量。图 8-18 所示为齿厚偏差的换算示意图。换算公式为

$$\Delta M = \Delta s \cot \frac{\alpha}{2}$$

式中　ΔM——三针测量时的量针测量偏差，mm；

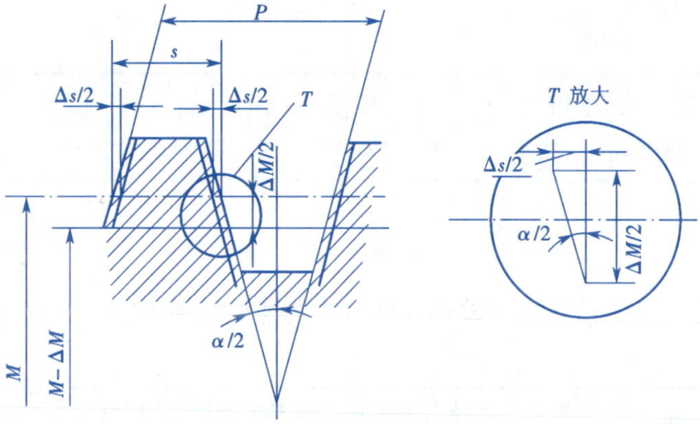

图 8-18　齿厚偏差的换算示意图

Δs——厚偏差，mm。

当$\dfrac{\alpha}{2}=20°$时，$\Delta M=2.747\ 5\ \Delta s$

如用单针测量时，其偏差数值应是三针测量量针距偏差的一半，以ΔA表示单针测量偏差。则有

$$\Delta A=\frac{\Delta M}{2}\Delta s=1.373\ 7\ \Delta s$$

四、任务实施

(1)检查、调整和润滑机床

(2)正确选择切削用量，调整机床手柄位置。

(3)按工件要求刃磨和安装车刀。

加工前要做好准备！

切削深度：总深度等于蜗杆的齿形高度。

蜗杆导程：15.7 mm

切削速度：粗车为5~10 m/min，精车小于5 m/min（精车用植物油润滑）。

(4)检查量具、工具是否齐全到位。

(5)双线蜗杆车削加工工艺有以下步骤：

①齐端面打中心孔 $\phi3$，车 $\phi45$ mm × 20 mm 夹头；

②工件调头，齐端面保证总长 120 mm，打中心孔 $\phi3$；

③夹已车好的工艺夹头，顶一端中心孔车 $\phi32$ mm、$\phi46$ mm 外圆，切底径 $\phi32$ mm 宽 10 mm 退刀槽至尺寸；

④车双线蜗杆至尺寸；

⑤工件调头车 $\phi40$ mm、$\phi46$ mm 外圆至尺寸，保证各台阶长度尺寸。

五、任务分配

$\phi50$ mm × 125 mm 的 45 钢每人 2 件，按图 8-16 要求加工。
单件工时为 240 min。

六、任务检测

每人一件，首件交实训指导教师检查合格后才允许批量加工。

七、任务评价

项　目	分　数	评分标准	检测结果	实得分数	综合分数	备　注
$\phi40^{0}_{-0.02}$ mm	8	不合格不得分				
$\phi48^{0}_{-0.03}$ mm	8					
$\phi46^{0}_{-0.03}$ mm	8					
$\phi32^{0}_{-0.02}$ mm	8					
$\phi32$ mm	3					
$30^{+0.2}_{0}$ mm	4					
$65^{+0.2}_{0}$ mm	4					
120 ± 0.2 mm	3					
10 mm	2					
$25^{+0.2}_{0}$ mm	3					
同轴度	6					
倒角 $C6$	3					
倒角 $C1$	2					
$R_a1.6$ μm	5					
$\phi35^{0}_{-0.3}$ mm	3					
15.7 mm	5					
7.85 ± 0.01 mm	5					
安全生产	20					

八、教学质量分析

(1)应根据多线蜗杆的导程变换手柄位置及调整挂轮。

(2)车床摩擦离合器要调整适当，正反车操纵灵敏可靠。

(3)车多线蜗杆第一条螺旋槽应验证导程，车第二条、第三条……螺旋槽时应验证周节(螺距)。

(4)多线蜗杆螺纹粗车时，应尽可能缩短工件的装夹长度，以提高工件刚性。

(5)车削过程中随时进行测量，保证齿形两侧面分度圆直径上齿厚符合要求。

(6)要调整好机床。车床本身会存在机床精度误差，如传动链精度不够、丝杆精度不够、开合螺母与丝杆啮合间隙不一致等。

(7)一般经粗车、半精车，刀刃口已有磨损，如用不锋利的车刀精车，会严重影响分线精度，因此要及时刃磨车刀。

任务九 车偏心工件

子任务一 在三爪自定心卡盘上车偏心工件

目标要求

1. 掌握在三爪自定心卡盘上垫垫片车偏心工件的方法；
2. 掌握偏心距的检查方法；
3. 能掌握车削偏心工件的各种车削方法。

一、任务单

任务图纸如图 9-1 所示。以此任务为例,在三爪自定心卡盘上进行偏心工件的车削。

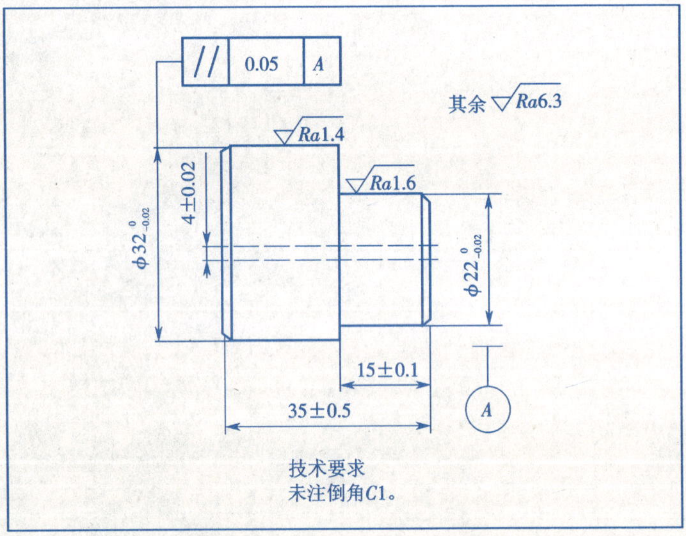

图 9-1 Z4012A 台钻偏心轴

二、任务准备

机床:CA6140。

量具:0～150 mm 游标卡尺,25～50 mm 千分尺,0～10 mm 百分表。

刀具:YT15,90°、45°外圆车刀。

夹具:三爪卡盘、厚度 6 mm 垫片。

其他工具:螺丝刀、活扳手、叉扳手、磁力表座。

三、相关知识

长度较短的偏心工件,可以在三爪自定心卡盘上进行车削。先把偏心工件中不是偏心的外圆车好,随后在三爪中任意一个卡爪与工件接触面之间,垫上一块预先选好厚度的垫片,在相应的卡爪上做好记号,如图 9-2 所示,并把工件夹紧,即可车削。

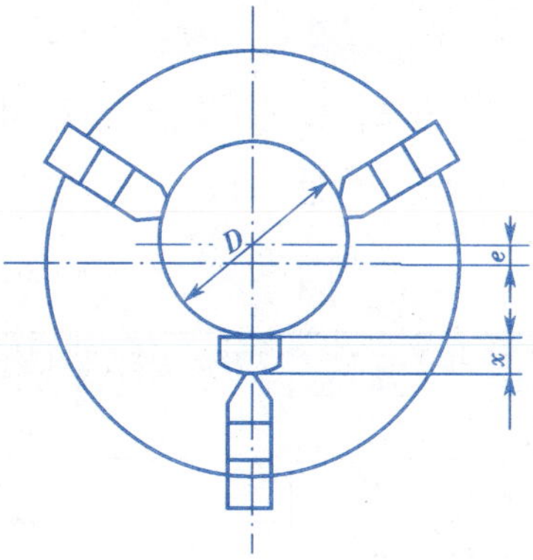

图 9-2　在三爪自定心卡盘上车偏心工件

四、任务实施

(1)调整机床各部分的间隙。

(2)正确选择切削用量,调整机床各手柄的位置。

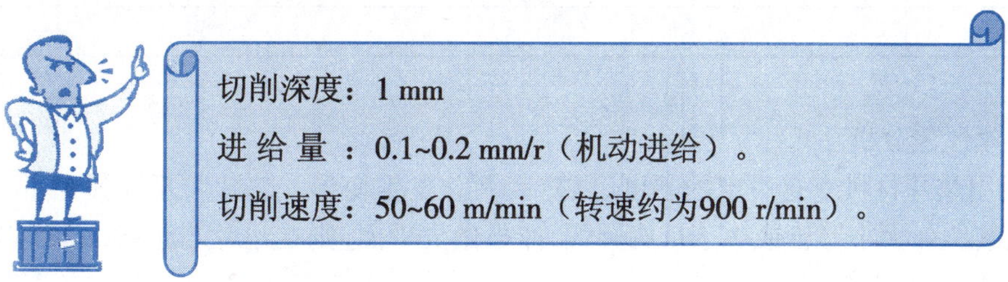

(3)针对工件的形状确定刀具的基本角度。

(4)Z4012A 台钻偏心轴车削加工工艺有以下步骤。

①下料:45 钢,毛坯尺寸 $\phi35$ mm × 37 mm。

②夹持毛坯外圆,粗、精车外圆 $\phi32^{0}_{-0.02}$ mm,长度 20 mm。

③倒角 $C1$。

④工件调头,保证总长 35 ±0. 5 mm。

⑤夹持 $\phi32$ 外圆加 6 mm 垫片装夹,用百分表找好偏心距。

⑥粗、精车外圆 $\phi22^{0}_{-0.02}$ mm,长度 15 ±0. 1 mm。

⑦倒角 $C1$。

五、任务分配

Z4012A 台钻轴承套，每人 8 件，按图 9-1 要求加工。单件工时为 40 min。

六、任务检测

(1)外圆及长度用游标卡尺或千分尺测量。

(2)偏心部分用百分表测量。

七、任务评价

项　目	分　数	评分标准	检测结果	实得分数	综合分数	备　注
$\phi22^{0}_{-0.02}$ mm	15	不合格不得分				
$\phi32^{0}_{-0.02}$ mm	15					
4 ±0.02 mm	20					
15 ±0.1 mm	8					
35 ±0.5 mm	7					
倒角 $C1$	6					
表面结构参数 R_a1.6 μm	9					
安全生产	20					
时间						

八、教学质量分析

(1)所用垫片材料应有一定的硬度，以防装夹时发生变形。垫片与爪脚接触的一面应做成圆弧面，其圆弧大小等于或小于爪脚圆弧，如果做成平面，则在垫片与爪脚之间将会产生间隙，造成误差。(见图 9-2)

(2)为了防止硬质合金刀头碎裂，车刀应有一定的刃倾角，切削深度深一些，进给量小一些。

(3)由于工件偏心，在开车前车刀不能靠近工件，以防工件碰击车刀。

(4)车偏心工件时，要采用高速钢车刀。

(5)为了保证偏心轴两轴线的平行度，装夹时应用百分表校正工件外圆，使外圆侧母线与车床主轴轴线平行。

(6)用百分表(量程大于 8 mm)在圆周上测量，缓慢转动，观察其跳动量是否是 8 mm，如图 9-3 所示。

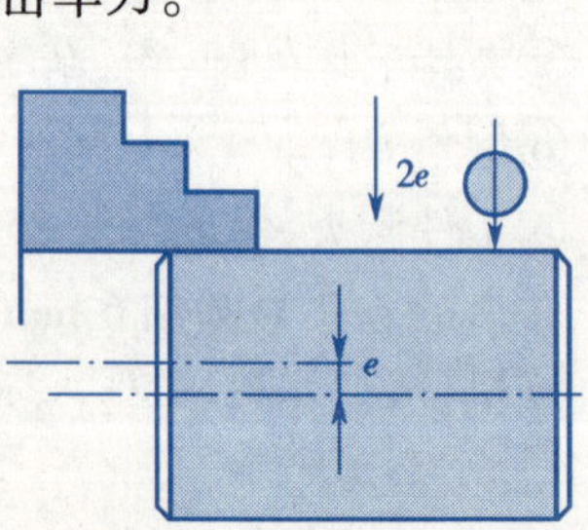

图 9-3　检查偏心距

(7)按上述方法检查后，如偏差超出允许范围，应调整垫片厚度，合格后才可正式车削。

(8)在三爪自定心卡盘上车偏心工件，一般仅适用于精度要求不高、偏心距在 10 mm 以下的短偏心工件。

子任务二　在四爪单动卡盘上车偏心工件

> 目标要求
>
> 1. 掌握在四爪单动卡盘上车偏心工件的方法；
> 2. 掌握偏心工件的划线方法和步骤。

一、任务单

任务单如图 9-4 所示。以此任务为例，在四爪单动卡盘上进行偏心工件的车削。

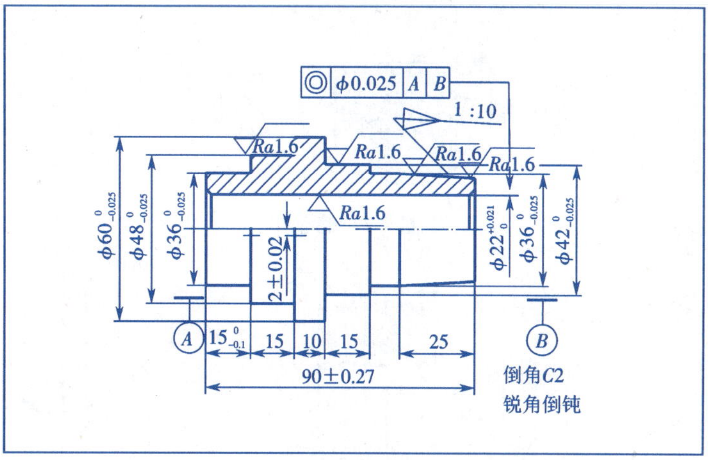

图 9-4　偏心套

二、任务准备

机床：CA6140。

量具：0 ~ 150 mm 游标卡尺、25 ~ 50 mm 千分尺、0 ~ 10 mm 百分表、0° ~ 320°万能角度尺、高度尺。

刀具：YT15，90°、45°车刀；ϕ20 mm 钻头；ϕ3 中心钻；ϕ22H7 铰刀；YT15，90°内孔车刀。

夹具：四爪卡盘、前顶尖、莫氏 5 号锥柄钻夹头、莫氏 5 号活顶尖、鸡心夹。

其他工具：螺丝刀、活扳手、叉扳手、磁力表座、厚度 3 mm 垫片、平板、划线盘。

三、相关知识

一般精度要求不高、偏心距小、工件长度较短而简单的偏心工件可在四爪单动卡盘（见图 9-5）上车削。装夹工件时，必须找正已画好的偏心中心线，使偏心中心线跟车床主轴轴线重合（见图 9-6）。偏心找正以后，还应找正工件外圆侧母线，使侧母线与车床主轴轴线平行。

偏心工件的划线和在四爪卡盘上的车削方法有以下几步。

（1）把工件毛坯车成圆轴，使它的直径等于 D，长度等于 L，如图 9-7 所示。在轴的两端面和圆上涂色，然后把它放在 V 形架上进行划线，用划针先在端面上和外圆上划一组与工件中心线等高的水平线，如图 9-8（a）所示。

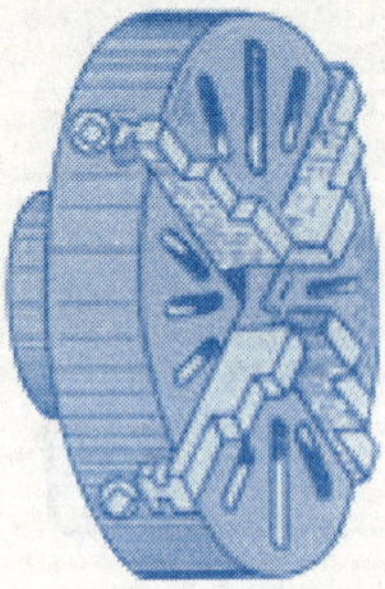

图 9-5　四爪单动卡盘

图 9-6　用百分表找正

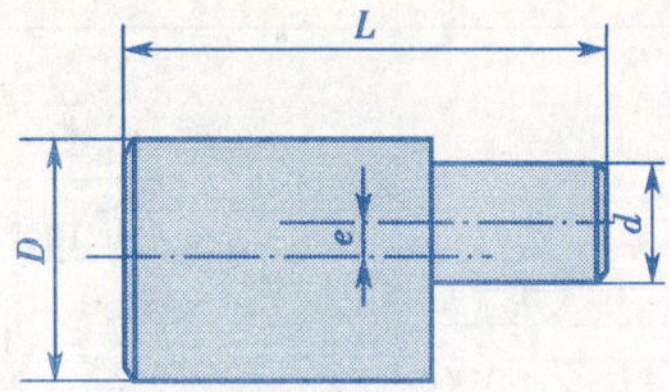

图 9-7　偏心件

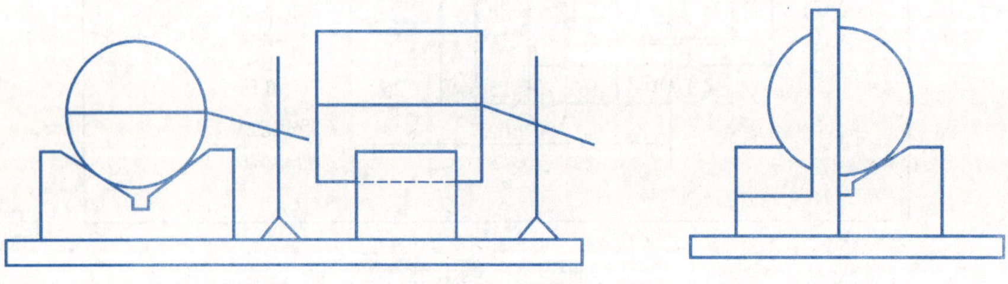

图 9-8　偏心轴的划线方法

(a)用划针划水平线；(b)用角尺对齐划好的线

(2)把工件转动 90°，用 90°角尺对齐已划好的端面线，然后在端面上和外圆上划另一组水平线，如图 9-8(b)所示。

(3)用两脚规以偏心距 e 为半径，在工件的端面上取偏心距 e 值，作出偏心点。以偏心点为圆心作圆，并用样冲在所划出的线上打好样冲眼。这些样冲眼应打在线上(见图 9-9)，不能歪斜，否则会产生偏心距误差。

(4)把划好线的工件装在四爪单动卡盘上(图 9-10)。在装夹时，先调节夹盘的两爪，使其呈不对称位置，另外两爪呈对称位置，工件偏心圆中心线在夹盘中央。

(5)在床面上放好小平板和划线盘，针尖对准偏心圆线，找正偏心圆。然后把针尖对准外圆水平线，如图 9-11 所示，自左至右检查水平线是否水平。把工件转动 90°，用同样的方法检查另一条水平线，然后紧固卡脚和复查工件装夹情况。

(6)工件经找正后，把四爪再拧紧一遍，即可进行切削(见图 9-12)。在初切削时，进给量要小，切削深度要浅，等工件车圆后，切削用量方可以增加，否则会损坏车刀或使工件移位。

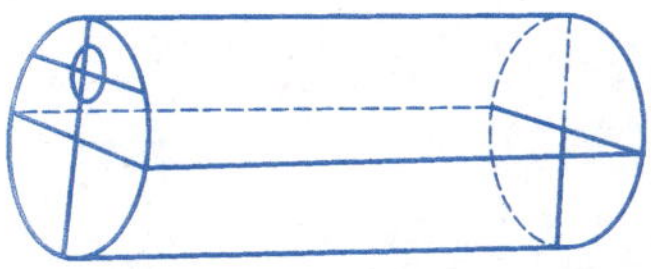

图 9-9　划偏心

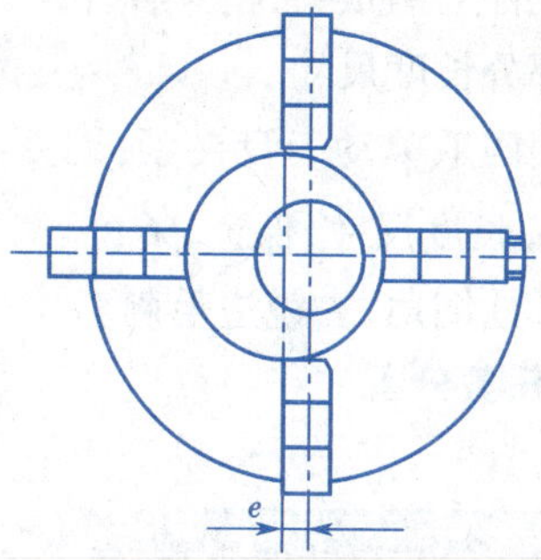

图 9-10　用四爪单动卡盘装夹偏心工件的方法

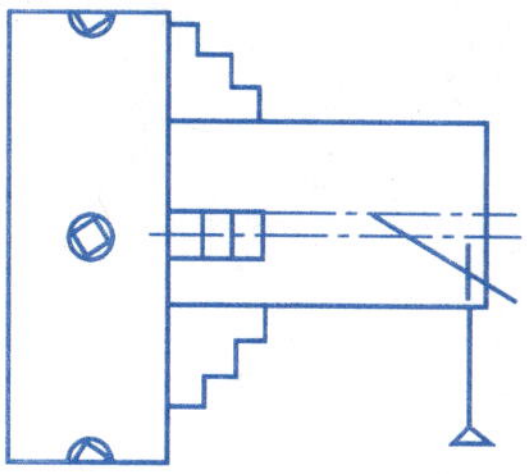

图 9-11　在外圆上找正水平线

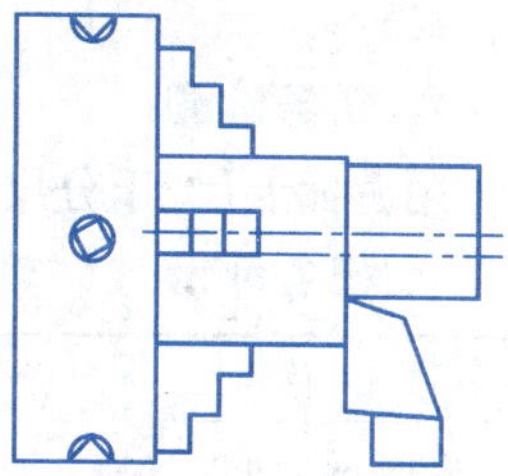

图 9-12　车偏心

四、任务实施

(1)检查、调整和润滑机床。

(2)正确选择切削用量,调整机床手柄位置。

切削深度：1.5 mm。

进 给 量 ：0.20~0.3 mm/r（机动进给）。

切削速度：50~60 m/min(主轴转速约为750 r/min）。

（加工中心孔机床转速应适当提高）

(3)按要求刃磨所需要的各种车刀。

(4)制订零件的加工工艺步骤。

(5)车削加工工艺有以下步骤。

①下料:45 号钢,ϕ65 mm ×92 mm。

②齐端面打中心孔。

③工件调头,齐端面保证总长 90 ±0. 27 mm。

④一夹一顶粗车各外圆,留余量 2 mm,长度留余量 1 mm, $\phi48^{0}_{-0.025}$ mm 外圆车至 ϕ62 mm。

⑤夹 ϕ62 mm 外圆,钻、扩、铰 ϕ22H7 内孔,两端孔口倒角 $C1$。

⑥工件上两顶尖，精车各外圆，车 1∶10 圆锥面至尺寸，$\phi48^{0}_{-0.025}$ mm 按 $\phi60^{0}_{-0.025}$ mm 车削，精车各部分长度尺寸。

⑦用四爪单动卡盘夹紧，用百分表找正偏心距 2 ±0.02 mm，车削 $\phi48^{0}_{-0.025}$ mm外圆尺寸及 15 mm 长度尺寸，保证 $\phi60^{0}_{-0.025}$ mm 外圆长度 10 mm。

⑧各处倒角，去锐边毛刺。

五、任务分配

Z4012A 台钻偏心套，每人 2 件，按图 9-4 要求加工。
单件工时为 180 min。

六、任务检测

用游标卡尺、千分尺、百分表、V 形铁及其相应的辅助工具检测。

七、任务评价

项　目	分　数	评分标准	检测结果	实得分数	综合分数	备注
$\phi36^{0}_{-0.025}$ mm	8	不合格不得分				
$\phi36^{0}_{-0.025}$ mm	8					
$\phi42^{0}_{-0.025}$ mm	8					
$\phi48^{0}_{-0.025}$ mm	8					
$\phi60^{0}_{-0.025}$ mm	8					
2 ±0.02 mm	6					
10 mm	2					
15 mm	2					
15 mm	2					
$15^{0}_{-0.10}$ mm	4					
25 mm	2					
90 ±0.27 mm	4					
$\phi22_{0}^{+0.021}$ mm	6					
锥度 1∶10	4					
倒角	2					
表面质量	6					
安全生产	20					

八、教学质量分析

(1)在划线上打样冲眼时，必须打在线上或交点上，一般打四个样冲眼即可。操作时要认真、仔细、准确，否则容易造成偏心距误差。

(2)平板、划线盘底面要平整、清洁，否则容易产生划线误差。

(3)划针要经过热处理使其头部的硬度达到要求,尖端磨成15°~20°的锥角,头部要保持尖锐,使划出的线条清晰、准确。

(4)工件装夹后,为了检查划线误差,可用百分表在外圆上测量。缓慢转动工件,观察其跳动量是否为4 mm。

(5)使用百分表要特别注意,工件的最低点压表不要太大,以防止百分表的量程不够而造成百分表损坏。

子任务三　在两顶尖间车偏心工件

目标要求

1. 掌握车偏心轴(包括简单曲轴)的方法和步骤;

2. 掌握偏心轴(包括简单曲轴)的划线方法(用高度游标卡尺)和钻中心孔的方法;

3. 分析产生废品的原因及提出防止的方法

一、任务单

任务图纸如图9-13所示。以此任务为例,在两顶尖间进行偏心工件的车削。

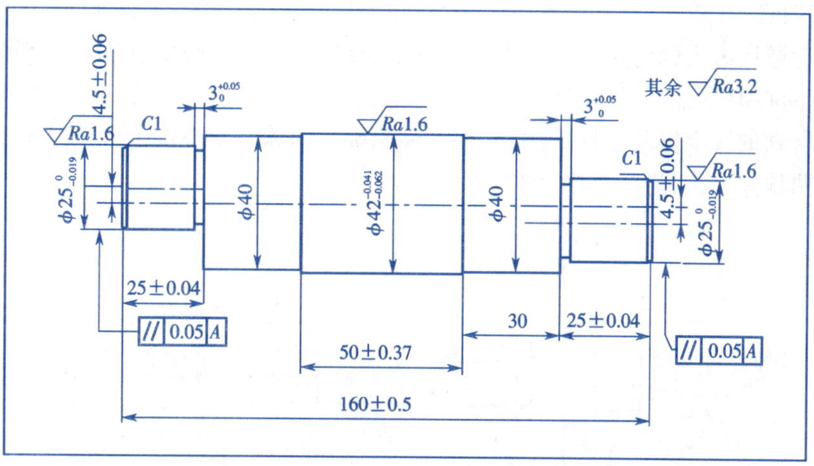

图9-13　偏心轴

二、任务准备

机床:CA6140。

量具:0~150 mm游标卡尺、25~50 mm千分尺、0~10 mm百分表。

刀具:YT15,90°、45°车刀;$\phi 3$中心钻。

夹具:三爪卡盘或四爪卡盘、前顶尖,莫氏5号锥柄钻夹头、莫氏5号活顶尖、鸡心夹。

其他工具:螺丝刀、叉扳手、磁力表座,厚度6.75 mm垫片、平板、划线盘、高度尺、样冲。

三、相关知识

较长的偏心轴，只要轴的两端面能钻中心孔，有鸡心夹头的装夹位置，一般应该用在两顶尖间车偏心的方法。图 9-14 的偏心轴就可用这种方法进行车削。它的操作方法有以下几步。

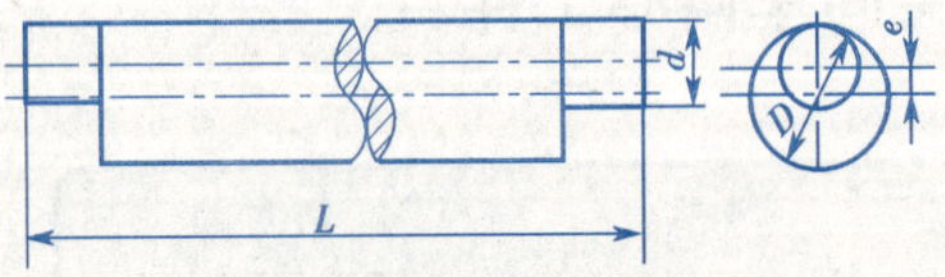

图 9-14　偏心轴

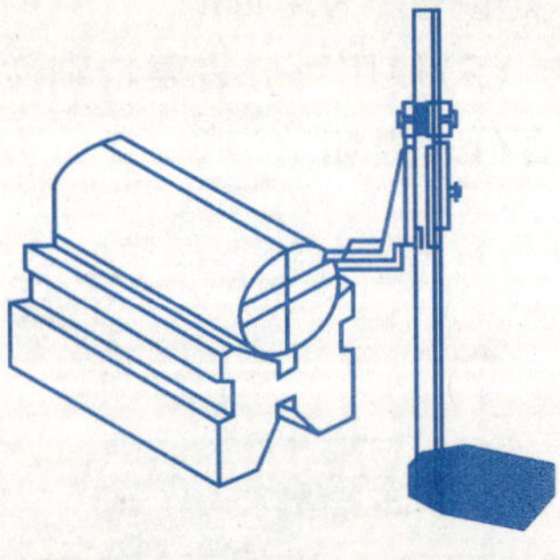

图 9-15　偏心轴的划线方法

(1)把坯料车成要求的直径 D 和长度 L。

(2)在需要划线的圆柱表面涂色，然后把工件放在 V 形架上，如图 9-15 所示，用高度游标卡尺量取轴的最高点与划线平板之间的距离，记下尺寸，再把高度游标卡尺的游标下移到工件半径的尺寸，在工件的端面和圆柱的表面划线。

(3)工件转动 90°，用 90°角尺对齐已画好的端面线，再用调整好的高度游标卡尺，在两端面和圆柱面划线。

(4)高度游标卡尺的游标上移一个偏心距 e 的尺寸，并在两端面和圆柱表面划线，端面上的交点即是偏心中心点。

(5)在所划的线上打几个样冲眼，并在工件两端面的偏心中心点上分别钻出中心孔。

(6)用两顶尖顶夹，进行车削，如图 9-16 所示。

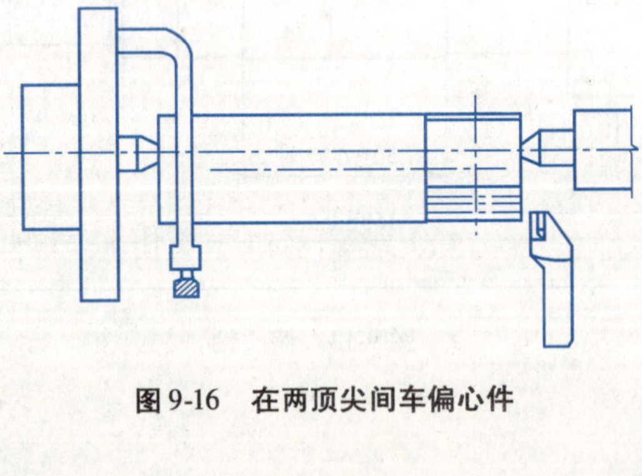

图 9-16　在两顶尖间车偏心件

四、任务实施

(1)正确地选择切削用量。

(2)调整机床手柄位置。

(3)按工件要求刃磨车刀。

(4)调整合理的机床转速。

切削深度：1 mm。

进 给 量 ：0.2 mm/r。

切削速度：车外圆为50~60 m/min。

(5)偏心轴车削工艺有以下步骤。

①下料:45 钢,$\phi45$ mm×162 mm。

②齐端面打中心孔。

③工件调头齐总长,保证长度 160 mm,打中心孔。

④两顶尖顶紧,车削外圆 $\phi42^{-0.011}_{-0.041}$ mm 至 $\phi43.5$ mm。

⑤划线,准备在两端打偏心中心孔。

⑥在四爪装夹,用百分表找正偏心距 4.5±0.06 mm 打中心孔,工件旋转 180°再用百分表找正偏心距 4.5±0.06 mm 打中心孔。

⑦工件调头用上一步的方法加工中心孔。

⑧两顶尖顶紧,车削 $\phi25^{0}_{-0.019}$ mm 外圆,保证长度 25±0.04 mm,切空刀槽 $3^{+0.05}_{0}$ mm,倒角 $C1$。(注意:两顶尖顶车外圆时,看好两端中心孔必须是偏在工件轴线一侧的两中心孔。)

⑨两顶尖顶紧,车削另一端 $\phi25^{0}_{-0.019}$ mm 外圆,用上述方法车削。这一次两顶尖顶的是偏向轴线另一侧的中心孔。车削 $\phi25^{0}_{-0.019}$ mm 外圆,保证长度 25±0.04 mm,切空刀槽 $3^{+0.05}_{0}$ mm,倒角 $C1$。

⑩两顶尖顶紧,车削 $\phi40$ mm 外圆、$\phi42^{-0.011}_{-0.041}$ mm 外圆至尺寸。

⑪工件调头,两顶尖顶紧,车削 $\phi40$ mm 外圆,保证 $\phi42^{-0.011}_{-0.041}$ mm 外圆长度尺寸 50±0.37 mm,去锐边毛刺。

五、任务分配

Z4012A 台钻偏心套,每人 2 件,按图 9-13 要求加工。单件工时为 180 min。

六、任务检测

用游标卡尺、千分尺、百分表、V 形铁及其他辅助工具检测。

七、任务评价

项目	分数	评分标准	检测结果	实得分数	综合分数	备注
$\phi 25^{0}_{-0.019}$ mm	10	不合格不得分				
$\phi 25^{0}_{-0.019}$ mm	10					
$\phi 40$ mm	2					
$\phi 40$ mm	2					
$\phi 42^{-0.041}_{-0.062}$ mm	10					
4.5 ± 0.06 mm	8					
4.5 ± 0.06 mm	8					
$3_{0}^{+0.05}$ mm	6					
$3_{0}^{+0.05}$ mm	6					
25 ± 0.04 mm	4					
25 ± 0.04 mm	4					
30 mm	2					
50 ± 0.37 mm	4					
160 ± 0.5 mm	2					
表面质量	2					
安全生产	20					
时间						

八、教学质量分析

容易出现的问题及解决的方法如下：

①划线、打样冲眼要认真、仔细、准确，否则容易造成两轴轴心线歪斜和偏心距误差；

②支撑螺钉不能支撑得太紧，以防止工件变形；

③车偏心工件时要防止硬质合金车刀被碰坏；

④车偏心工件时顶尖受力不均匀，前顶尖容易损坏或移位，因此必须经常检查。

任务十　复杂零件的装夹和车削

子任务一　找正十字线练习

目标要求

1. 能在四爪单动卡盘上找正十字线；

2. 通过装夹、找正练习后，要求一次装夹、找正时间在 30 min 内完成，其误差不大于 0.15 mm；

3. 能正确地选择在花盘、四爪卡盘和花盘角铁上加工外形复杂的特殊工件；

4. 能正确地使用各种夹具加工出合格零件。

一、任务单

任务图纸如图 10-1 所示。以此任务为例，进行十字线的找正练习。

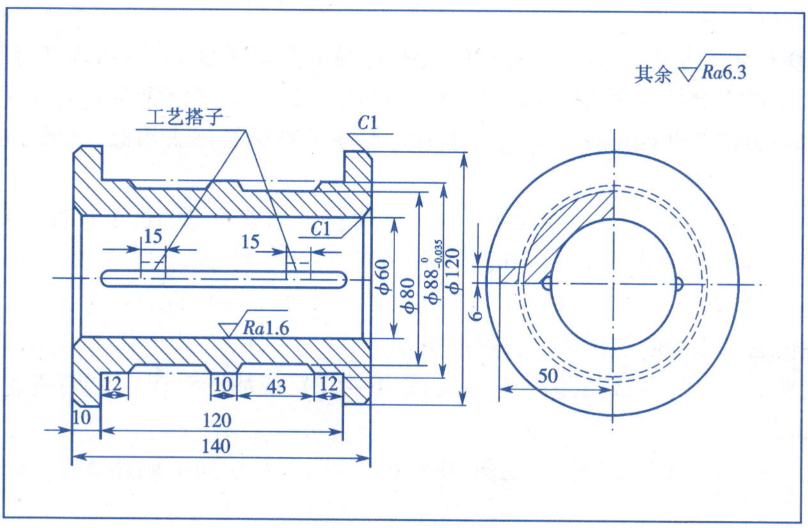

图 10-1　对合轴瓦

二、任务准备

机床：CA6140。

量具：0 ~ 150 mm 游标卡尺、25 ~ 50 mm 千分尺，0 ~ 10 mm 百分表。

刀具：YT15，90°、45°外圆车刀；YT15，90°内孔车刀；挖槽刀。

夹具：三爪卡盘或四爪卡盘、前顶尖、莫氏 5 号锥柄钻夹头、莫氏 5 号活顶尖、鸡心夹头。

其他工具：螺丝刀、活扳手、叉扳手、磁力表座、厚度 6.75 mm 垫片、箱式平板（见图 10-2）、高度游标卡尺(见图 10-3)、样冲、划线盘。

图 10-2　箱式平板实物

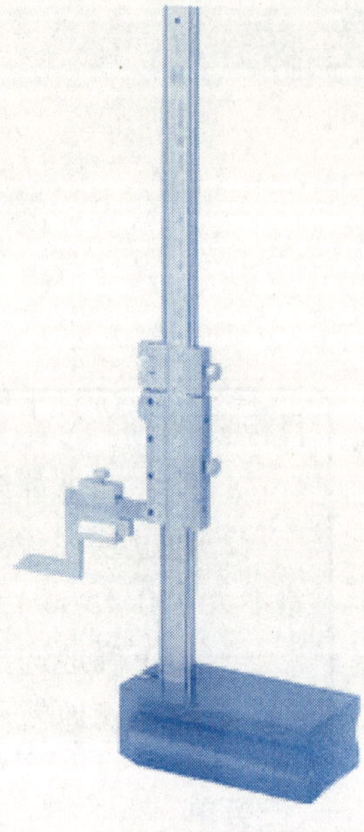

图 10-3　高度游标卡尺实物

三、相关知识

在车图 10-1 所示的对合轴瓦时,将工件装夹在四爪单动卡盘上,用划线进行找正。既要找正工件端面上的对分线及其左右两端面处的外圆,又要找正对分线对床面导轨的平行度。这种找正的基本方法与在四爪单动卡盘上车偏心工件时的找正方法相似,都属于找正十字线的内容,是车工的基本技能之一。

在车床上找正十字线时,开始往往不知道在小平板上的划线盘的针尖是否对准主轴中心,但可以在找线时检查和调整。其方法如图 10-4 所示:先用手转动工件,找平 $A(A_1)B(B_1)$ 线;调整划针高度时针尖通过 AB 线,然后工件转过 180°。可能出现的问题如下:

(1)针尖仍通过 AB 线,这说明针尖对准主轴中心,且工件 AB 线也找正,见图 10-4(a);

(2)针尖在下方,与 AB 线相差距离 Δ,见图 10-4(b),说明画针应向上调整 $\Delta/2$,工件 AB 线向下调整 $\Delta/2$。

(3)针尖在上方,与 AB 线相距 Δ,见图 10-4(c),这时画针应向下调整 $\Delta/2$,AB 线向上调整 $\Delta/2$。

这样,工件反复转 180°进行找正,直至划线盘针尖总通过 AB 线为止。

当划线盘高度调整好后,再找十字线时,就容易得多。工件上 $A(A_1)B(B_1)$ 线找平后,如在划针针尖上方,工件就往下调;反之,工件就往上调。

在找十字线时,要注意综合考虑:先找内端线,后找外端线;两条十字线(见图 10-4 中 $A(A_1)B(B_1)$ 线)要同时找正;反复进行,全面检查。

三爪卡盘的内部结构及安装工件的方法见图 10-5。

四、任务实施

①铸造:ZQSn6-6-3。

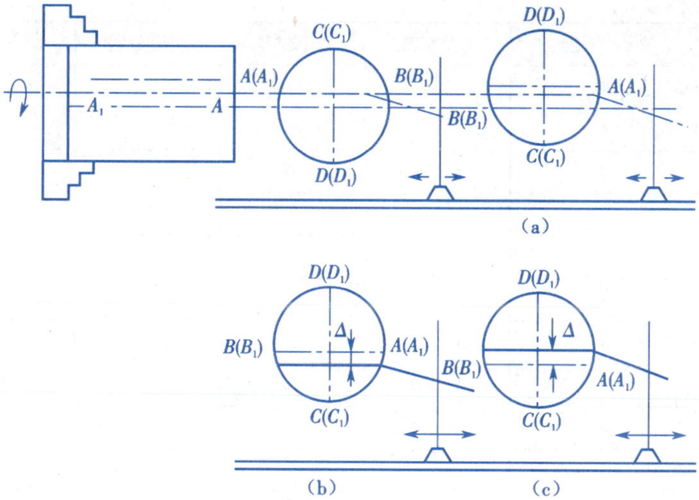

图 10-4　找正十字线的方法

(a)针尖通过 *AB* 线;(b)针尖在 *AB* 线下方;(c)针尖在 *AB* 线上方

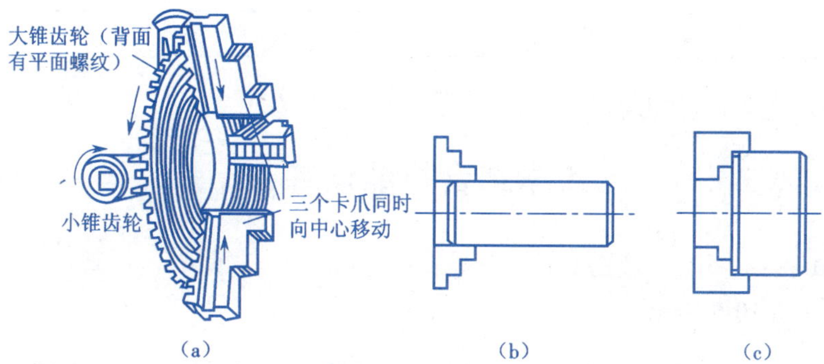

图 10-5　三爪卡盘的内部结构及安装工件的方法

(a)结构;(b)夹持棒料;(c)反爪夹持大棒料

②铣加工对合平面。

③对合整体后四爪装夹找正,伸出长度 145 mm。(应特别注意对合部分两侧对称)

④齐端面,车外圆 ϕ120 mm,倒角 1 ×45°,车 ϕ60 mm 内孔,倒角 1 ×45°。

⑤用切槽刀车削 $\phi 88^{0}_{-0.035}$ mm 外圆,车 ϕ80 mm 外圆,保证各部分长度尺寸。

⑥工件调头、找正、齐总长保证长度 140 mm。

五、任务分配

对合轴瓦,每人 2 件,按图 10-1 要求加工。单件工时为 180 min。

六、任务评价

项　目	分　数	评分标准	检测结果	实得分数	综合分数	备　注
$\phi88^{0}_{-0.035}$ mm	20	不合格 不得分				
$\phi60$ mm	8					
$\phi80$ mm	8					
$\phi120$ mm	8					
10 mm	4					
12 mm	4					
10 mm	4					
43 mm	4					
12 mm	4					
120 mm	3					
140 mm	3					
倒角 $C1$（6 处）	6					
表面 $Ra3.2$ μm	4					
安全生产	20					

工学结合技能训练 1

一、任务单

任务图纸如图 10-6 所示。

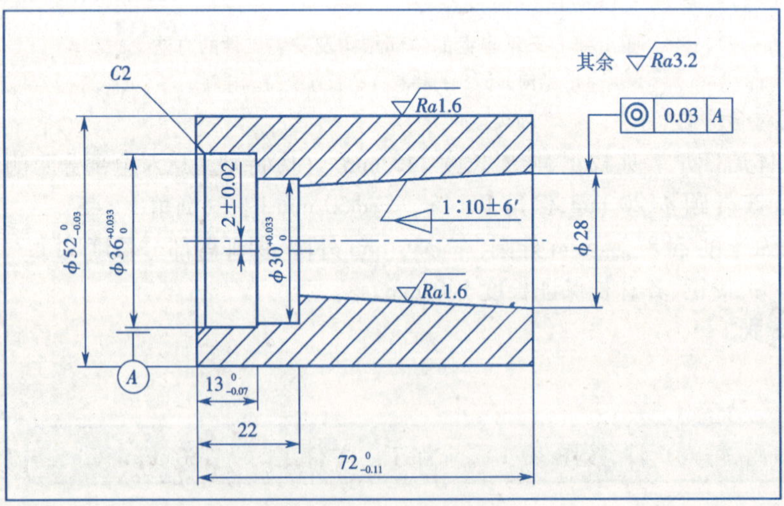

图 10-6　圆锥孔偏心套

二、任务准备

机床：CA6140。

量具：0～150 mm 游标卡尺、25～50 mm 千分尺；0～10 mm 百分表。

刀具：YT15，90°、45°外圆车刀；YT15，90°内孔车刀；$\phi3$ 中心钻、$\phi22$ 钻头。

夹具：三爪卡盘或四爪卡盘、前顶尖、莫氏 5 号锥柄钻夹头、莫氏 5 号活顶尖、鸡心夹。

其他工具：螺丝刀、活扳手、叉扳手、磁力表座、厚度 6.75 mm 垫片、平板、划线盘、高度游标卡尺、样冲。

三、任务实施

（1）调整和润滑机床。

（2）正确地选择切削用量，调整机床手柄位置。

切削深度：2 mm。

进 给 量 ：0.3~0.35 mm/r。

切削速度：车外圆为50~60 m/min（主轴约为500 r/min），车内孔为40~50 m/min，铰孔小于5 m/min（加注切削液）。

（3）按工件要求刃磨和安装车刀。

（4）刃磨所使用的外圆车刀和内孔车刀。

（5）检查测量铰刀和铸件毛坯的尺寸。

（6）圆锥孔偏心套车削加工工艺有以下步骤。

①下料：45 钢 $\phi55$ mm×77 mm。

②夹持毛坯外圆，车端面，车工艺夹头。

③车端面，保证总长 $72^{0}_{-0.11}$ mm，打中心孔。

④一夹一顶装夹，粗精车 $\phi52^{0}_{-0.03}$ mm 外圆，钻孔 $\phi22$ mm，车内锥孔。

⑤工件调头，用 6.75 mm 垫片垫在工件与卡盘爪之间获得偏心量。

⑥车 $\phi30_{0}^{+0.033}$ mm 偏心孔。

⑦取下垫片，夹工件外圆车 $\phi36_{0}^{+0.033}$ mm，倒角。

四、任务分配

圆锥孔偏心套，每人 2 件，按图 10-6 要求加工。单件工时为 180 min。

五、任务检测

外圆用游标卡尺、千分尺测量，内孔用塞规测量，偏心量用百分表测量。

六、任务评价

项　目	分　数	评分标准	检测结果	实得分数	综合分数	备　注
$\phi28$ mm	8	不合格不得分				
$\phi30_{0}^{+0.033}$ mm	10					
$\phi36_{0}^{+0.033}$ mm	10					
$\phi52_{-0.03}^{0}$ mm	10					
2 ± 0.02 mm	10					
$13_{-0.07}^{0}$ mm	8					
22 mm	4					
$72_{-0.11}^{0}$ mm	6					
内圆锥	6					
内孔表面	2					
外圆表面	2					
去锐边毛刺	4					
安全生产	20					
时间						

七、教学质量分析

(1)由于工件偏心，装夹较难，在调整卡爪时，应防止工件跌落，损坏床面。

(2)找正工件时，应保护线条清洁，防止敲坏样冲眼，以利于反复练习。

(3)用划线盘找正时，不要把划针尖在线条上划动，以防把线条划坏，影响找正精度。

(4)划线时，应检查平板的平面和划线盘的底平面是否有碰伤，以免影响划线精度。

(5)找正十字线时，工件不宜夹得过长，一般为 10 ~ 15 mm。

子任务二　在四爪单动卡盘上装夹、车对称工件

目标要求

1. 掌握杠杆式百分表的使用方法；
2. 掌握在四爪单动卡盘上找正对称工件的方法；
3. 能根据百分表测量读数调整卡爪，达到工件精度。

一、任务单

任务图纸如图 10-7 所示。以此任务为例，在四爪单动卡盘上进行对称工件的装夹车削。

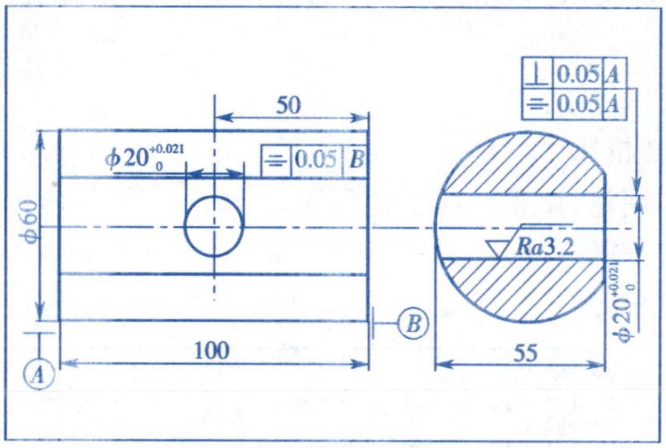

图 10-7　对称零件

二、任务准备

机床：CA6140。

量具：0 ~ 200 mm 游标卡尺、50 ~ 75 mm 外径千分尺、18 ~ 35 mm 内径表或 ϕ20H7 塞规、杠杆式百分表（见图 10-8）。

刀具：YT15，90°、45° 外圆车刀；YT15，75° 内孔车刀（12 mm × 12 mm × 50 mm）；A3 中心钻；ϕ17 mm 麻花钻。

夹具：四爪卡盘。

图 10-8　杠杆式百分表实物

三、相关知识

1. 杠杆式百分表的使用方法

杠杆式百分表的用途与钟表式百分表基本相同。但是，由于杠杆式百分表的体积小且测杆可以转动，因此比较灵活方便，能完成其他百分表通常难以测量的小孔、凹槽和端面跳动等工件的测量。

使用杠杆式百分表时，一般需要装在表架上，表架应放在平板或某一平整位置上。百分表的位置在表上要可以上下、前后调节。

测量时，杠杆式百分表的测杆轴与被测工件表面的夹角 α 不宜过大（见图 10-9），α 角度越小误差越小。

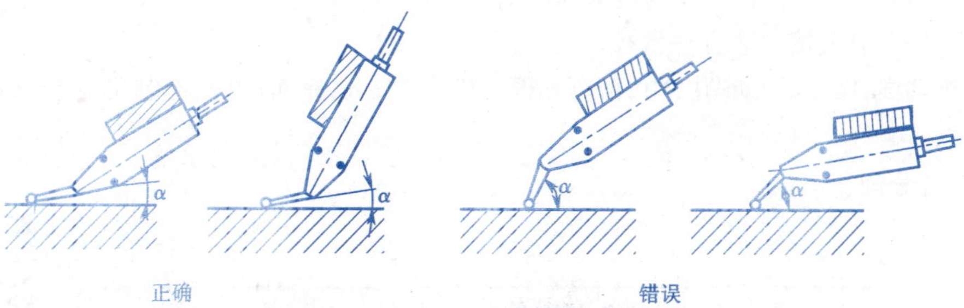

图 10-9　杠杆式百分表测杆轴线的角度

2. 对称零件的技术要求

在车床上加工不规则零件时，有相当一部分是对称零件。这些零件的技术要求，除了尺寸精度外，还有相对位置精度要求，如垂直度、平行度、对称度。在装夹、找正和车削过程中必须特别注意。

四、任务实施

（1）检查、调整和润滑机床

（2）正确地选择切削用量，调整机床手柄位置。

切削深度：2 mm

进 给 量：0.3~0.35 mm/r。

切削速度：车外圆为50~60 m/min（主轴转速约为500 r/min），车内孔为40~50 m/min。

高速钢麻花钻的切削速度：钻钢料为15~30 m/min，钻铸铁为10~25 m/min；扩孔时可略高一些。

（3）刃磨所使用的外圆、车刀和内孔车刀。

（4）对称零件的车削工艺有以下步骤。

①在四爪单动卡盘上垫铜片夹住工件，用划线盘粗找工件的对称度、垂直度和孔轴线与两端面的对称度。

②以 ϕ60 mm 外圆轴线为基准，找正 $\phi 20_{0}^{+0.021}$ mm 孔轴线的对称度。用手转动卡盘使工件成水平状态，用划线盘找工件两端圆柱表面的最高点，观察其间隙。转 180°使工件成水平状态，再找圆柱表面的最高点，观察其间隙，做比较后找正，并多次复校。

③以 ϕ60 mm 外圆轴线为基准，找正 $\phi 20_{0}^{+0.021}$ mm 孔轴线的垂直度，用划线盘找正两端圆柱表面离卡盘最远点的跳动量即可。

④找正 $\phi 20_{0}^{+0.021}$ mm 孔轴线与两端面的对称度。

⑤用杠杆百分表按上述方法精校。

⑥粗车端面，钻 ϕ17 mm 孔，粗、精车孔至 $\phi 20_{0}^{+0.021}$ mm，精车端面，控制尺寸 55 mm。

⑦检查。

五、任务分配

对称零件，每人 2 件，按图 10-7 要求加工。单件工时为 60 min。

六、任务检测

内孔、中心距用游标卡尺测量，孔的平行度用杠杆式百分表测量。

七、任务评价

项目	分数	评分标准	检测结果	实得分数	综合分数	备注
$\phi20_{0}^{+0.021}$ mm	10	不合格不得分				
$\phi60$ mm	5					
55 mm	5					
100 mm	5					
表面结构 $R_a3.2$ mm	4					
50 mm	6					
⌯ 0.05 A	15					
⌯ 0.05 B	15					
⊥ 0.05 A	15					
安全文明生产	20					

八、教学质量分析

(1)注意杠杆式百分表的换向手柄的位置和用表安全。在测量过程中，一般量程应取中间值并应保持示值稳定。

(2)由于断续车削，平面容易产生凹凸不平，应用钢尺检查平面度。

(3)在单独找正垂直度和对称度后，应综合复查，以防相互干扰，影响精度。

(4)在找正时，应注意基准面统一，否则会产生积累误差，影响精度。

(5)在车平面时，可用千分尺测量工件两端。

子任务三　在花盘上装夹、车工件

目标要求

1. 掌握花盘的安装、检查和修正；
2. 掌握在花盘上装夹工件、找正孔距的方法和步骤；
3. 懂得使用花盘装夹工件的安全知识；
4. 能按工件技术要求进行划线。

一、任务单

任务图纸如图 10-10 所示。以此任务为例，在花盘上进行工件的装夹、车削。

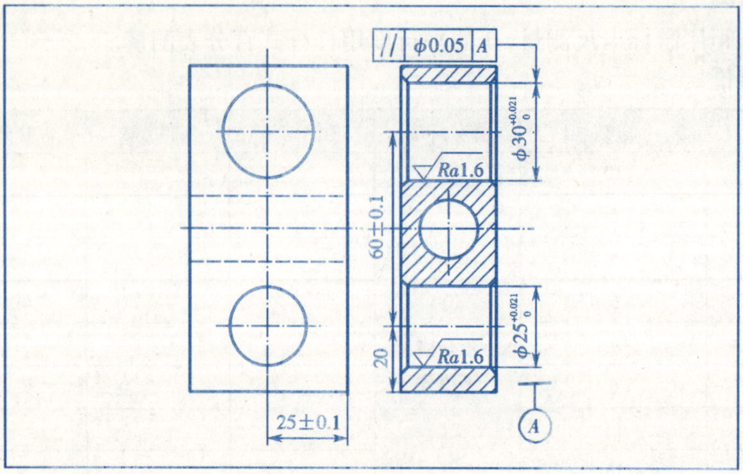

图 10-10　偏心件

二、任务准备

机床：CA6140。

量具：0 ~ 200 mm 游标卡尺，ϕ30 mm、ϕ25 mm 塞规，50 ~ 75 mm 外径千分尺。

刀具：YT15，90°、45°外圆车刀、内孔车刀；A3 中心钻，ϕ23 mm 麻花钻。

夹具：花盘、螺栓、压板。

三、相关知识

当工件外形复杂，而且被加工表面与基准面要求垂直时，可装夹在花盘上加工。

花盘一般用铸铁浇铸而成，盘面上有辐射状的长短不同的穿通槽，用来安装各种螺钉，以紧固工件。花盘的平面须与主轴轴线垂直，盘面要求平整光洁。

花盘装夹在主轴上时，要先检查定位轴颈、端面和连接部分有无脏物及毛刺，待擦净、去毛刺、加油后再装到主轴上。

在花盘上装夹工件前，必须先检查盘面是否平直，盘面与主轴轴线是否垂直。

检查花盘端面跳动时，可用百分表的测量头接触在花盘平面上（见图 10-11（a）），用手转动花盘，观察百分表的跳动量，一般要求在 0.02 mm 以内。检查花盘端面凹凸时，需将百分表固定在刀架上，测量头接触盘面的中间部位（见图 10-11（b）），移动中滑板时，必须从花盘的一边移到另一边，观察百分表的跳动量，一般只允许中凹，其误差值 X 应在 0.02 mm 以内。如果检查结果不符合要求，可以把花盘面精车一次。车端面时，须把床鞍上的固定螺钉拧紧。

在花盘上装夹的工件，它的质量大部分是偏向一边的，如果不将轻重校正平衡便进行车削，不但影响工件的加工精度，而且还会引起振动，损坏车床主轴和轴承。因此，必须在花盘偏重的对面装上适当的平衡铁，见图 2-11（c）。在花盘上校正平衡时，可以调整平衡铁的质量和位置。平衡铁装好后，把主轴箱手柄放在空挡位置，用手转动花盘，观察花盘能否在任意位置上停下来。如果能在任意位置上停下来，就表明花盘上的工件已被平衡好，否则需重新调整平衡铁的位置或增减平衡铁的质量。

在花盘上装夹、找正两孔工件的方法，以图 10-12（a）所示工件为例说明。两孔间距离为

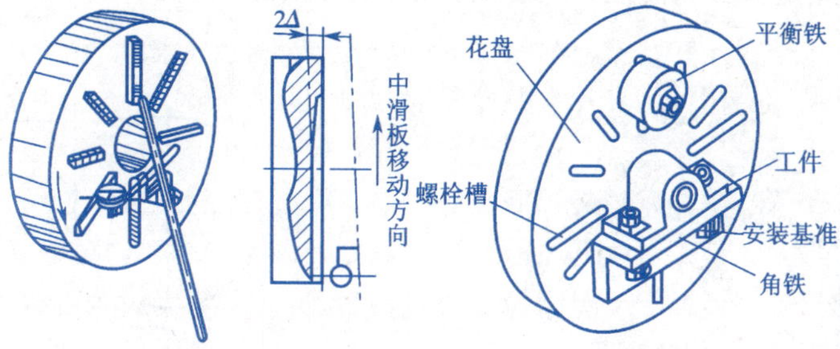

图 10-11　用百分表检查花盘平面

(a)检查花盘平面;(b)检查花盘垂直;(c)花盘装夹工件实例

100 ±0.05 mm，两孔的孔径尺寸:大孔为 $\phi40_{0}^{+0.039}$ mm,小孔为 $\phi30_{0}^{+0.033}$ mm。加工时,首先车好 $\phi40_{0}^{+0.039}$ mm 的大孔和整个平面,然后在花盘平面上装一个与孔滑动配合的定位心轴,把工件上已车好的大孔套在上面,用螺母紧固(见图 10-12(b))。同时用划线盘找正另一个孔的端面上预先划好的圆线,最后紧固工件,进行试削。把小孔车至 $\phi30_{0}^{+0.033}$ mm,接着在两个孔内插入塞规,用千分尺进行测量。千分尺读数应等于两孔孔径尺寸的一半数值加上孔距规定尺寸之和,即 $\frac{1}{2}(40+30)+100=134$ mm。如果千分尺测得读数在 134 ±0.05 mm 内,则表明两孔的距离是准确的,可继续加工。否则必须重新移动定位心轴,直至试削后测得正确读数,才能进行精加工。

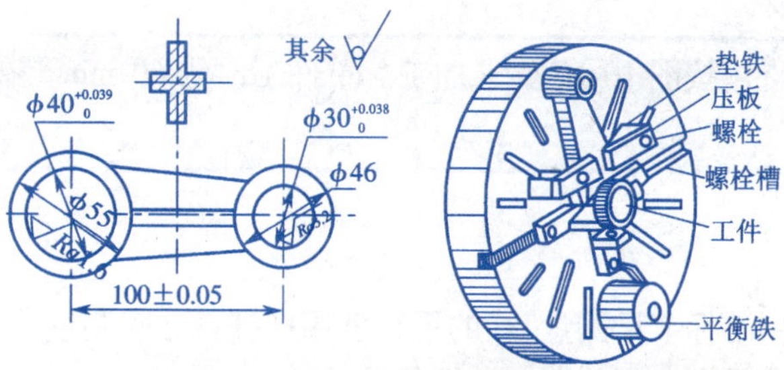

图 10-12　两孔工件及其在花盘上装夹

(a)连杆零件;(b)装夹工件实例

试车、找正两孔中心距的方法,一般是在两孔中插入塞规,用千分尺测量。对两孔距精度要求不太高的工件(见图 10-13)可以用游标卡尺直接进行测量,其方法见图 10-14。两孔距 L 可用下式计算:

$$L=\frac{M_1+M_2}{2}$$

式中　L——两孔中心距,mm;

M_1——两孔外侧尺寸,mm;

M_2——两孔内侧尺寸,mm。

这种方法的优点是：迅速、简便、不受工件孔径大小的影响，便于试车。

图 10-13　安装导向定位件

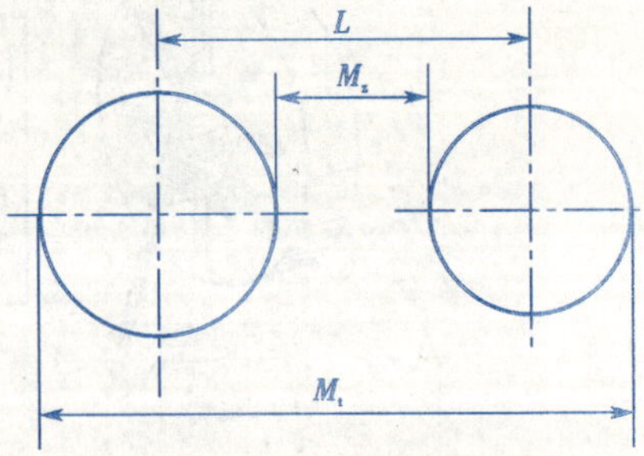

图 10-14　两孔距测量

四、任务实施

①工件划线，确定每一个加工部位的尺寸及位置。

②花盘安装好以后，花盘端面轻轻齐一下，以保证花盘端面与机床主轴回转轴线垂直。

③将已经划线的工件在花盘上装夹找正，用压板压紧。

④工件装夹好以后车 $\phi25_0^{+0.021}$ mm 内孔至尺寸，倒角 $C1$。

⑤工件按 $\phi30_0^{+0.021}$ mm 找正以后用压板压紧，车 $\phi30_0^{+0.021}$ mm 至尺寸，倒角 $C1$。

⑥工件调头装夹，找正 $\phi30_0^{+0.021}$ mm 内孔，倒角 $C1$。

⑦工件调头装夹，找正 $\phi25_0^{+0.021}$ mm 内孔，倒角 $C1$。

五、任务分配

偏心件，每人 2 件，按图 10-10 要求加工。单件工时为 60 min。在花盘上加工。

六、任务检测

(1) 内孔、中心距用游标卡尺测量，孔的平行度用杠杆百分表测量。

(2) $\phi25_0^{+0.021}$ mm 内孔与 $\phi30_0^{+0.021}$ mm 平行。

(3) 两孔中心距 60 ±0.1 mm。

七、任务评价

项　　目	分　　数	评分标准	检测结果	实得分数	综合分数	备　　注
$\phi25_{0}^{+0.021}$ mm	12	不合格 不得分				
$\phi30_{0}^{+0.021}$ mm	12					
// ϕ0.05 A	10					
60 ±0.1 mm	12					
25 ±0.1 mm	12					
倒角(4 处)	6					
表面结构 R_a1.6 μm	9					
20 mm	7					
安全生产	20					

八、教学质量分析

容易产生的问题和解决的方法有以下几方面。

①初次使用花盘加工,车床主轴转速不宜过高,否则车床易产生抖动,影响车孔精度;转速过高,工件产生离心力大,还容易发生危险。

②在车削前,除重新严格检查所有压板、螺钉的紧固情况外,应把滑板移到工件最终位置,用手小心转动花盘 1 ~2 圈,观察是否有碰撞现象。

③压板螺钉应靠近工件,垫块的高低应和工件厚度一致。

工学结合技能训练 2

一、任务单

任务图纸如图 10-15 所示。

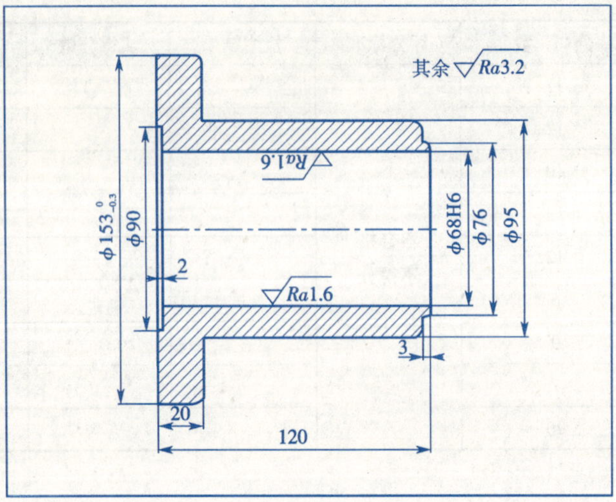

图 10-15 Z4012A 台钻座

二、任务准备

机床：CA6140。

量具：0～200 mm 游标卡尺、50～75 mm 外径千分尺、50～160 mm 内径表。

刀具：YG6，90°、45°外圆车刀；YG6，*R*2、*R*3、*R*5 圆弧车刀；YG6，75°内孔车刀头（12 mm × 12 mm × 50 mm）、内孔刀杆（ϕ45 mm × 140 mm）。

夹具：三爪卡盘等。

三、任务实施

（1）检查、调整和润滑机床。

（2）正确地选择切削用量，调整机床手柄位置。

切削深度：2 mm

进 给 量 ：0.3~0.35 mm/r。

切削速度：车外圆为50~60 m/min（主轴转速约为200 r/min），车内孔为40~50 m/min，精车内孔小于5 m/min （加煤油润滑）。

（3）按工件要求刃磨和安装车刀。

（4）刀柄伸出刀架不宜过长，一般比被加工孔长 5～6 mm。

（5）刀柄平行于工件轴线，否则在车削到一定深度时刀柄后半部容易碰到工件孔口。

(6)刀尖应与工件中心等高或稍高。

(7)Z4012A 台钻座车削工艺有以下步骤。

①夹 ϕ95 mm 外圆,粗车 ϕ153 mm 大端面长度至 21 mm,粗车 ϕ153 mm 至 ϕ154 mm,精车 ϕ153 mm、21 mm 至尺寸。

②以 ϕ153 mm 外圆大端面靠近花盘,粗车两端面至 20 mm、120 mm,粗精车 ϕ95 mm、ϕ76 mm 外圆至尺寸,车 $R3$、$R5$、$R2$ 圆弧至尺寸。

③粗车 ϕ68H6 内孔至 ϕ66 mm。

④精车 ϕ68H6 内孔至尺寸。

⑤夹 ϕ95 mm 外圆,车 ϕ90 mm × 2 mm 端面空刀槽至尺寸。

四、任务分配

Z4012A 台钻座每人 8 件,按图 10-15 要求加工,单件工时为 40 min。在花盘上加工。

五、任务检测

(1)内孔 ϕ68H6 用塞片测量。

(2)其他部分用游标卡尺测量。

(3)对每个压板用力要均匀。

六、任务评价

项目	分数	评分标准	检测结果	实得分数	综合分数	备注
ϕ68H6	15	不合格 不得分				
ϕ76 mm	8					
ϕ90 mm	8					
ϕ95 mm	8					
$\phi153^{0}_{-0.3}$ mm	7					
2 mm	7					
3 mm	6					
20 mm	6					
120 mm	6					
倒圆角	4					
表面结构	5					
安全生产	20					

子任务四　在角铁上装夹、车工件

目标要求

1. 掌握角铁(弯板)的安装、检查和修正方法;
2. 掌握在角铁上装夹、找正工件的方法;
3. 懂得使用角铁装夹工件的安全操作技术。

一、任务单

任务图纸如图 10-16 所示,以此任务为例,在角铁上进行工件的装夹、车削。

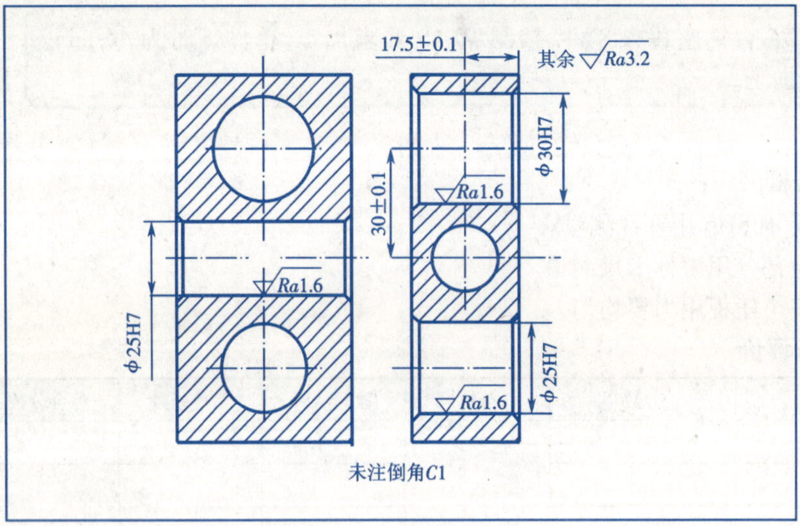

图 10-16　偏心工件

二、任务准备

机床:C616。

量具:0 ~ 150 mm 游标卡尺,0 ~ 25 mm 外径千分尺,ϕ25H7、ϕ30H7 塞规,高度尺。

刀具:YT15,90°、45°外圆车刀;A2 中心钻;ϕ23、ϕ28 钻头。

夹具:花盘、角铁、莫氏 4 号锥柄钻夹头、莫氏 4 号活顶尖。

其他工具:螺丝刀、活扳手、叉扳手、划线盘、样冲。

三、相关知识

当工件外形复杂,而且被加工表面与基准面要求平行时,可装夹在角铁上(见图 10-1)加工。

角铁一般分内角铁和外角铁两种(见图 10-17(a)、(b))。此外,根据不同加工要求还可做成各种不同形状的角铁(见图 10-17(c)、(d)、(e)、(f))。角铁的两个平面必须经过平磨或精刮,达到接触性好、相互垂直,同时要具有一定的刚性和强度,以防止装夹工件时变形。在制造角铁时,为消除因铸件的内应力而产生的变形,应在铸造后经过时效处理。

角铁装夹在花盘上以后,首先用百分表严格检查角铁的工作面与主轴轴线的平行度。检查的方法如图 10-18 所示,先把百分表装在中滑板或床鞍上,使测量头与角铁平面轻轻接触,然后缓慢移动床鞍,观察百分表的摆动值,即可得出检查结果。如果出现超出允差(一般是工件公差的二分之一),可在角铁与花盘的接触平面间垫上铜皮或薄纸加以调整,直至测得结果符合要求为止。

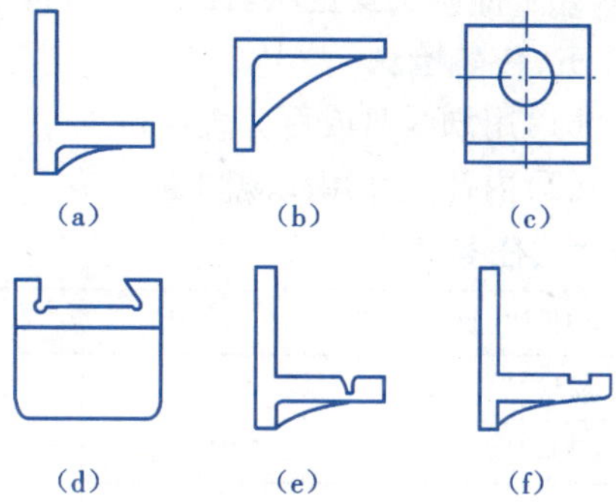

图 10-17　各种角铁

(a)内角铁;(b)外角铁;(c)带圆孔角铁;(d)带燕尾槽角铁;(e)带 V 形槽角铁;(f)带凹槽角铁

图 10-19 是轴承座装夹在角铁上的实例。先用压板初步压紧,再用划线盘找正轴承座轴心线。找正轴承座中心时应该先根据划好的十字线找正轴承座的中心高。找正方法是水平移动划线盘,调整划针高度,使针尖通过工件水平中心线;然后把花盘旋转 180°,再用划针轻划一水平线,如果两线不重合,可把划针调整在两条线中间,把工件水平线向划针高度调整。再用以上方法找正直至达到要求为止。找正垂直中心线的方法同上。十字线调整好后,再用划针找正两侧母线。最后复查,紧固工件。装上平衡块,用手转动花盘,观察有什么地方碰撞,如果花盘平衡,旋转不碰,即可进行车削。

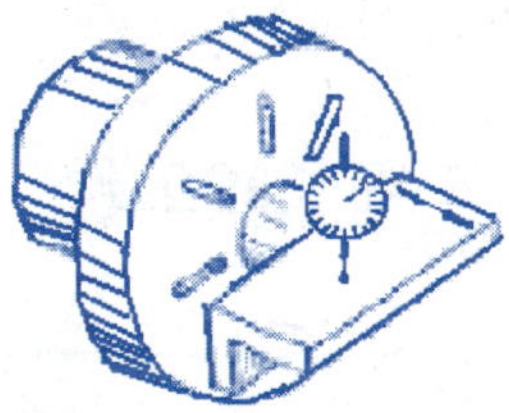

图 10-18　用百分表检查工作面

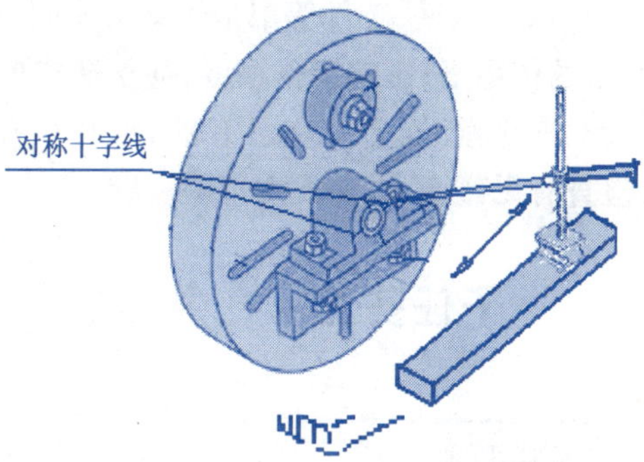

图 10-19　在角铁上装夹找正的方法

在角铁上加工工件时应特别注意安全,因为工件形状不规则,并有螺钉、压板等露在外面,意外碰到操作者及其他人,将引起工伤事故。另外在角铁上加工工件,转速不宜太高,转速太高,会因离心力的作用,而使螺钉松动,工件飞出,发生事故。

四、任务实施

接图 10-10,按图 10-16 要求加工,偏心工件车削工艺有以下步骤。

①工件划线,确定每一个加工部位的尺寸及位置。

②花盘安装好以后,花盘端面轻轻齐一下,以保证花盘端面与机床主轴回转轴线垂直。

③安装角铁,用百分表找正角铁基准面与轴线平行,与花盘端面垂直。

④以角铁平面为基准将已划好线的工件放在角铁上找正压紧,车削 $\phi25_{0}^{+0.021}$ mm 内孔至尺寸,倒角 $C1$。

⑤工件调头找正压紧，另一头内孔倒角 $C1$。

五、任务检测

(1)用划线盘或百分表找正。

(2)内孔尺寸用塞规测量。

六、任务评价

项目	分数	评分标准	检测结果	实得分数	综合分数	备注
$\phi25_{0}^{+0.021}$ mm	20	不合格不得分				
$\phi30_{0}^{+0.021}$ mm	20					
30 ±0.1 mm	15					
17.5 ±0.1 mm	15					
倒角 $C1$	5					
表面结构	5					
安全生产	20					

七、教学质量分析

容易产生的问题和注意事项如下。

(1)花盘上的角铁回转半径大、棱角多，容易产生碰撞现象。

(2)由于角铁、工件等都是用螺钉紧固，工件易移位，因此转速不宜过高，以防在离心力和切削力的作用下，影响工作精度，甚至造成事故。

(3)车削前，车刀应在已有的孔内，从孔的一端移动到另一端，同时用手转动角铁 1 ~ 2 圈，检查有无碰撞，以防发生危险。

子任务五　在中心架和跟刀架上装夹、车细长轴工件

目标要求

1. 懂得中心架和跟刀架的结构和使用方法；
2. 能使用中心架和跟刀架车一般工件；
3. 能正确调整中心架和跟刀架的支撑爪车削细长轴。

一、任务单

任务图纸如图 10-20 所示。以此任务为例，在中心架和跟刀架上进行细长轴工件的装夹、车削。

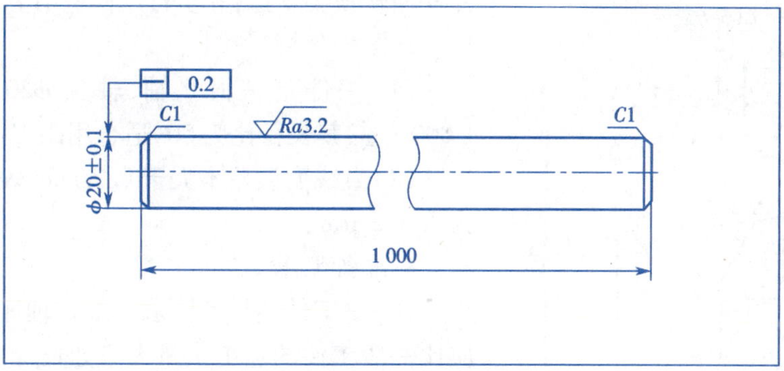

图 10-20　细长轴

二、任务准备

机床:CA6140、C616。

量具:0～150 mm 游标卡尺、0～25 mm 外径千分尺。

刀具:YT15,90°、45°外圆车刀; ϕ2 中心钻。

夹具:三爪卡盘、莫氏 5 号锥柄钻夹头、莫氏 5 号活顶尖、变径套、中心架、跟刀架。

其他工具:螺丝刀、活扳手、叉扳手。

三、相关知识

细长轴虽然外形并不复杂,但由于它本身刚性差(长径比越大,刚性越差),车削时由于切削力、重力、切削热等影响,容易发生弯曲变形,产生振动、锥度、腰鼓形和竹节形等缺陷,难以保证加工精度。所以在加工过程中 ,为了增加工件刚性,常采用中心架(见图 10-21)和跟刀架作辅助支撑。

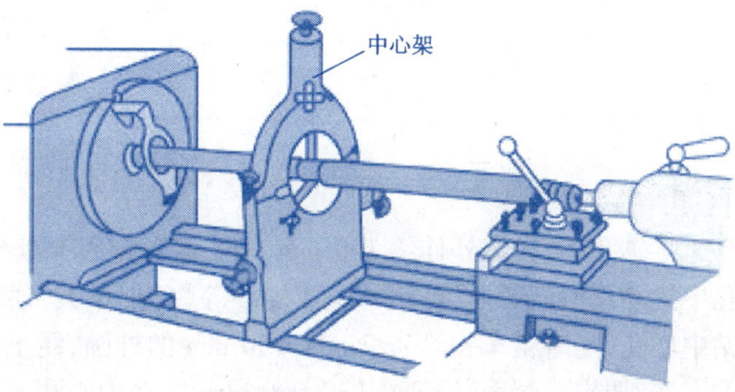

图 10-21　在中心架上车细长轴

中心架是车床的随机附件,在车刚性差的细长轴、不能穿过车床主轴孔的粗长工件或孔与外圆同轴度要求较高的较长工件时,往往采用中心架来增强刚性或保证同轴度。

四、任务实施

1. 车削细长轴车刀的刃磨

车削细长轴的关键技术措施是选择合理几何角度的车刀(图 10-22),采用三爪跟刀架和

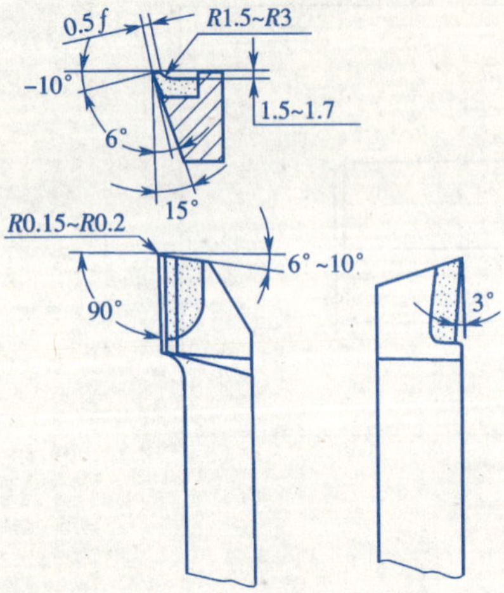

图 10-22 细长轴车刀

弹性回转顶尖支撑,并实行反向进给方法来车削。

2. 图样分析

(1) 工件是一根光轴,轴颈 $\phi20\pm0.1$ mm、长 1 000 mm,其长径比为 50,适合用跟刀架支撑车削。

(2) 直线度误差不大于 0.2 mm,表面结构参数值为 $R_a3.2$ μm。

3. 准备工作

(1) 对工件坯料的要求。细长轴坯料的加工余量应比一般工件的加工余量大。如长径比为 30 的细长轴,其加工余量通常为 4 mm 左右;长径比为 50 的细长轴,其加工余量通常为 5 ~ 6 mm。据此,本例中工件毛坯选 $\phi25$ mm、长 1 010 mm 的棒料。

(2) 弯曲坯料应校直。校直坯料不仅可使车削余量均匀,避免或减小加工振动,而且还可以减小切削后的表面残余应力,避免产生较大变形。校直后的毛坯,其直线度误差应小于 1 mm,毛坯校直后,还要进行时效处理,以消除内应力。

(3) 准备两爪跟刀架(见图 10-23)或三爪跟刀(见图 10-24)架并做好检查、清洁工作,若发现支撑爪端面磨损严重或弧面太小,应取下,根据支撑基准面直径来进行修正。

(4) 刃磨好粗、精车外圆车刀,准备必要的量具。

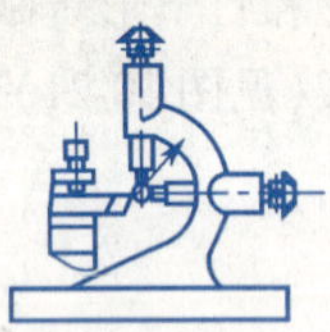

图 10-23 两爪跟刀架

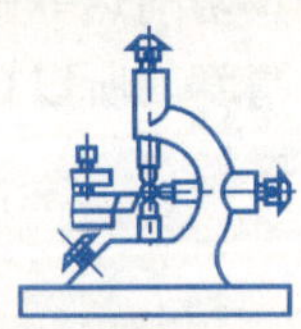

图 10-24 三爪跟刀架

4. 车削步骤

1) 车端面、钻中心孔

将毛坯轴穿入车床主轴孔中,右端外伸约 100 mm,用三爪自定心卡盘夹紧,为防止车削时毛坯轴左端在主轴孔中摆动而引起弯曲,可用木楔或棉纱等物(批量大可特制一个套)将其固定。然后,车端面、钻中心孔,同时粗车一段 $\phi22$ mm × 30 mm 的外圆,便于以后卡盘夹紧时有定位基准。用同样的方法,调头车端面,保证总长 1 000 mm,并钻中心孔。

2) 跟刀架支撑基准

工件左端,在 $\phi22$ mm × 30 mm 的外圆柱面上套入 $\phi5$ mm钢丝圈,并用三爪自定心卡盘夹紧,右端用弹性回转顶尖支撑。在靠近卡盘一端的毛坯外圆上车削跟刀架支撑基准,其宽度比支撑爪宽度大 15 ~ 20 mm,并在其右边车一圆锥角约为 40°的圆锥面,以使接刀车削时切削力逐渐增加,不会因切削力突然变化而造成让刀和工件变形,如图 10-25 所示。

3) 安装跟刀架,研磨支撑基准面

以已车削的支撑基准面为基准,研磨跟刀架支撑爪工作表面。研磨时选用车床主轴转速

$n=300\sim600$ r/min，床鞍作纵向往复运动，同时逐步调整支撑爪，待其圆弧基本成形时，再注入机油精研。研磨好支撑基准面后，还要调整支撑爪，使之与支撑基准面轻轻接触。

4）采用反向进给方法接刀车全长外圆

跟刀架支撑爪应在刀尖后面 1～3 mm 处，同时浇注充分的切削液，防止支撑爪磨损。

上述 2）～4）步骤需要重复多次，直至一夹一顶接刀精车外圆达到尺寸要求为止。

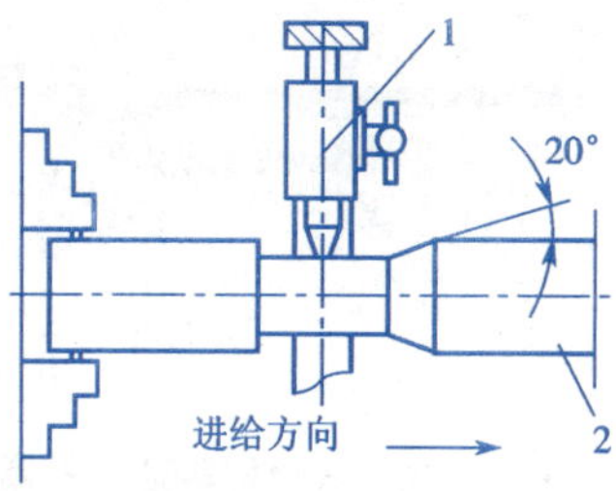

图 10-25　车跟刀架基准

1—跟刀架　2—工件

5）半精车、精车 $\phi22$ mm × 30 mm 段至尺寸要求

此时可采取一端夹紧，一端用中心架支撑，车右端头的方法。精车时，为减小表面结构参数值，消除振动，可选用宽刃精车刀（见图 10-26）和弹簧刀杆，并在低速下车削，可获得满意效果。

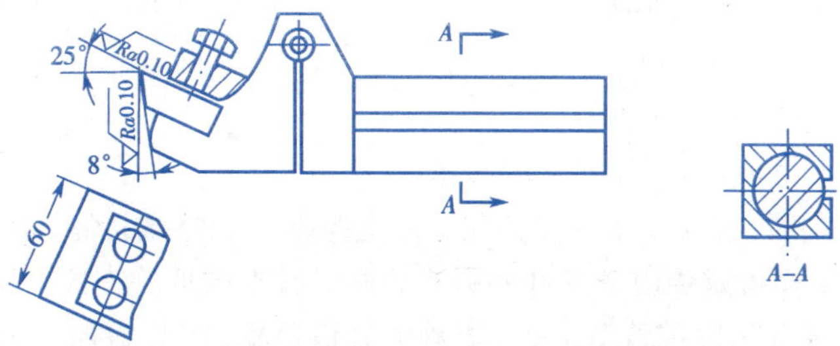

图 10-26　用于跟刀架车细长轴的宽刃精车刀

五、任务分配与检测

材料：刀片材料为高速钢（W18Cr4V），刀杆材料为 45 钢。

切削用量：切削速度为 1.8 m/min、进给量为 3～5 mm/r、背吃刀量为 0.15～0.3 mm。

切削效果：表面结构参数可达 $R_a1.6$ μm，提高效率 4～6 倍（使用 30 号机油，充分地冷却润滑）。

六、任务评价

项　目	分　数	评分标准	检测结果	实得分数	综合分数	备　注
$\phi20$ mm	45	不合格不得分				
1 000 mm	15					
倒角	5					
表面 $R_a3.2$ μm	15					
文明生产	20					

七、教学质量分析

1. 容易出现的问题及注意事项

（1）车削前，为了防止车细长轴产生锥度，必须调整尾座中心，使之与车床主轴中心同轴。

（2）车削过程中应充分浇注切削液。

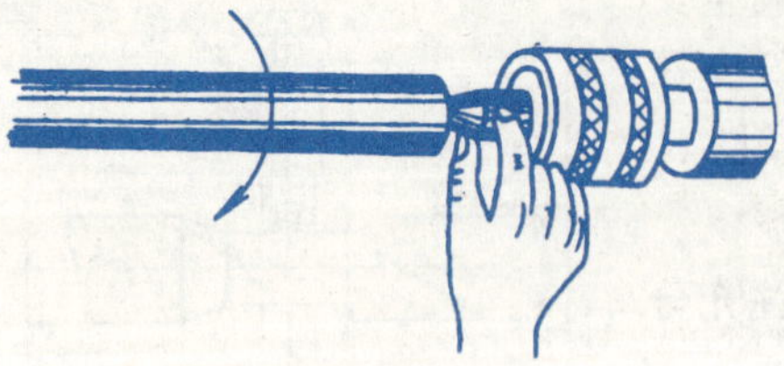

图 10-27 检查回转顶尖松紧的方法

(3)车削时,应随时注意顶尖的松紧程度。其检查方法是:开动车床使工件旋转,用右手拇指和食指捏住弹性回转顶尖的转动部分,顶尖能停止转动,当松开手指后,顶尖能恢复转动,说明顶尖的松紧程度适当(见图 10-27)。

(4)粗车时应选择好第一次切削深度,将工件毛坯一次进刀车圆,否则会影响跟刀架的正常工作。

(5)车削过程中,应随时注意支撑爪与工作表面接触状态和支撑爪的磨损情况,并视具体情况随时作出相应调整。

(6)车削过程中,应随时注意工件已加工表面的变化情况,当发现开始有竹节形、腰鼓形等缺陷时,要及时分析原因,采取应对措施。若发现缺陷越来越明显时,应立即停车。

2. 容易出现的缺陷及预防措施

1)竹节形

可采取下列措施预防竹节形缺陷。

(1)正确调整跟刀架支撑爪,不可支得过紧。

(2)采取接刀车削时,必须使车刀刀尖和工件支撑基准圆略微接触,接刀时切削深度应加深 0.01 ~0.02 mm,这样可避免由于工件外圆变大而引起支撑爪的支撑力变得过大。

(3)粗车时若发现开始出现竹节形,可调整中滑板手柄,相应增加适量切削深度,以减小工件外径;或微微调松跟刀架支撑爪,使支撑力稍稍减小,以防止竹节继续产生。

(4)调整好车床床鞍及滑板相应的间隙,以消除进给时的让刀现象。

2)腰鼓形

车削后,工件两端直径小,中间部分直径大,称为腰鼓形。产生这种缺陷的原因是由于细长轴刚性差,跟刀架支撑爪与工件表面接触不一致(偏高或偏低于工件旋转中心),支撑磨损而产生间隙。在车削工件两端时,因靠近顶尖、卡盘,工件刚性较好不易产生变形,所以切削正常;当车到中间部位时,由于径向切削力使工件的轴线压向车床回转轴线的外侧,发生弯曲变形,切削深度逐渐减小,因而形成腰鼓形缺陷。

预防腰鼓形缺陷可采取下列措施:

(1)车削过程中要随时调整支撑爪,使支撑爪圆弧面的轴线与车床主轴旋转轴线重合;

(2)适当增大车刀主偏角,使车刀锋利,减小径向切削力。

工学结合技能训练 3

一、任务单

任务图纸如图 10-28 所示。

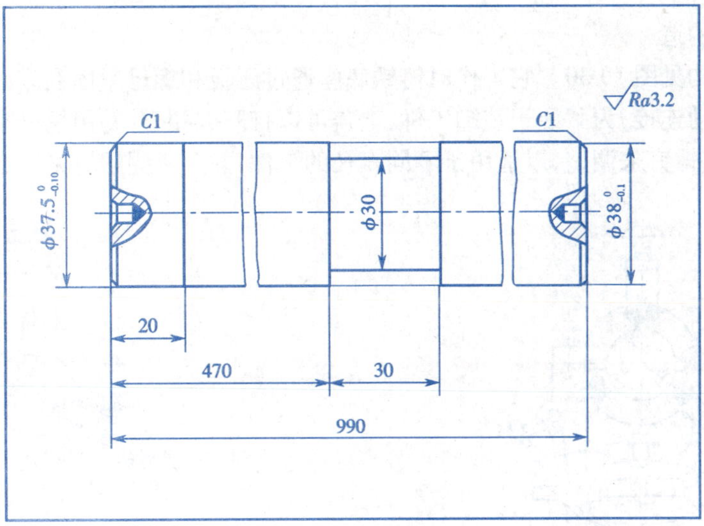

图 10-28　细长轴

二、任务准备

机床:CA6140、C616。

量具:0～150 mm 游标卡尺、千分尺。

刀具:YT15,90°、45°外圆车刀;φ2 中心钻。

夹具:三爪卡盘、莫氏 5 号锥柄钻夹头、莫氏 5 号活顶尖、变径套、中心架、跟刀架(见图 10-29)。

其他工具:螺丝刀、活扳手、叉扳手。

图 10-29　跟刀架

1—卡盘;2—工件;3—跟刀架支撑爪;4—后顶尖

三、相关知识

1. 中心架的构造

中心架的结构见图10-30。它工作时铸铁底座通过压板和螺母紧固在床面上，上盖和铸铁底座用销子作活动连接，为了便于装卸工件，上盖可以打开或扣合，并用螺母来固定；支撑爪的升或降，可用调整螺钉来调整，以适用于不同直径的工件，并用紧固螺钉来固定三个支撑爪。

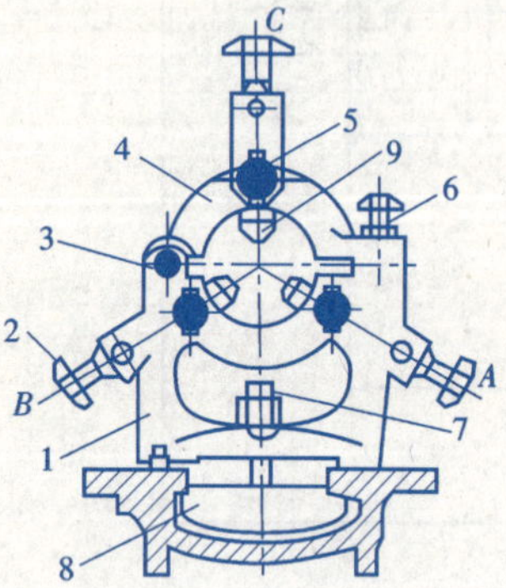

图10-30 中心架

1—铸铁底座；2—螺母；3—销；4—压板；5—锁紧螺钉；
6—压紧螺钉；7—紧固螺钉；8—固定压板；9—支撑爪

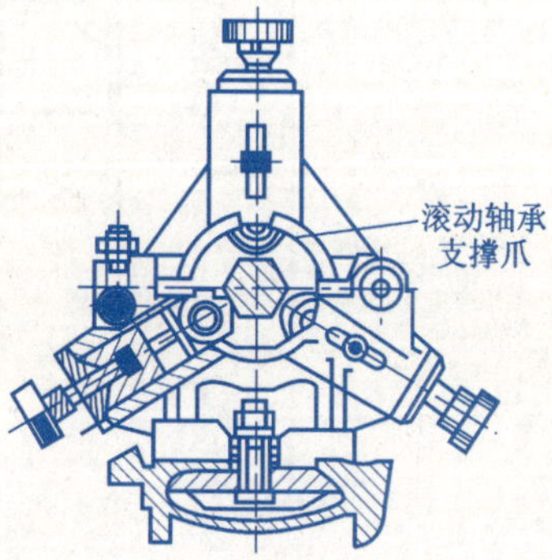

图10-31 带滚动轴承的中心架

中心架支撑爪是易损件，磨损后可以调换。其材料一般选用耐磨性好、又不容易研伤工件的材料。通常采用下列几种：青铜、球墨铸铁、胶木尼龙等。

中心架有两种。上述的一种为普通中心架，另一种为滚动轴承中心架。它的构造与普通中心架相同，不同之处在于支撑爪的前端装有三个滚动轴承，以滚动摩擦代替滑动摩擦，见图10-31。它的优点是耐高速、不会研伤工件表面；缺点是同轴度稍差。

2. 工件在中心架上装夹和找正

1）一夹一顶半精车外圆后，工件在中心架上装夹的方法

半精车后工件外圆已与车床主轴同轴，所以只需把中心架放在床面的一定位置上紧固，以工件外圆为基准，调整中心架下面两个支撑爪与工件轻轻接触，接着扣合上盖，紧固联接螺钉，调整上盖的支撑爪与工件轻轻接触，并用螺钉把三个支撑爪固定。然后在支撑爪处加润滑油，移去尾座，即可钻、车内孔等。

2）工件在三爪自定心卡盘和中心架上装夹和找正的方法

通常先用百分表找正工件两端外圆，然后以外圆为基准，调整中心架三个支撑爪与工件轻轻接触即可。也可先找正靠近卡爪处的工件外圆，在找正另一端外圆时，低速开动车床带动工件旋转，用目测透光法观察支撑爪与工件之间的跳动间隙，调整三个支撑爪即可。这样操作方便、省时，但必须有较熟练的技能。

3）较长工件在中心架上装夹和找正

工件一端用三爪自定心卡盘夹住，另一端用中心架支撑。在靠近卡爪处先把工件外圆找正，然后摇动床鞍、中滑板用划针或百分表在工件两端作对比测量（工件直径相同时），并调整中心架支撑爪，使工件两端高低一致（见图10-32(a)），左右前后一致（见图10-32(b)）。

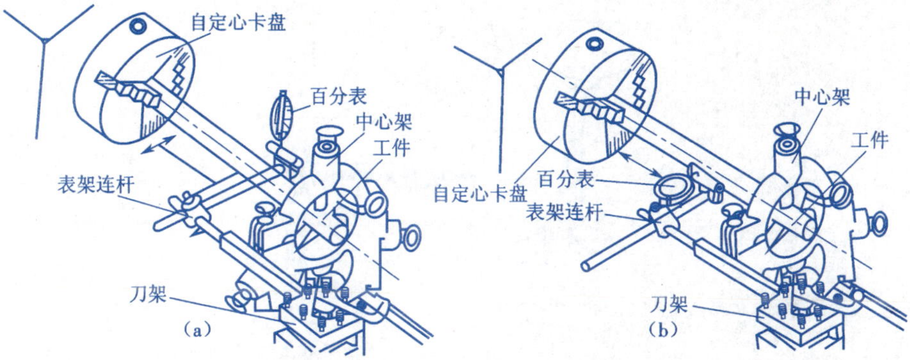

图 10-32 在中心架上找正工件

(a)找正工件的高低位置;(b)找正工件的前后位置

3. 利用中心架车工件的一般方法

1)车细长工件

将工件装夹在两顶尖之间(或一夹一顶),先在工件中段车中心架的支撑处。支撑处的直径一般比工件精车的尺寸大些,其宽度比支撑爪宽些。然后根据支撑处的位置把中心架固定在床面上,并调整支撑爪进行车削。当一端车至尺寸后,将工件调头装夹,并调整中心架支撑爪再车另一端至尺寸。

采用中心架车细长轴时,往往会出现工件外圆有锥度的现象,其原因可能是尾座中心偏移或中心架支撑爪把工件支偏。所以在车中心架支撑处的同时,可在工件两端各车一段相同直径的外圆,用两只百分表同时测量中滑板的进给数和工件两端外圆的读数,见图 10-33。这样就能把尾座中心找正,如再发现锥度,只调整中心架下面支撑爪即可。

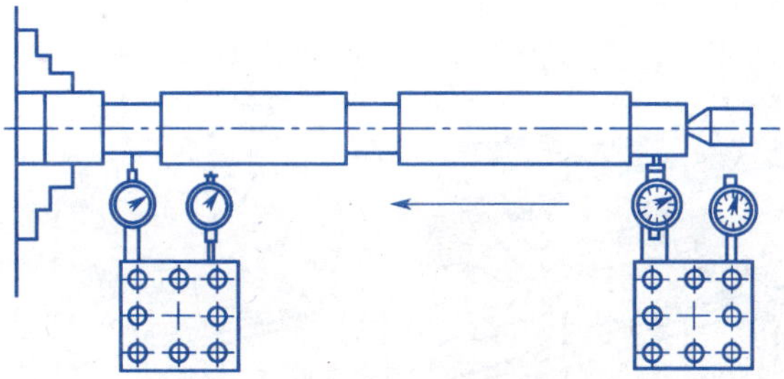

图 10-33 尾座中心的测量和找正

2)车粗长工件

(1)在工件端面找出圆心,并用样冲打冲点,见图 10-34。

(2)用手电钻或在钻床上预钻一个中心孔。

(3)一夹一顶车工件两端中心架支撑处,见图 10-35。

(4)在支撑处架中心架,并调整支撑爪,车平面、钻中心孔等。车削完毕,打开中心架的上盖,工件调头找正,在工件另一端架中心架进行车削。

为了扩大中心架的使用范围,可采用附加一个过渡套筒的方法(见图 10-36),来加工一些

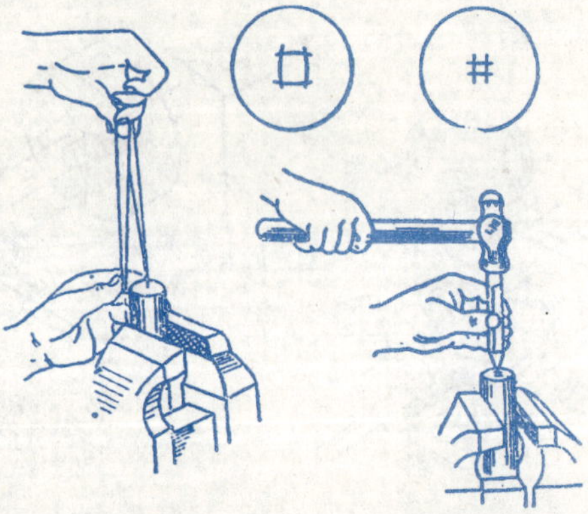

图 10-34 工件端面找圆心

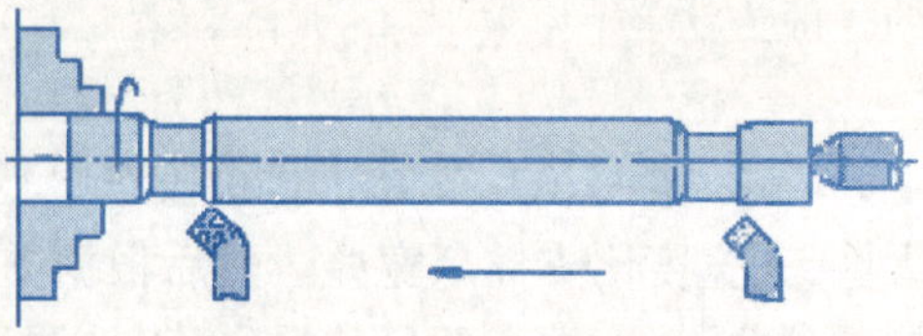

图 10-35 车中心架支撑处

外径不规则的工件(如架中心架处有键槽或花键等)。这样的工件不能直接架中心架,这时采用附加套筒的方法就能加工。套筒的孔径比工件外径大些,使用时将套筒套在工件架中心架处,套筒的两端各有四个调节螺钉,将套筒固定在工件上,用百分表找正套筒的中间外圆,见图10-36(a)。然后在套筒中间的外圆上架中心架,见图10-36(b)。

图 10-36 用附加套筒装夹和找正工件

(a)附加套筒的找正方法;(b)在附加套筒上架中心架

1—套筒;2—工件;3—调节螺钉;4—百分表

四、任务实施

(1)刃磨高质量的车削细长轴的外圆车刀。

(2)正确地调整中心架,松紧适宜。

五、任务分配

细长轴，每人 1 件，按图 10-28 要求加工。单件工时为 240 mm。在跟刀架上加工。

六、任务检测

用游标卡尺和千分尺测量。

七、任务评价

项　目	分　数	评分标准	检测结果	实得分数	综合分数	备　注
ϕ30 mm	15					
$\phi37.5^{0}_{-0.10}$ mm	20					
$\phi38^{0}_{-0.1}$ mm	15					
20 mm	5					
30 mm	5	不合格不得分				
470 mm	5					
990 mm	5					
倒角 $C1$	4					
表面结构	6					
安全生产	20					

工学结合技能训练 4

一、任务单

任务图纸如图 10-37 所示。

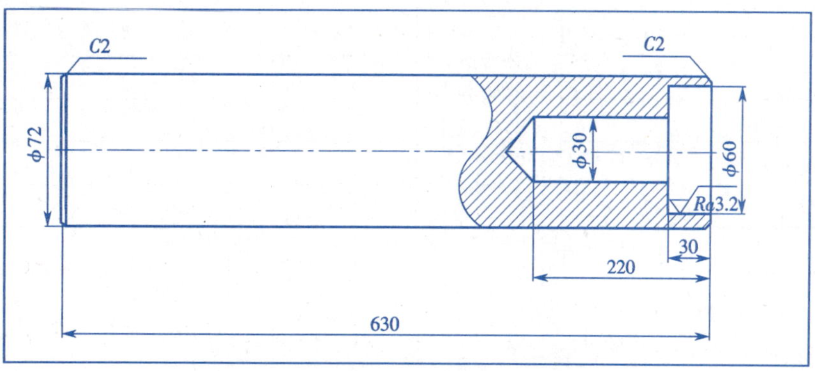

图 10-37　Z4012A 台钻立柱内孔车削

二、任务准备

机床：CA6140、C616。

量具：0 ~ 150 mm 游标卡尺。

刀具：YT15，90°、45°外圆车刀；YT15，ϕ30 mm × 40 mm 内孔车刀；ϕ30 mm 钻头。

夹具：三爪卡盘、莫氏 5 号锥柄钻夹头、莫氏 5 号活顶尖、变径套、中心架。

其他工具：螺丝刀、活扳手、叉扳手。

三、任务实施

(1)正确地选择切削用量，调整机床手柄位置。

切削深度：2 mm 。

进 给 量 ：0.3~0.35 mm/r。

切削速度：车外圆为50~60 m/min（主轴转速约为200 r/min），车内孔为40~50 m/min。

(2)按工件要求刃磨和安装车刀。

(3)刃磨所使用的外圆、内孔车刀。

(4)认真安装和调整中心架。

(5)安装工件，找正中心，压紧工件。

(6)钻孔 ϕ30 mm，深 220 mm。

(7)车 ϕ60 mm 内孔，深 30 mm，倒角。

四、任务评价

项　目	分　数	评分标准	检测结果	实得分数	综合分数	备　注
ϕ30 mm	25	不合格不得分				
ϕ60 mm	20					
ϕ72 mm	10					
30 mm	15					
220 mm	5					
630 mm	5					
安全生产	20					

子任务六　车薄壁工件

目标要求

1. 了解薄壁工件的特点；
2. 能解决薄壁工件加工的难度，保证薄壁工件的加工质量；
3. 能针对薄壁工件的特点选择合理的加工方法。

一、任务单

任务图纸如图 10-38 所示。以此任务为例，进行薄壁工件的车削。

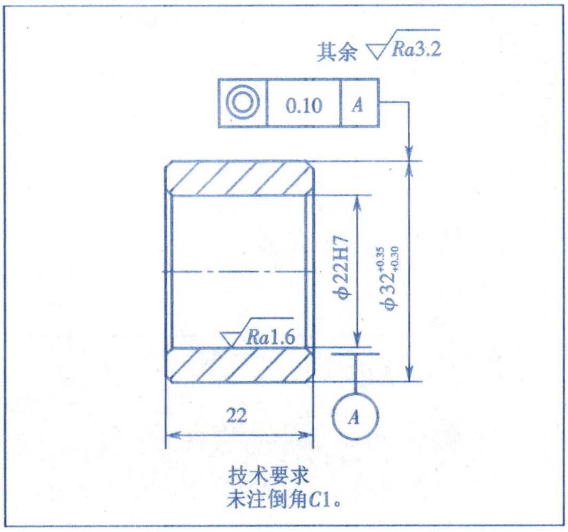

图 10-38　Z4012A 台钻齿轮轴套

二、任务准备

机床：C616。

量具：0 ~ 150 mm 游标卡尺、0 ~ 25 mm 千分尺、ϕ22H7 塞规。

刀具：YG6，90°、45°外圆车刀；YG6 切断刀；YG6，ϕ20 mm × 45 mm 内孔车刀；ϕ20 mm 钻头，ϕ3 中心钻；ϕ22H7 合金铰刀。

夹具：三爪卡盘、莫氏 4 号锥柄钻夹头、莫氏 2/4 变径套、专用心轴、莫氏 4 号活顶尖。

其他工具：螺丝刀，活扳手，叉扳手。

三、相关知识

车薄壁工件时，由于工件的刚性差，在车削过程中，可能产生以下现象。

(1)因工件壁薄，在夹紧力的作用下容易产生变形，从而影响工件的尺寸精度和形状精度。如图 10-39(a)所示，工件夹紧后，在夹紧力的作用下，会略微变成三边形，但车孔后得到的是一个圆柱孔。当松开卡爪，取下工件后，由于弹性恢复，外圆恢复成圆柱形，而内孔则变成图 10-39(b)所示的弧形三边形。若用内径千分尺测量，各个方向直径 D 相等，但已变形不是内圆柱面了，称之为等直径变形。

（2）因工件较薄，切削热会引起工件热变形，使工件尺寸难于控制。对于线膨胀系数较大的金属薄壁工件，在半精车和精车的一次安装中连续车削，由于切削热而引起的工件热变形，对其尺寸精度影响极大，有时甚至会使工件卡死在夹具上。

（3）在切削力（特别是径向切削力）的作用下，工件容易产生振动和变形，影响工件的尺寸精度、形状精度、位置精度和表面结构。

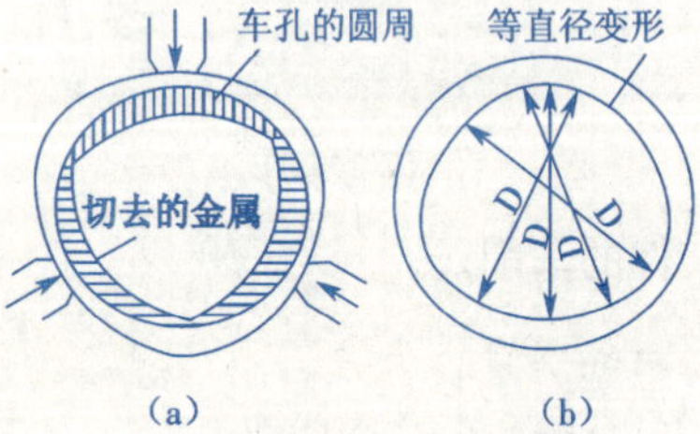

图 10-39　薄壁工件的夹紧变形

（a）车孔情况；（b）等直径变形

四、任务实施

（1）正确地选择切削用量，调整机床手柄位置。

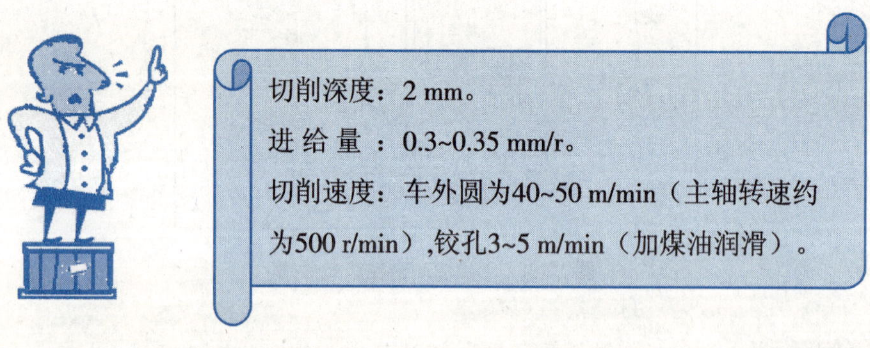

（2）按工件要求刃磨和安装车刀。

（3）刃磨所使用的外圆车刀和内孔车刀。

（4）Z4012A 台钻齿轮轴套车削加工工艺有以下步骤。

①下料：铸造 HT200，ϕ40 mm × 350 mm。

②夹外圆，齐端面，打中心孔。

③一夹一顶粗车 ϕ38 mm × 300 mm 至 ϕ33.5 mm。

④夹外圆钻 ϕ22H7 内孔至 ϕ20 mm，单件按 23 mm 切断。

⑤夹外圆，齐端面，半精车 ϕ22H7 内孔至 ϕ21.8 ~ ϕ21.9 mm，铰 ϕ22H7 内孔至尺寸，倒角。

⑥齐端面，保证总长 22 mm，倒角。

⑦工件以内孔定位上心轴（一次 4 件），半精车 $\phi32^{+0.35}_{+0.30}$ mm，留磨削余量 0.25 ~ 0.30 mm。

五、任务分配

铸铁件 $\phi40$ mm×350 mm，每人 5 根（50 件），按图 10～38 要求加工。单件工时为 20 min。

六、任务检测

长度外圆用游标卡尺和千分尺测量，内孔用塞规测量。

七、任务评价

项　目	分　数	评分标准	检测结果	实得分数	综合分数	备　注
$\phi22H7$	15	不合格不得分				
$\phi32^{+0.35}_{+0.30}$ mm	20					
22 mm	15					
倒角	15					
表面结构	15					
安全生产	20					
时间						

八、教学质量分析

减少薄壁工件变形的方法有以下几种。

1）工件分粗、精车阶段

粗车时，由于切削余量较大，夹紧力稍大些，变形也相应大些；精车时，夹紧力可稍小些，以减小夹紧变形，精车时还可以消除粗车时因切削力过大而产生的变形。

2）合理选用刀具的几何参数

精车薄壁工件时，刀柄的刚度要求高，车刀的修光刃不易过长（一般取 0.2～0.3 mm），刃口要锋利。

车刀几何参数可参考下列要求。

（1）外圆精车刀：$\kappa_r=90°\sim93°$，$\kappa_r'=5°\sim8°$，$\alpha_o=6\sim8°$，$\alpha_{o1}=7°$，γ_o 适当增大。

（2）内孔精车刀：$\kappa_r=60°$，$\kappa_r'=8°$，$\gamma_o=25°$，$\alpha_o=6°\sim8°$，$\alpha_{o1}=7°$，$\lambda_s=5°\sim6°$。

3）增加装夹接触面

采用开缝套筒和特制的软卡爪，使接触面增大，让夹紧力均布在工件上，因此夹紧时工件不易产生变形（见图 10-40）。

4）应用轴向夹紧夹具

车薄壁工件时，尽量不用径向夹紧，而优先选用轴向夹紧的方法，如图 10-41 所示。工件靠螺母的端面实现轴向夹紧，由于夹紧力 F 沿工件轴向分布，而工件轴向刚度大，所以不易产生夹紧变形。

5）增加工艺肋

有些薄壁工件在其装夹部位特制几根工艺肋（见图 10-42），以增强此处刚性，使夹紧力作

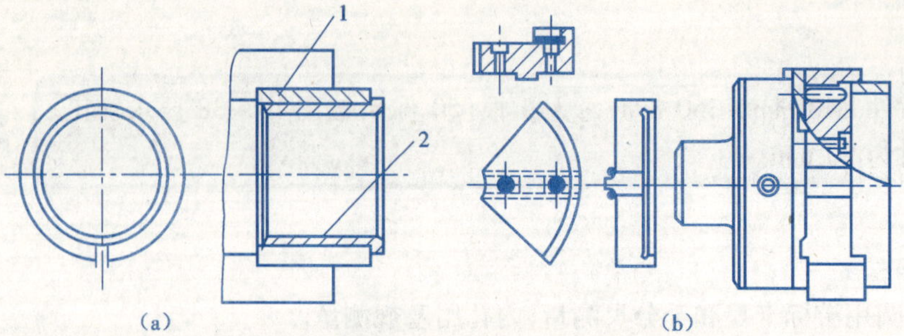

图 10-40　增大装夹接触面减少工件变形

(a)开缝套筒;(b)特制的软卡爪

1—薄壁套;2—工件

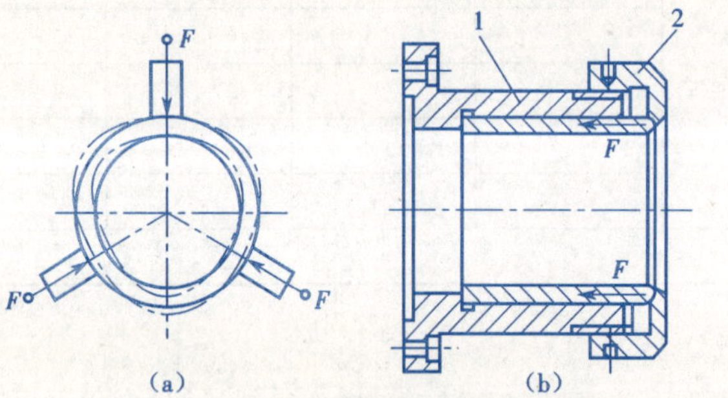

图 10-41　薄壁套的夹紧

(a)径向夹紧;(b)轴向夹紧

1—工件;2—螺母

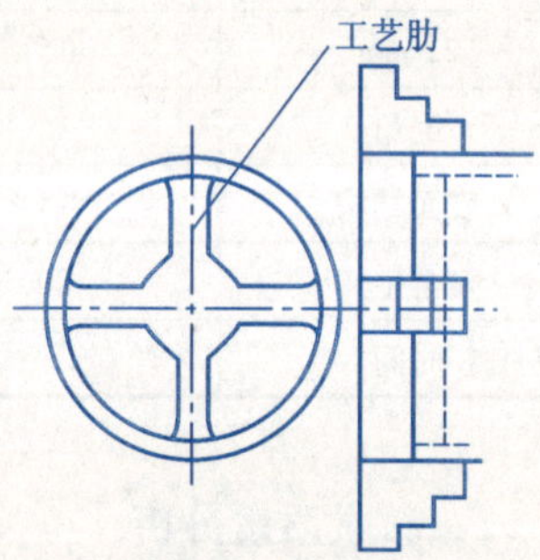

图 10-42　增加工艺肋减少变形

用在工艺肋上,以减小工件的变形,加工完毕后,再去掉工艺肋。

6)浇注充足的切削液

浇注充足的切削液可以降低切削温度,减少工件热变形。

工学结合技能训练 5

一、任务单

任务图纸如图 10-43 所示。

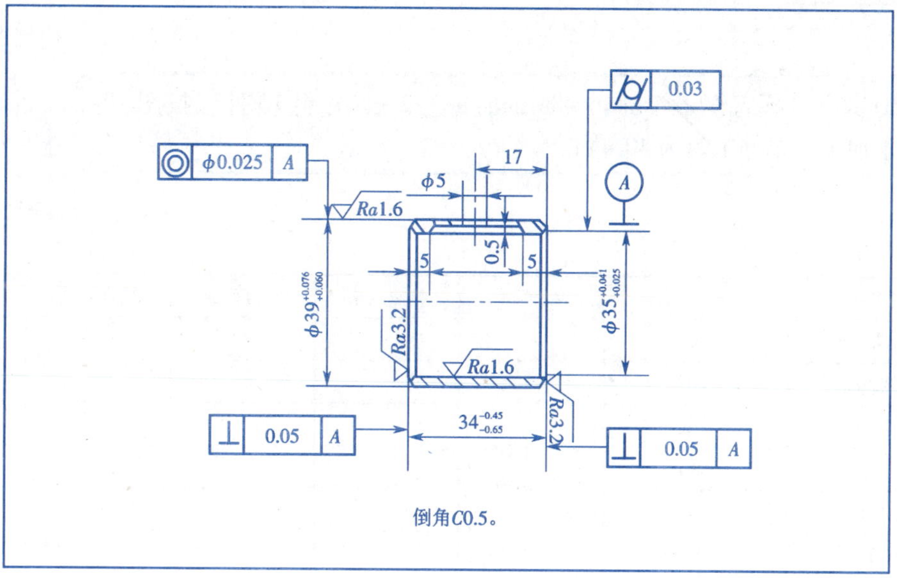

图 10-43　**薄壁衬套**

二、任务准备

机床：C616。

量具：0～150 mm 游标卡尺，25～50 mm 千分尺，ϕ35H7 塞规。

刀具：YG6，90°、45°外圆车刀；YG6 切断刀；YG6，ϕ20×45 内孔车刀；ϕ33 mm 钻头。

夹具：三爪卡盘、变径套、专用心轴。

其他工具：螺丝刀、活扳手、叉扳手。

三、任务实施

由于该薄壁衬套轴向、径向尺寸均不大，材料为锡青铜，壁厚 2 mm，同轴度误差为 0.025 mm。为了保证内、外圆表面的同轴度要求，可以采用图 10-44 所示方法安装车削。

(1)检查、调整和润滑机床。

(2)认真检查量具的测量精度。

(3)薄壁衬套车削加工工艺有以下步骤。

①夹持套料，伸出长 45 mm，端面车平。

②粗车内、外圆，各留 0.5 mm 精车余量。粗车时应浇注充足切削液，降低切削温度。内孔车长 2 mm 即可，这样既便于切削，又可增加刚性。

③半精车内、外圆，各留 0.2 mm 精车余量。拉油槽。

④精车内、外圆至图样要求。

⑤切断。

⑥安装在弹性胀力心轴上车另一端面并倒角。

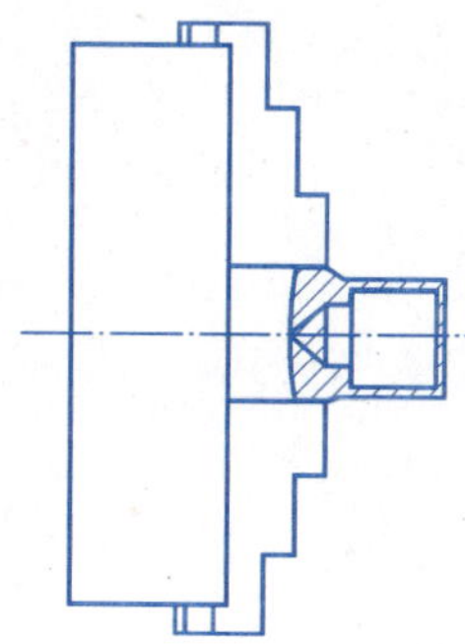

图 10-44　**一次装夹车削薄壁工件**

四、任务分配

ZQSn6-6-3 锡青铜 $\phi45$ mm × 480 mm，每人 2 根（每料 10 件），按图 10-43 要求加工。单件工时为 40 min。

五、任务评价

项　目	分　数	评分标准	检测结果	实得分数	综合分数	备　注
$\phi35^{+0.041}_{+0.025}$ mm	20	不合格不得分				
$\phi39^{+0.076}_{+0.060}$ mm	20					
$34^{-0.45}_{-0.65}$ mm	12					
倒角 C0.5	8					
表面结构 $R_a1.6$ μm	12					
油槽	8					
安全生产	20					

参考文献

[1]陈望. 车工实用手册[M]. 北京:中国劳动社会保障出版社,2002.
[2]郑修本. 机械制造工艺学[M]. 2 版. 北京:机械工业出版社,1999.
[3]李文. 机械制图[M]. 天津:天津大学出版社,2008.
[4]张新群. 互换性与技术测量[M]. 北京:北京航空航天大学出版社,2006.
[5]《职业技能鉴定教材》《职业技能鉴定指导》编审委员会. 车工[M]. 北京:中国劳动出版社,1996.
[6]劳动和社会保障部教材办公室. 车工工艺与技能训练[M]. 北京:中国劳动社会保障出版社,2006.
[7]劳动部教材办公室组织编写. 车工工艺学[M]. 北京:中国劳动出版社,1996.
[8]劳动部教材办公室组织编写. 车工生产实习[M]. 北京:中国劳动出版社,1997.
[9]蔡继红. 车工技能训练与考级[M]. 北京:机械工业出版社,2008.
[10]余能真. 车工教材(初、中、高级职业技能鉴定教材)[M]. 北京:中国劳动出版社,1996.
[11]徐长寿. 车工(高等职业技能操作与实训教材)[M]. 北京:化学工业出版社,2005.